普通高等院校“十三五”规划教材

概率论与数理统计

杨禾花　黄笑娟　主编

電子工業出版社

Publishing House of Electronics Industry

北京·BEIJING

内 容 简 介

本书是根据高等院校概率论与数理统计课程的教学大纲以及考研大纲编写而成的，系统地介绍了概率论与数理统计的基本概念、理论及方法。

本书主要内容包括：随机事件及其概率、一维随机变量及其分布、多维随机变量及其分布、随机变量的数字特征、大数定律与中心极限定理、数理统计的基本概念、参数估计、假设检验，共 8 章。每章均配有大量的典型例题、习题与总复习题，书后附有习题答案及常用资料，既便于教学，又有利于复习考试之用。

本书可作为高等院校经管类专业和理工类专业的教材或教学参考书，也可作为各类相关专业人员及爱好者阅读参考。

图书在版编目（CIP）数据

概率论与数理统计 / 杨禾花，黄笑娟主编．—北京：电子工业出版社，2018.5
ISBN 978-7-121-34130-4

Ⅰ．①概… Ⅱ．①杨… ②黄… Ⅲ．①概率论－高等学校－教材②数理统计－高等学校－教材 Ⅳ．①O21

中国版本图书馆 CIP 数据核字（2018）第 087099 号

策划编辑：祁玉芹
责任编辑：张瑞喜
印　　刷：中国电影出版社印刷厂
装　　订：中国电影出版社印刷厂
出版发行：电子工业出版社
　　　　　北京市海淀区万寿路 173 信箱　邮编　100036
开　　本：787×1092　1/16　印张：15.5　字数：339 千字
版　　次：2018 年 5 月第 1 版
印　　次：2019 年 8 月第 2 次印刷
定　　价：39.80 元

凡所购买电子工业出版社图书有缺损问题，请向购买书店调换。若书店售缺，请与本社发行部联系，联系及邮购电话：（010）88254888，88258888。

质量投诉请发邮件至 zlts@phei.com.cn，盗版侵权举报请发邮件至 dbqq@phei.com.cn。

本书咨询联系方式：（010）68253127。

前言

PREFACE

本书是高等院校理工类、经管类专业非常重要的一门必修基础课程。

概率论与数理统计是研究与探索不确定性现象的数量规律的一门数学学科，概率统计的理论与方法的应用十分广泛，几乎遍及所有科学技术领域和国民经济的各个方面。通过对本课程的学习，使读者掌握概率论与数理统计的基本概念、基本理论和基本思想方法，初步掌握处理随机现象的基本思想与方法，培养读者运用这些思想方法去分析和解决实际问题的能力。本课程不仅是读者学习后续课程的基础，而且对读者综合能力的培养、提高数学素养和科研创新能力等方面都有着重要的作用。

本书内容主要分为概率论和数理统计两部分，其中概率论部分是从数量关系的角度研究随机现象的规律性，并为数理统计部分提供坚实的理论基础；数理统计部分是从理论与实际相结合的角度研究随机现象的统计规律性，它以概率论为理论基础，根据试验或观察得到的数据来研究随机现象，并对这些现象的客观规律性作出合理的估计与判断。

本书是根据课程教学大纲和考研大纲的要求编写而成的，在编写过程中，除了依据我们在长期教学和科研中积累的经验外，还参考了国内外许多相关资料，在此向相关资料的作者表示衷心的感谢！本书第 1～5 章由杨禾花编写，第 6～8 章由黄笑娟编写。全书最后由杨禾花负责统稿完成。

由于编者水平有限，书中难免有不足之处，欢迎广大读者批评指正。

编者

2018 年 1 月

前言

[illegible]

编者

2018年1月

目录

CONTENTS

第 1 章　随机事件及其概率

在现实世界中，存在着各种各样的现象，但从概率的观点来看，大体可分为两种：确定性现象和随机现象。所谓确定性现象是指在一定条件下必然发生或必然不发生的现象。例如，向上抛一石头必然要下落；再如，在标准大气压下，水加热到100℃时必然会沸腾，等等。所谓随机现象是指在一定条件下，可能出现这样的结果，也可能出现那样的结果，且在试验或观察之前不能预知确切的结果。例如，在相同条件下，向上抛一枚硬币，其结果可能正面朝上，也可能反面朝上，且每次抛之前并不知道会出现哪个结果；再如，打靶射击时，每次弹着点的位置是不确定的，且事先不能预测的，等等。

概率论与数理统计就是从数量化的角度来研究现实世界中的随机现象及其规律性的一门应用数学学科。

1.1　随机事件

一、随机试验与样本空间

对随机现象进行一次观测，我们称为一个随机试验。它具有下列 3 个特点：

（1）试验可以在相同条件下重复进行；

（2）试验的结果不止一个，但所有结果在事先都明确可知；

（3）每次试验之前无法预料哪个结果会出现。

为研究方便，我们通常将随机试验用字母E表示，下面举例说明。

例 1.1　下列试验都是随机试验。

E_1:掷一枚骰子，观察朝上的那一面的点数；

E_2:将一枚硬币连抛两次，观察正面H、反面T出现的情况；

E_3:射击某一目标，直至击中为止，观察射击的次数；

E_4:在n件产品中，观察其正品的件数；

E_5:从一批同型号的灯泡中，任取一只，观测其寿命。

我们将随机试验中每一个可能的结果称为一个样本点（或基本事件），并用小写希腊字母ω表示。将样本点的全体称为样本空间，记为Ω，于是样本点ω就是样本空间Ω的一个元素，即有$\Omega=\{\omega\}$。

在例 1.1 中，这五个随机试验所对应的样本空间分别是：

$\Omega_1=\{\omega_1, \omega_2, \omega_3, \omega_4, \omega_5, \omega_6\}$，其中$\omega_i$分别表示“朝上那一面的点数为$i$”，且$i=1, 2, 3, 4, 5, 6$；

$\Omega_2=\{HH, HT, TH, TT\}$；

$\Omega_3=\{1, 2, 3,\cdots\}$；

$\Omega_4=\{0,1, 2, 3,\cdots,n\}$；

$\Omega_5=\{t|t\geqslant 0\}$。

通常样本空间有如下 3 种类型：

（1）有限集合：样本空间中样本点的个数是有限的，如$\Omega_1, \Omega_2, \Omega_4$；

（2）无限可列集合：样本空间中样本点的个数是无限的，但可列出，如Ω_3；

（3）无限不可列集合：样本空间中样本点的个数是无限的，且不可列出，如Ω_5。

二、随机事件

一般地，我们将随机试验E的样本空间Ω的子集，称为E的随机事件，简称事件，用大写字母$A, B, C,\cdots$表示。

例如，在例 1.1 的随机试验E_1中，设随机事件A表示“朝上那一面的点数为偶数”，则$A=\{\omega_2, \omega_4, \omega_6\}$；设随机事件$B$表示“朝上那一面的点数不超过 3”，则$B=\{1, 2, 3\}$。

再如，在例 1.1 的随机试验E_2中，设随机事件A表示“两次出现同一面”，则$A=\{HH, TT\}$；设随机事件B表示“两次中至少出现一次正面”，则$B=\{HH, HT, TH\}$。

样本空间Ω有两个特殊的子集，一个是Ω本身，另一个是空集Φ。由于Ω包含了随机试验中的所有可能结果，因此在每次试验中它总是发生的，于是Ω称为必然事件。而空集Φ不包含任何样本点，因此每次试验中它都不发生，于是Φ称为不可能事件。

三、事件之间的关系及其运算

在一个样本空间中，显然可以有许多随机事件，而在实际问题中，我们往往希望通过了解简单随机事件来掌握复杂随机事件。为此，我们需要研究随机事件之间的关系及其运算。

由于随机事件是一个集合，因此随机事件之间的关系和运算，我们可以按照集合论中集合之间的关系和运算来处理。

1. 事件的包含与相等

若随机事件A发生，必然导致随机事件B发生，即A中的每一个样本点均属于B，则称随机事件B包含随机事件A，记作$A\subset B$。

若$A\subset B$，且$B\subset A$，则称随机事件A与随机事件B相等，记作$A=B$。

2. 事件的和（或并）

设随机事件 A 和 B，若把 A 的样本点和 B 的样本点合在一起组成一个新的随机事件，则此新随机事件称为 A 与 B 的和事件（或并事件），记作 $A+B$（或 $A\cup B$）。

显然，随机事件 $A+B$ 的发生当且仅当 A 和 B 至少有一个发生。

一般地，n 个随机事件 $A_1, A_2,\cdots, A_n$ 的和事件记为

$$A_1+A_2+\cdots+A_n=\bigcup_{i=1}^{n}A_i$$

它表示随机事件 $A_1, A_2,\cdots, A_n$ 中至少一个发生；而可列个随机事件 $A_1, A_2, A_3,\cdots$ 的和事件记为

$$A_1+A_2+A_3+\cdots=\bigcup_{i=1}^{\infty}A_i$$

它表示随机事件 $A_1, A_2, A_3,\cdots$ 中至少一个发生。

3. 事件的积（或交）

设随机事件 A 和 B，若把 A 和 B 中共有的样本点组成一个新的随机事件，则此新随机事件称为 A 与 B 的积事件（或交事件），记作 AB（或 $A\cap B$）。

显然，随机事件 AB 发生当且仅当 A 与 B 都发生。

一般地，n 个随机事件 $A_1, A_2,\cdots, A_n$ 的积事件记为

$$A_1A_2\cdots A_n=\bigcap_{i=1}^{n}A_i$$

它表示随机事件 $A_1, A_2,\cdots, A_n$ 同时发生；而可列个随机事件 $A_1, A_2, A_3,\cdots$ 的积事件记为

$$A_1A_2A_3\cdots=\bigcap_{i=1}^{\infty}A_i$$

它表示随机事件 $A_1, A_2, A_3,\cdots$ 都同时发生。

4. 事件的差

设随机事件 A 和 B，若从 A 的样本点中去除 B 的样本点后，余下的样本点组成的新随机事件称为 A 与 B 的差事件，记作 $A-B$。

显然，随机事件 $A-B$ 表示随机事件 A 发生但随机事件 B 不发生。

5. 事件的互斥（或互不相容）

若随机事件 A 与 B 不可能同时发生，即 $AB=\varPhi$，则称 A 与 B 是互斥事件或互不相容事件。

6. 事件的互逆（或对立）

对于随机事件 A 和 B，若 $AB=\varPhi$，且 $A+B=\Omega$，则称 A 与 B 是互逆事件或对立事件，记作 $B=\overline{A}$ 或 $A=\overline{B}$。

显然有

$$\overline{\overline{A}}=A，A\overline{A}=\varPhi，A+\overline{A}=\Omega$$

若 A 与 B 是对立事件，则 A 与 B 一定是互斥事件；反之不一定。

7. 事件的运算律

与集合的运算相类似，随机事件之间的运算也满足下列的运算律。

（1）交换律：$A+B=B+A$，$AB=BA$；

（2）结合律：$(A+B)+C=A+(B+C)$，$(AB)C=A(BC)$；

（3）分配律：$A(B\pm C)=AB\pm AC$；

（4）对偶律：$\overline{A+B}=\overline{A}\,\overline{B}$，$\overline{AB}=\overline{A}+\overline{B}$。

这些运算律可以推广到任意多个随机事件的情形。

例 1.2 设 A,B,C 为三个随机事件，由事件之间的关系与运算，试用 A,B,C 表示下列事件：

① A 发生，B,C 都不发生；

② A 发生，B,C 至少有一个发生；

③ A,B,C 中恰有一个发生；

④ A,B,C 中至少有一个不发生；

⑤ A,B,C 中不多于一个事件发生。

解 ① $A\overline{B}\,\overline{C}$；② $A(B+C)$；③ $A\overline{B}\,\overline{C}+\overline{A}B\overline{C}+\overline{A}\,\overline{B}C$；④ $\overline{A}+\overline{B}+\overline{C}$；

⑤ $A\overline{B}\,\overline{C}+\overline{A}B\overline{C}+\overline{A}\,\overline{B}C+\overline{A}\,\overline{B}\,\overline{C}$。

习题 1.1

1. 写出下列随机试验的样本空间：

（1）掷两枚均匀的骰子，观察出现的点数之和；

（2）5 件产品中有 2 件是次品，逐件进行检测直至将所有次品找到为止，记录测试的次数；

（3）从编号为 1,2,3,4 的四个球中一次随机地取 2 个，记录取到的球的号码；

（4）记录某城市 110 报警台在一小时内收到的报警次数；

（5）测量在 0 和 1 之间取值的两个物理量 x 和 y 的数值（不含 0 和 1）。

2. 设 A,B,C 表示三个随机事件，试将下列事件用 A,B,C 表示：

（1）A 与 B 都发生，而 C 不发生；

（2）A,B,C 中至少有一个发生；

（3）A,B,C 都不发生；

（4）A,B,C 不都发生；

（5）A,B,C 中恰有两个发生；

（6）A,B 至少有一个发生，而 C 不发生。

3. 设某工人连续生产了 4 个零件，A_i 表示生产的第 i 个零件是正品（$i=1,2,3,4$），试用 A_i 表示下列各事件：

（1）没有一个是次品；

（2）至少有一个是次品；

（3）只有一个是次品；

（4）至少有三个不是次品；

（5）恰好有三个是次品。

4. 设 A 表示事件“甲产品畅销，乙产品滞销”，则对立事件 $\overline{A}$ 表示的意义是什么？

5. 设 A,B,C 是三个随机事件，请说明下列各关系式的意义：

（1）$ABC=A$；（2）$A+B+C=A$；（3）$AB\subset C$；（4）$A\subset\overline{BC}$。

1.2　随机事件的概率

除必然事件和不可能事件外，对于一个随机事件来说，它在一次试验中可能发生，也可能不发生。但我们只讨论某一随机事件是否发生是不够的，我们还希望知道它在一次试验中发生的可能性大小。例如，商业保险机构为获得较大利润，就必须研究个体意外事件发生的可能性大小，才由此去计算保险费和赔偿费的多少。为了找到一个合适的数量来表征随机事件在一次试验中发生的可能性大小，我们首先引入频率，用它来描述随机事件发生的频繁程度；进而再引出表征随机事件在一次试验中发生的可能性大小的数——概率。

一、频率

定义 1.1　设随机事件 A 在 n 次的重复试验中，出现了 r 次，则称 r 为随机事件 A 发生的频数；将比值 $\frac{r}{n}$ 称为随机事件 A 发生的频率，记作 $f_n(A)$，即

$$f_n(A)=\frac{r}{n}$$

由定义 1.1 可知，频率具有以下性质：

（1）$0\leqslant f_n(A)\leqslant 1$；

（2）$f_n(\Omega)=1$；

（3）若 $A_1,A_2,\cdots,A_k$ 是一组两两互不相容的随机事件，则

$$f_n(A_1+A_2+\cdots+A_k)=f_n(A_1)+f_n(A_2)+\cdots+f_n(A_k)$$

通过大量的试验，人们发现，当重复试验的次数 n 逐渐增大时，频率 $f_n(A)$ 呈现出稳定性，即逐渐稳定于某个常数。例如在历史上，就有很多人做过重复上抛一枚硬币，记录正面朝上的次数的试验，如数学家德·摩根、蒲丰，等等；表 1-1 所示的就是他们试验的结果。

表 1-1　德・摩根等人的试验记录表

实验者	试验次数 n	正面朝上的次数 r	出现正面的频率 $f_n(A)$
德・摩根	2048	1061	0.5181
蒲丰	4040	2048	0.5069
费勒	10000	4979	0.4979
皮尔逊	24000	12012	0.5005

由此表可以看出，当试验次数n逐渐增大时，频率$f_n(A)$逐渐稳定于常数0.5。

虽然由频率的稳定性可知$f_n(A)$是一个常数，且用它来表征随机事件A发生可能性的大小是合适的，但是它是通过大量重复试验得到的结果。而在实际中，我们不可能对每个随机事件都做大量的试验，况且有些试验是不可重复进行的，这样就无法计算随机事件发生的频率。因此，我们需要引出另一个也能表征随机事件A发生可能性大小的数，即随机事件A的概率。

二、概率

定义 1.2　设Ω是随机试验E的样本空间，对于Ω中的任一随机事件A，都赋予一个实数$P(A)$，若$P(A)$同时满足下列三个条件：

（1）非负性：对任一随机事件A，都有$P(A)\geqslant 0$；

（2）规范性：$P(\Omega)=1$；

（3）可列可加性：若$A_1,A_2,\cdots$为可列无穷多个互不相容的随机事件，即对于$i\neq j$，有$A_iA_j=\Phi$（$i,j=1,2,\cdots$），则

$$P(A_1+A_2+\cdots)=P(A_1)+P(A_2)+\cdots$$

则称$P(A)$为随机事件A的概率。

此定义称为概率的公理化定义，由它可推出概率的一些重要性质。

性质 1　$P(\Phi)=0$；

证明　因为$\Phi=\Phi+\Phi+\cdots$，所以由概率的可列可加性知

$$P(\Phi)=P(\Phi)+P(\Phi)+\cdots$$

再由概率的非负性即可得出$P(\Phi)=0$。

性质 2　设随机事件$A_1,A_2,\cdots,A_n$两两互不相容，则有

$$P(A_1+A_2+\cdots+A_n)=P(A_1)+P(A_2)+\cdots+P(A_n)$$

证明　令随机事件$A_{n+1}=A_{n+2}=\cdots=\Phi$，则由概率的可列可加性，有

$$\begin{aligned}P(A_1+A_2+\cdots+A_n)&=P(A_1+A_2+\cdots+A_n+\Phi+\Phi+\cdots)\\&=P(A_1)+P(A_2)+\cdots+P(A_n)+P(\Phi)+P(\Phi)+\cdots\\&=P(A_1)+P(A_2)+\cdots+P(A_n)\end{aligned}$$

性质 3　对任一随机事件 A，有 $P(\overline{A})=1-P(A)$。

证明　因为 $A+\overline{A}=\Omega$，且 $A\overline{A}=\Phi$，所以有

$$P(A+\overline{A})=P(\Omega)=1\text{，且 }P(A+\overline{A})=P(A)+P(\overline{A})$$

即有
$$P(A)+P(\overline{A})=1$$

于是有
$$P(\overline{A})=1-P(A)$$

性质 4　对于任意随机事件 A,B，有

$$P(A+B)=P(A)+P(B)-P(AB)$$

证明　因为 $A+B=A+B\overline{A}$，且 $A(B\overline{A})=\Phi$，所以有

$$P(A+B)=P(A+B\overline{A})=P(A)+P(B\overline{A})$$

而 $B=BA+B\overline{A}$，且 $(BA)(B\overline{A})=\Phi$，于是有

$$P(B)=P(BA)+P(B\overline{A})$$

即有
$$P(B\overline{A})=P(B)-P(BA)$$

因此有
$$P(A+B)=P(A)+P(B)-P(AB)$$

此性质称为概率的加法公式，它可以推广到多个随机事件的情形。例如，设 A_1,A_2，A_3 是任意三个随机事件，则有

$$P(A_1+A_2+A_3)=P(A_1)+P(A_2)+P(A_3)-P(A_1A_2)-P(A_2A_3)-P(A_1A_3)+P(A_1A_2A_3)$$

一般地，对于任意 n 个随机事件 $A_1,A_2,\cdots,A_n$，则可用数学归纳法得到

$$P(A_1+A_2+\cdots+A_n)=\sum_{i=1}^{n}P(A_i)-\sum_{1\leqslant i<j\leqslant n}P(A_iA_j)+\sum_{1\leqslant i<j<k\leqslant n}P(A_iA_jA_k)-\cdots+(-1)^{n-1}P(A_1A_2\cdots A_n)$$

性质 5　若随机事件 A,B 满足 $A\subset B$，则有

$$P(B-A)=P(B)-P(A)\text{，且 }P(B)\geqslant P(A)$$

证明　因为 $A\subset B$，所以有

$$B=A+(B-A)\text{，且 }A(B-A)=\Phi$$

因此由性质 2 可知
$$P(B)=P(A)+P(B-A)$$

即有
$$P(B-A)=P(B)-P(A)$$

又因为 $P(B-A)\geqslant 0$，所以有 $P(B)\geqslant P(A)$。

性质 6　对任一随机事件 A，都有 $P(A)\leqslant 1$。

证明　因为 $A\subset\Omega$，所以由性质 5 可知

$$P(A)\leqslant P(\Omega)=1$$

例 1.3　设 A,B 为两随机事件，有 $P(B)=0.4$，$P(A+B)=0.7$，求 $P(A\overline{B})$。

解　因为
$$P(A\overline{B})=P\{A(\Omega-B)\}=P(A\Omega-AB)$$
$$=P(A-AB)=P(A)-P(AB)$$

而
$$P(A+B)=P(A)+P(B)-P(AB)$$

则有
$$P(A)-P(AB)=P(A+B)-P(B)=0.7-0.4=0.3$$

因此有
$$P(A\overline{B})=0.3$$

例 1.4 已知$P(\overline{A})=0.5$，$P(\overline{A}B)=0.2$，$P(B)=0.4$，求$P(\overline{A}\overline{B})$。

解 因为$P(\overline{A})=0.5$，所以

$$P(A)=1-P(\overline{A})=0.5$$

又因为
$$P(\overline{A}B)=P(B-A)=P(B)-P(BA)$$

所以有
$$P(BA)=P(B)-P(\overline{A}B)=0.4-0.2=0.2$$

因此
$$\begin{aligned}P(\overline{A}\overline{B})=P(\overline{A+B})&=1-P(A+B)\\&=1-[P(A)+P(B)-P(AB)]\\&=1-[0.5+0.4-0.2]=0.3\end{aligned}$$

例 1.5 设A,B,C是两两互不相容的三个随机事件，且$P(A)=0.2$，$P(B)=0.3$，求$P[(A+B)-C]$。

解 因为
$$\begin{aligned}P[(A+B)-C]&=P(A\overline{C}+B\overline{C})\\&=P(A\overline{C})+P(B\overline{C})-P(AB\overline{C})\\&=P(A)-P(AC)+P(B)-P(BC)-P(AB\overline{C})\end{aligned}$$

而A,B,C两两互不相容，于是有

$$P(AB)=P(BC)=P(AC)=0，\quad P(AB\overline{C})=P(AB)-P(ABC)=0$$

所以
$$P[(A+B)-C]=P(A)+P(B)=0.5$$

例 1.6 设$P(A)=P(B)=P(C)=\dfrac{1}{4}$，$P(AB)=0$，$P(AC)=P(BC)=\dfrac{1}{6}$，求随机事件$A,B,C$全不发生的概率。

解
$$\begin{aligned}P(\overline{A}\overline{B}\overline{C})&=1-P(A+B+C)\\&=1-[P(A)+P(B)+P(C)-P(AB)-P(BC)-P(AC)+P(ABC)]\\&=1-[\frac{1}{4}+\frac{1}{4}+\frac{1}{4}-0-\frac{1}{6}-\frac{1}{6}+0]\\&=\frac{7}{12}\end{aligned}$$

习题 1.2

1. 设$P(A)=0.4$，$P(B)=0.3$，$P(A+B)=0.4$，求$P(A\overline{B})$。

2. 设$P(A)=0.7$，$P(A-B)=0.3$，求$P(\overline{AB})$。

3. 设A,B是互不相容的两个随机事件，且$P(A)=0.4$，$P(A+B)=0.7$，求$P(B)$。

4. 设$A\subset B$，$P(A)=0.1$，$P(B)=0.5$，求（1）$P(AB)$；（2）$P(A+B)$；（3）$P(\overline{A}+\overline{B})$的值。

5. 甲乙两人下棋，甲胜的概率为0.6，乙胜的概率为0.4。设A为甲胜，B为乙胜，则下列表示甲胜乙输的概率计算正确的是________。

（A） $P(A\overline{B})=P(A)P(\overline{B})=0.6\times(1-0.4)=0.36$；

（B） $P(A\overline{B})=P(A-AB)=0.6-0.6\times0.4=0.36$；

（C） $P(A\overline{B})=P(A)-P(B)=0.6-0.4=0.2$；

（D） $P(A\overline{B})=P(A)=0.6$。

6. 设当随机事件 A 与 B 同时发生时，随机事件 C 必发生，则下列各式正确的是_____。

（A） $P(C)\leqslant P(A)+P(B)-1$； （B） $P(C)\geqslant P(A)+P(B)-1$；

（C） $P(C)=P(AB)$； （D） $P(C)=P(A+B)$。

7. 设 A,B,C 为三个随机事件，且 $P(A)=P(B)=P(C)=\dfrac{1}{4}$， $P(AB)=P(BC)=0$，$P(AC)=\dfrac{1}{8}$，求 A,B,C 至少有一个发生的概率。

8. 设 $P(A)=P(B)=\dfrac{1}{2}$，证明 $P(AB)=P(\overline{A}\overline{B})$。

1.3 古典概型与几何概型

如何计算一个随机事件 A 的概率 $P(A)$ 是本章的一个重点。在上一节中，我们学习了概率的公理化定义，虽然给出了概率的严格的数学定义，但在处理实际问题中，按照此定义来计算随机事件发生的概率是比较复杂的，而且不同类型的随机试验（又称为概型）常有不同的计算方法。下面我们讨论两种最简单的概型：古典概型和几何概型。

一、古典概型

定义 1.3 若一个随机试验同时满足下列两个条件：

（1）样本空间中只含有限个样本点；

（2）每一个样本点发生的可能性相同，则此随机试验称为等可能概型。

由于等可能概型是概率论发展初期的主要研究对象，因此也称之为古典概型。

下面我们讨论古典概型中随机事件的概率计算公式。

定理 1.1 设在古典概型中样本空间 Ω 有 n 个样本点，且 Ω 的某一随机事件 A 中有 k 个样本点，则 A 发生的概率为

$$P(A)=\frac{k}{n}$$

证明 设 $\Omega=\{\omega_1,\omega_2,\cdots,\omega_n\}$，而由古典概型的定义可知

$$P(\omega_1)=P(\omega_2)=\cdots=P(\omega_n)$$

由于各样本点之间是两两互斥的，因此有

$$\begin{aligned}1=P(\Omega)&=P(\{\omega_1\}+\{\omega_2\}+\cdots+\{\omega_n\})\\&=P(\{\omega_1\})+P(\{\omega_2\})+\cdots+P(\{\omega_n\})\end{aligned}$$

$$=nP(\{\omega_i\})$$

则有
$$P(\{\omega_i\})=\frac{1}{n},\quad i=1,2,\cdots,n$$

因为随机事件A中含有k个样本点，不妨设为$A=\{\omega_{i_1},\omega_{i_2},\cdots,\omega_{i_k}\}$，所以有

$$P(A)=P(\{\omega_{i_1}\})+P(\{\omega_{i_2}\})+\cdots+P(\{\omega_{i_k}\})=\frac{k}{n}$$

例 1.7 一袋中装有10个大小相同的球，其中6个红球，4个白球，求：

（1）从袋中任取一球，这个球是白球的概率；

（2）从袋中任取两球，刚好是一白一红的概率。

解 由题意可知，这个随机试验是一个古典概型。

（1）从10个球中任取一球，共有C_{10}^1种取法，而10个球中有4个白球，则从袋中取到白球就有C_4^1种取法。设随机事件A表示“取到的是白球”，则有

$$P(A)=\frac{C_4^1}{C_{10}^1}=\frac{2}{5}$$

（2）从10个球中任取两球，共有C_{10}^2种取法，而这两个球是一白一红的取法有$C_4^1C_6^1$种。设随机事件B表示“取到的球是一白一红”，则有

$$P(B)=\frac{C_4^1C_6^1}{C_{10}^2}=\frac{8}{15}$$

例 1.8 将一枚均匀骰子连掷两次，求两次掷出的点数之和等于10的概率。

解 设随机事件A表示“两次掷出的点数之和等于10”，则A中的样本点有三个：$(4,6)$，$(5,5)$和$(6,4)$，而将一枚骰子连掷两次的样本点个数为6×6，于是

$$P(A)=\frac{3}{6\times6}=\frac{1}{12}$$

例 1.9（摸球问题） 盒中有6个红球和4个白球，现以下列两种方式取出两球：有放回的方式（即一次取一个球，观察其颜色后再放回盒中，然后再取第二球）、不放回的方式（即一次取一个球后不再放回盒中，然后再取第二球），求取到两个红球的概率和取到两个球颜色不同的概率。

解 设随机事件A表示“取到两个红球”，随机事件B表示“取到两个颜色不同的球”，则在有放回的方式和不放回的方式下分别求$P(A)$和$P(B)$。

（1）有放回的方式。

从10个球中取出两球，共有10^2种取法，即样本空间中有10^2个样本点，而事件A中有6^2个样本点，事件B中有$6\times4+4\times6=48$个样本点，因此有

$$P(A)=\frac{6^2}{10^2}=\frac{9}{25};\quad P(B)=\frac{48}{10^2}=\frac{12}{25}$$

（2）不放回的方式。

从10个球中取出两球，共有$A_{10}^2=10\times9=90$种取法，而事件A中有$A_6^2=6\times5=30$个样

本点，事件 B 中有 $6\times4+4\times6=48$ 个样本点，则

$$P(A)=\frac{30}{90}=\frac{1}{3};\quad P(B)=\frac{48}{90}=\frac{8}{15}$$

例 1.10　从10双不同尺码的鞋子中任取4只，求至少有2只配成一双的概率。

解　**方法一：**考虑一次取4只，则 Ω 中样本点的个数为 C_{20}^4；随机设事件 A 表示“至少有2只配成一双”，则 A 的样本点有 $C_{10}^1C_9^2C_2^1C_2^1+C_{10}^2$，即先从10双中任取一双，再从9双中任取2双，且从这2双中各取一只，于是取出的4只鞋中有2只配成一双，即有 $C_{10}^1C_9^2C_2^1C_2^1$ 种取法；而这4只鞋正好配成2双的取法有 C_{10}^2 种，因此

$$P(A)=\frac{C_{10}^1C_9^2C_2^1C_2^1+C_{10}^2}{C_{20}^4}=\frac{99}{323}$$

方法二：显然 Ω 中样本点的个数为 C_{20}^4；设随机事件 A 表示“至少有2只配成一双”，则随机事件 $\overline{A}$ 表示“取出的4只鞋中没有成双的”，于是 $\overline{A}$ 的样本点有 $C_{10}^4(C_2^1)^4$，即从10双鞋子中任取4双，且从这4双中各取一只，则有取法 $C_{10}^4(C_2^1)^4$ 种；因此

$$P(A)=1-P(\overline{A})=1-\frac{C_{10}^4(C_2^1)^4}{C_{20}^4}=\frac{99}{323}$$

例 1.11（分房问题）　设有 n 个人，每个人都等可能地被分配到 N 个房间中的任何一间去住（$n\leqslant N$），求

（1）指定的 n 个房间各有一个人住的概率；

（2）恰有 n 个房间，其中各住一个人的概率。

解　因为这 n 个人中，每人都有 N 个房间可供选择，所以 Ω 的样本点为 N^n 个。

（1）设随机事件 A 表示“指定的 n 个房间各住一人”，则这 n 个人住的方式就是一个全排列，于是 A 的样本点为 $n!$ 个，因此

$$P(A)=\frac{n!}{N^n}$$

（2）设随机事件 B 表示“恰有 n 个房间，其中各住一人”，而这 n 个房间是任选的，因此有 C_N^n 种选法。因为对选定的这 n 个房间，n 个人住的方式就是全排列 $n!$，因此有

$$P(B)=\frac{C_N^n\times n!}{N^n}=\frac{N!}{N^n(N-n)!}$$

“分房问题”可用于许多方面的实际问题。例如将“N 个房间”看成“一年中的365天”，而每个人可以在这365天等可能地在某一天生日，则可以求出有关生日的随机事件的概率，这就是著名的“生日问题”。

例 1.12（生日问题）　某班有20名同学在同一年出生（这年按365天计算），求下列事件的概率：

（1）至少有2人是在同一天出生的；

（2）至少有1人是6月1日出生的。

解　因为这20名同学在这365天出生都是等可能的，所以样本空间 Ω 的样本点有

365^{20} 个。

（1）设随机事件 A 表示“至少有 2 人是在同一天出生的”，则 $\overline{A}$ 表示“没有 2 人是在同一天出生的”，于是 $\overline{A}$ 的样本点个数为 A_{365}^{20}，因此

$$P(A)=1-P(\overline{A})=1-\frac{A_{365}^{20}}{365^{20}}$$

（2）设随机事件 B 表示“至少有1人是6月1日出生的”，则 $\overline{B}$ 表示“没有人是6月1日出生的”，于是 $\overline{B}$ 的样本点个数为 364^{20}，因此

$$P(B)=1-P(\overline{B})=1-\frac{364^{20}}{365^{20}}$$

例 1.13（抽奖问题） 一盒中有 n 张奖券，其中有 k 张有奖（$k \leqslant n$）。现有 n 个人依次各取一张，证明每个人抽到有奖奖券的概率相同。

证明 因为 n 个人依次各取一张奖券，所以取法共有 $n!$ 种；设随机事件 A_i 表示“第 i 人抽到有奖奖券”，则 A_i 中的样本点个数可以这样计算：第 i 个位置上安排一张有奖奖券，则共有 k 种情形；而另外 $n-1$ 张奖券可放余下的 $n-1$ 个位置的全排列，则有 $(n-1)!$ 种排法。因此第 i 个人抽到有奖奖券的抽法有 $k\times(n-1)!$ 种，即 A_i 的样本点的个数，于是

$$P(A_i)=\frac{k\times(n-1)!}{n!}=\frac{k}{n},\quad i=1,2,\cdots,n$$

即每个人抽到有奖奖券的概率都是相同的，都等于 $\dfrac{k}{n}$。

二、几何概型

在古典概型中，随机试验的样本空间的样本点个数是有限的，且每个样本点出现的可能性相同。但在实际中，我们还会看到这样一类随机试验，虽然它的每个样本点出现是等可能的，但样本点的个数是无限的，此时样本点的全体可以组成直线上的一条线段、平面上的一区域或空间上的一立体等情形。于是我们将这类随机试验模型称为几何概型。

如何计算几何概型中随机事件的概率呢？下面我们以随机试验的样本点组成平面上的某一区域为例来说明：

设随机试验的样本空间的样本点组成平面上的区域Ω，记其面积为 $S(\Omega)$，且Ω上每一点出现是等可能的。而随机事件 A 的样本点组成了 Ω 中的子区域 A，其面积记为 $S(A)$，于是

$$P(A)=\frac{S(A)}{S(\Omega)}$$

同理，如果Ω中样本点组成的是直线上的某一线段或空间中的某一立体，则将上式中的面积改为长度或体积。

总而言之，在几何概型中，随机事件 A 的概率为

$$P(A)=\frac{A\text{的几何度量}}{\Omega\text{的几何度量}}$$

其中几何度量是指长度、面积或体积。

例 1.14　一地铁线路上某地铁站每隔 5 分钟就有一辆地铁到达，设某人到达该地铁站的时刻是任意的，求他等候地铁时间不超过 3 分钟的概率。

解　等候地铁时间示意图如图 1-1 所示。

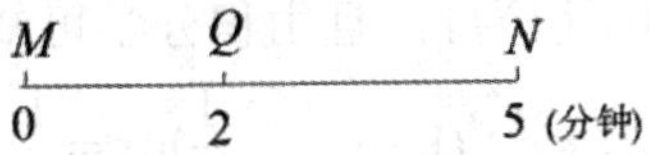

图 1-1

设随机事件 A 表示“此人等候时间不超过 3 分钟”，当他在 QN 之间到达时，等候时间不超过 3 分钟，则有

$$P(A)=\frac{QN\text{的长度}}{MN\text{的长度}}=\frac{3}{5}$$

例 1.15　甲乙两人相约上午 9:00 至 10:00 在某地会面，约定先到者等候另一人 20 分钟，过时就离开。假定两人到达的时刻是独立的，且每人可在这一小时内任何时刻到达，试求两人能会面的概率。

解　记 9:00 为计算时刻的 0 时，时间单位为分钟。设 x,y 分别表示甲、乙两人到达会面地点的时刻，则样本空间为

$$\Omega=\{(x,y)|0\leqslant x\leqslant 60,\ 0\leqslant y\leqslant 60\}$$

设随机事件 A 表示“两人能会面”，则

$$A=\{(x,y)||x-y|\leqslant 20,(x,y)\in\Omega\}$$

其示意图如图 1-2 所示，于是有

$$P(A)=\frac{S(A)}{S(\Omega)}=\frac{60^2-40^2}{60^2}=\frac{5}{9}$$

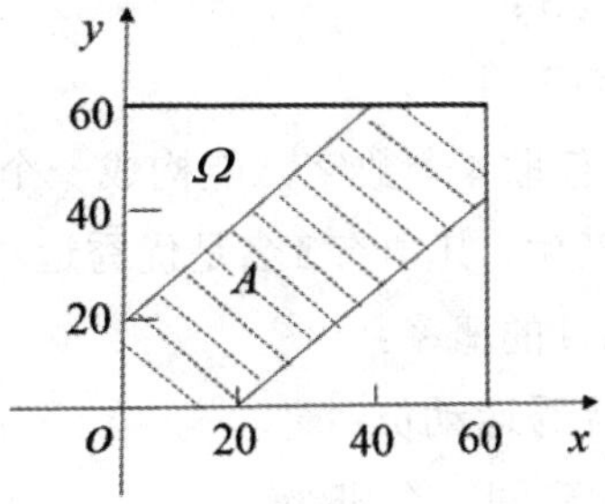

图 1-2

例 1.16　从区间 [0,1] 中随机地取两个数，求这两个数的乘积不小于 $\frac{2}{9}$，和不大于 1 的概率。

解 设这两个数分别为x, y，则$0\leqslant x\leqslant 1$，$0\leqslant y\leqslant 1$，于是样本空间为

$$\Omega=\{(x, y)|0\leqslant x\leqslant 1, 0\leqslant y\leqslant 1\}$$

设随机事件A表示“这两数乘积不小于$\frac{2}{9}$，和不大于1”，则有

$$A=\left\{(x,y)\middle|xy\geqslant\frac{2}{9}, x+y\leqslant 1,\quad 0\leqslant x\leqslant 1, 0\leqslant y\leqslant 1\right\}$$

其示意图如图 1-3 所示，则Ω的面积为1，且由积分学可知，A的面积为

$$S(A)=\int_{\frac{1}{3}}^{\frac{2}{3}}(1-x-\frac{2}{9}\cdot\frac{1}{x})\mathrm{d}x=\frac{1}{6}-\frac{2}{9}\ln 2$$

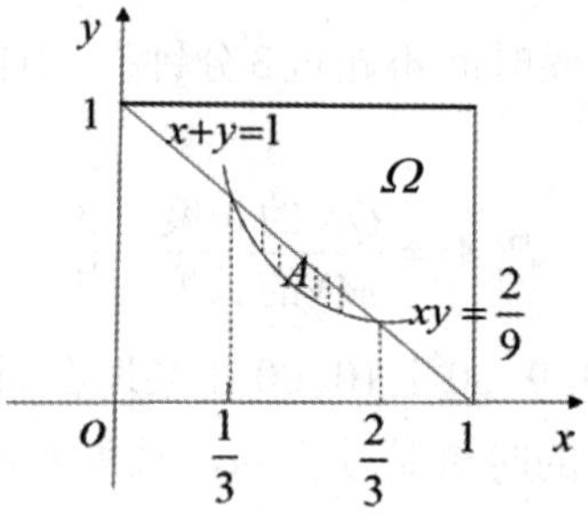

图 1-3

因此所求事件A的概率为

$$P(A)=\frac{A\text{的面积}}{\Omega\text{的面积}}=\frac{\frac{1}{6}-\frac{2}{9}\ln 2}{1}=\frac{1}{6}-\frac{2}{9}\ln 2$$

习题 1.3

1. 从编号为1至15 的球中任取3个，试求下列随机事件的概率：

（1）取到的球中最小号码为5；

（2）取到的球中最大号码为7。

2. 在整数0至9 中不重复地任取4个数字，能构成一个四位数的偶数概率。

3. 一学校某年级来了15 名新生，其中有3名是优秀运动员。现将这15 名学生任意平均分配到三个班中，求下列随机事件的概率：

（1）每个班级各分到一名优秀运动员；

（2）3名优秀运动员被分配到同一个班级。

4. 将8个女生和7个男生随机地排成一行，求任意两个男生都不相邻的概率。

5. 从6双不同的鞋子中任取4只，求没有成双的鞋子的概率。

6. 一盒中有8个球，其中5个红球和3个白球。现从中依次取出5个，则分别按不放回方式和有放回方式计算下列随机事件的概率：（1）取到的球全是红球；（2）取到3个红球

和 2 个白球。

7. 在单位圆内随机地投掷一点 M，求该点到原点的距离小于 $\frac{1}{3}$ 的概率。

8. 在区间 (0,1) 中随机地取两个数，试求这两个数之和小于 $\frac{6}{5}$ 的概率。

9. 把长度为1的线段任意分成三段，求分得的三线段能够构成三角形的概率。

1.4　条件概率

在实际问题中，我们除了要考虑随机事件 A 的概率 $P(A)$ 外，常常还需要考虑这样一种情况：在随机事件 B 发生的条件下，求随机事件 A 发生的概率。这样的概率称为条件概率，记作 $P(A|B)$。

由于事件 B 的发生会对事件 A 造成一定的影响，因此一般地 $P(A|B) \neq P(A)$。那么怎样计算 $P(A|B)$ 呢？我们首先看一个例子。

例 1.17　设甲乙两个工人加工同一种零件共 80 件，质量报告如表 1-2 所示。

表 1-2　甲乙两个工人加工零件的质量报告表

	正品数	次品数	总数
甲	25	5	30
乙	40	10	50
合计	65	15	80

设事件 A 表示“从 80 件中任取一件是正品”，事件 B 表示“从 80 件中任取一件是甲加工的”，则事件 AB 表示“从 80 件中任取一件是甲加工的正品”，则有

$$P(A)=\frac{65}{80}=\frac{13}{16},\quad P(B)=\frac{30}{80}=\frac{3}{8},\quad P(AB)=\frac{25}{80}=\frac{5}{16},\quad P(A|B)=\frac{25}{30}=\frac{5}{6}$$

从例 1.17 中可以看出，一般地 $P(A|B) \neq P(A)$，原因是 $P(A|B)$ 中附加的条件所研究的问题是在甲加工的零件范围内，此时样本空间缩小了。但是我们发现

$$\frac{P(AB)}{P(B)}=\frac{\frac{5}{16}}{\frac{3}{8}}=\frac{5}{6}$$

与 $P(A|B)=\frac{5}{6}$ 相等，即

$$\frac{P(AB)}{P(B)}=P(A|B)$$

上式的成立并非偶然，而是具有普遍规律性，下面我们以古典概型为例证明它。

设古典概型的样本空间中有 n 个样本点，其中导致事件 A、事件 B 和事件 AB 发生的样

本点分别有 m 个、k 个和 r 个（$r \leqslant m$，$r \leqslant k$）。如果 B 发生，则导致 B 发生的 k 个样本点至少有一个发生，因此在这个条件下导致 A 发生的样本点仅有 r 个，于是

$$P(A|B)=\frac{r}{k}=\frac{\frac{r}{n}}{\frac{k}{n}}=\frac{P(AB)}{P(B)}$$

同理可得 $$P(B|A)=\frac{P(AB)}{P(A)}$$

一、条件概率的定义

定义 1.4 设 A, B 为两个随机事件，且 $P(B)>0$，则称

$$P(A|B)=\frac{P(AB)}{P(B)}$$

为事件 B 发生的条件下事件 A 发生的条件概率。

容易验证，条件概率 $P(A|B)$ 满足概率定义中的三个条件，即

（1）非负性：对任一事件 A，都有 $P(A|B)\geqslant 0$；

（2）规范性：$P(\Omega|B)=1$；

（3）可列可加性：$P(\sum_{i=1}^{\infty}A_i|B)=\sum_{i=1}^{\infty}P(A_i|B)$，其中 $A_1, A_2, \cdots$ 为两两互不相容事件。

条件概率还满足概率所具有的性质与关系式，例如

$$P(\Phi|B)=0$$

$$P(\overline{A}|B)=1-P(A|B)$$

$$P[(A_1+A_2)|B]=P(A_1|B)+P(A_2|B)-P(A_1A_2|B)$$

等等。

由以上分析，我们可依据具体情况而定，选取下列两种方法之一来计算条件概率 $P(A|B)$：

（1）在缩减后的样本空间 Ω_A 中计算，如例 1.17；

（2）在原有的样本空间 Ω 中，利用定义 1.4 中的公式

$$P(A|B)=\frac{P(AB)}{P(B)}$$

来求。

例 1.18 甲乙两班共有 70 名学生，其中女生有 40 名，设甲班有 30 名学生，而女生为 15 名。试问在碰到甲班学生时，正好碰到的是一名女生的概率。

解 设随机事件 A 表示"碰到的是女生"，随机事件 B 表示"碰到的是甲班的学生"，于是随机事件 $A|B$ 表示"碰到的甲班的学生时，正好是女生"。因为

$$P(AB)=\frac{15}{70}=\frac{3}{14}，\quad P(B)=\frac{30}{70}=\frac{3}{7}$$

所以有
$$P(A|B)=\frac{P(AB)}{P(B)}=\frac{1}{2}$$

当然此例也可以这样做：样本空间 Ω_B 的样本点个数为30，而事件 $A|B$ 的样本点个数为15，因此有

$$P(A|B)=\frac{15}{30}=\frac{1}{2}$$

例 1.19 人寿保险公司常常需要知道存活到某一年龄段的人在下一年仍存活的概率。根据统计资料可知，某市的人活到50岁的概率为0.90718，而活到51岁的概率为0.90135。问现在已经50岁的人，能够活到51岁的概率为多少？

解 设随机事件 A 表示“活到51岁”，随机事件 B 表示“活到50岁”，显然有 $A\subset B$，则有 $AB=A$，下求 $P(A|B)$。

因为
$$P(B)=0.90718,\quad P(A)=0.90135$$
所以有
$$P(AB)=P(A)=0.90135$$
因此有
$$P(A|B)=\frac{P(AB)}{P(B)}=\frac{0.90135}{0.90718}\approx 0.99357$$

由此可知，该市的人在50岁到51岁之间死亡的概率为0.00643，也就是说平均每一千人中约有6.43人死亡。

二、乘法公式

由条件概率定义中的公式，可直接得到如下乘法公式。

定理 1.2 设 A,B 为两事件，且 $P(B)>0$，则有
$$P(AB)=P(A|B)\cdot P(B)$$
同理，当 $P(A)>0$ 时，有 $P(AB)=P(B|A)\cdot P(A)$。

此公式可推广到有限个的情形：

设 $A_1,A_2,\cdots,A_n$ 为 n 个随机事件，且 $P(A_1A_2\cdots A_n)>0$，则有
$$P(A_1A_2\cdots A_n)=P(A_1)\cdot P(A_2|A_1)\cdot P(A_3|A_1A_2)\cdots P(A_n|A_1A_2\cdots A_{n-1})$$

证明 因为
$$P(A_1)\geqslant P(A_1A_2)\geqslant\cdots\geqslant P(A_1A_2\cdots A_{n-1})>0$$
所以
$$\begin{aligned}&P(A_1)\cdot P(A_2|A_1)\cdot P(A_3|A_1A_2)\cdots P(A_n|A_1A_2\cdots A_{n-1})\\&=P(A_1)\cdot\frac{P(A_1A_2)}{P(A_1)}\cdot\frac{P(A_1A_2A_3)}{P(A_1A_2)}\cdots\frac{P(A_1A_2\cdots A_n)}{P(A_1A_2\cdots A_{n-1})}\\&=P(A_1A_2\cdots A_n)\end{aligned}$$

例 1.20 一批同型零件共有100个，其中合格品为95个，采取不放回抽样依次抽取3次，每次抽取一个，求第三次才抽到合格品的概率。

解 设随机事件 A_i 表示“第 i 次抽到合格品”（$i=1,2,3$），随机事件 B 表示“第三次才抽到合格品”，则 $B=\overline{A}_1\overline{A}_2A_3$，根据乘法公式有

$$P(B)=P(\overline{A}_1\overline{A}_2A_3)=P(\overline{A}_1)P(\overline{A}_2|\overline{A}_1)P(A_3|\overline{A}_1\overline{A}_2)$$
$$=\frac{5}{100}\cdot\frac{4}{99}\cdot\frac{95}{98}\approx 0.00196$$

例 1.21 （Pólya 模型）设袋中有 a 个红球和 b 个黑球，每次从中任取一个，记下颜色后放回袋中，并加入 c 个同色球。如此进行 n 次，求前 m 次都取到黑球，后 $n-m$ 次都取到红球的概率（$m<n$）。

解 设随机事件 A_i 表示"第 i 次取到黑球"，则 $\overline{A}_i$ 表示"第 i 次取到红球"；而随机事件 B 表示"前 m 次取到黑球，后 $n-m$ 次取到红球"，则有

$$B=A_1A_2\cdots A_m\overline{A}_{m+1}\overline{A}_{m+2}\cdots\overline{A}_n$$

因为

$$P(A_1)=\frac{b}{a+b}$$
$$P(A_2|A_1)=\frac{b+c}{a+b+c}$$
$$P(A_3|A_1A_2)=\frac{b+2c}{a+b+2c}$$
$$\cdots\cdots$$
$$P(A_m|A_1A_2\cdots A_{m-1})=\frac{b+(m-1)c}{a+b+(m-1)c}$$
$$P(\overline{A}_{m+1}|A_1A_2\cdots A_m)=\frac{a}{a+b+mc}$$
$$P(\overline{A}_{m+2}|A_1A_2\cdots A_m\overline{A}_{m+1})=\frac{a+c}{a+b+(m+1)c}$$
$$\cdots\cdots$$
$$P(\overline{A}_n|A_1A_2\cdots A_m\overline{A}_{m+1}\cdots\overline{A}_{n-1})=\frac{a+(n-m-1)c}{a+b+(n-1)c}$$

所以由概率的乘法公式有

$$P(B)=P(A_1A_2\cdots A_m\overline{A}_{m+1}\overline{A}_{m+2}\cdots\overline{A}_n)$$
$$=P(A_1)P(A_2|A_1)\cdots P(A_m|A_1A_2\cdots A_{m-1})P(\overline{A}_{m+1}|A_1A_2\cdots A_m)\cdots P(\overline{A}_n|A_1A_2\cdots A_m\overline{A}_{m+1}\cdots\overline{A}_{n-1})$$
$$=\frac{b}{a+b}\cdot\frac{b+c}{a+b+c}\cdots\frac{b+(m-1)c}{a+b+(m-1)c}\cdot\frac{a}{a+b+mc}\cdots\frac{a+(n-m-1)c}{a+b+(n-1)c}$$

习题 1.4

1. 设 $P(A)=\frac{1}{4}$，$P(B|A)=\frac{1}{3}$，$P(A|B)=\frac{1}{2}$，求 $P(A+B)$。

2. 设 $P(A)=0.5$，$P(B)=0.6$，$P(B|\overline{A})=0.4$，求 $P(A|\overline{B})$。

3. 某动物活10年的概率为0.8，活15年的概率为0.5，求现已活10年的这种动物活到

15 年的概率。

4. 小王忘了朋友家电话号码的最后一位数字，他只能随意拨最后一个号码，他连拨三次，求第三次才拨通的概率。

5. 设一批产品的不合格率为4%，而合格品中的一等品为75%，求在该批产品中任取一件，恰好取到的是一等品的概率。

6. 设一袋中有 5 个球：3 个红球和 2 个白球，每次取一个，观察颜色后放回且再放入同色球 2 个，试求连续三次取到的是白球的概率。

7. 某项技能考试，规定每个人最多可参加 3 次考试，小李第一次参加考试能通过的概率为60%；如果第一次未通过，经过培训后参加第二次考试，他通过的概率为80%；如果第二次还未通过，再去参加第三次考试，则此时通过的概率为90%，试求小李最多三次能通过考试的概率。

1.5　全概率公式与贝叶斯公式

对于复杂事件的概率求解问题，我们常希望能将复杂事件分解成若干个简单事件，而这些简单事件的概率较易求出，于是再利用概率的加法公式或乘法公式，解决所要求的复杂事件的概率。下面我们学习两个计算复杂事件概率的重要公式。

一、全概率公式

定义 1.5　设 $A_1, A_2, \cdots, A_n$ 是样本空间 Ω 中的 n 个随机事件，且满足下列两个条件：

（1）$A_1, A_2, \cdots, A_n$ 两两互不相容；

（2）$A_1 + A_2 + \cdots + A_n = \Omega$ 。

则我们称 $A_1, A_2, \cdots, A_n$ 为样本空间 Ω 的一个划分，或称 $A_1, A_2, \cdots, A_n$ 为 Ω 的一个完备事件组。

例如，$A, \overline{A}$ 就是样本空间 Ω 的一个划分。

对于一个样本空间 Ω 来说，其划分是不唯一的。对 Ω 选择何种划分，取决于所要解决问题的需要。

定理 1.3（全概率公式）　设 $A_1, A_2, \cdots, A_n$ 是样本空间 Ω 的一个划分，则对于任意随机事件 B，有

$$P(B) = \sum_{i=1}^{n} P(A_i) \cdot P(B|A_i)$$

证明　因为 $A_1, A_2, \cdots, A_n$ 是 Ω 的一个划分，所以有

$$A_1 + A_2 + \cdots + A_n = \Omega，\quad A_i A_j = \Phi \ （i \neq j,\ i, j = 1, 2, \cdots, n）$$

于是有

$$\begin{aligned} B = B\Omega &= B(A_1 + A_2 + \cdots + A_n) \\ &= BA_1 + BA_2 + \cdots + BA_n \end{aligned}$$

由于 $A_i A_j = \Phi$ ，因此有 $(BA_i)(BA_j) = \Phi$ ，且 $i \neq j,\ i, j = 1, 2, \cdots, n$ ，

于是有

$$\begin{aligned}P(B)&=P(BA_1+BA_2+\cdots+BA_n)\\&=P(BA_1)+P(BA_2)+\cdots+P(BA_n)\\&=P(B|A_1)\cdot P(A_1)+P(B|A_2)\cdot P(A_2)+\cdots+P(B|A_n)\cdot P(A_n)\\&=\sum_{i=1}^{n}P(A_i)\cdot P(B|A_i)\end{aligned}$$

全概率公式是用于计算由若干“原因”引起的复杂事件概率的有效方法。通常可用下面准则进行判定：若随机试验可以看成两个阶段进行，且第一阶段的试验结果是不确定的，要求的是第二阶段的结果发生的概率，则肯定用全概率公式。

此外，利用全概率公式时，如何选取适当的样本空间划分是至关重要的。通常可将第一阶段的所有可能结果作为样本空间的一个划分。

例 1.22 一个车间有甲、乙、丙三条流水线生产同一种产品。设甲、乙、丙流水线的产量分别占总产量的20%、35%、45%；而它们产品的次品率分别为5%、4%、3%；现将这些产品混在一起，并随机抽取一件，求它是次品的概率。

分析 将此随机试验分为两个阶段进行：第一阶段是将甲乙丙三条流水线上的产品混在一起，并随机抽取一件；第二阶段是观察抽取的这件产品是否为次品。因为要求的是第二阶段的结果发生的概率（即求抽取的是次品的概率），则用全概率公式解决。另外，在第一阶段中有三种可能结果，即这件产品来自于甲流水线、乙流水线、丙流水线，因此样本空间的划分可以取这三个可能结果。

解 设随机事件A_1表示“抽取的产品是甲流水线上的”，A_2表示“抽取的产品是乙流水线上的”，A_3表示“抽取的产品是丙流水线上的”，随机事件B表示“抽到的产品是次品”，显然，A_1,A_2,A_3是一个划分，则由全概率公式有

$$\begin{aligned}P(B)&=P(B|A_1)\cdot P(A_1)+P(B|A_2)\cdot P(A_2)+P(B|A_3)\cdot P(A_3)\\&=\frac{5}{100}\cdot\frac{20}{100}+\frac{4}{100}\cdot\frac{35}{100}+\frac{3}{100}\cdot\frac{45}{100}\\&=0.0375\end{aligned}$$

例 1.23 设甲盒中有a个白球和b个红球，乙盒中有c个白球和d个红球。现从甲盒中任取一球放入乙盒中，再从乙盒中取出一球，问取到的是白球的概率。

解 设随机事件A表示“从甲盒中任取一球是白球”，则$\overline{A}$表示“从甲盒中任取一球是红球”，再设随机事件B表示“从乙盒中任取一球是白球”，显然，$A,\overline{A}$是一个划分，则由全概率公式有

$$\begin{aligned}P(B)&=P(A)\cdot P(B|A)+P(\overline{A})\cdot P(B|\overline{A})\\&=\frac{a}{a+b}\cdot\frac{c+1}{c+d+1}+\frac{b}{a+b}\cdot\frac{c}{c+d+1}\\&=\frac{a(c+1)+bc}{(a+b)(c+d+1)}\end{aligned}$$

二、贝叶斯（Bayes）公式

定理 1.4（贝叶斯公式）　设 $A_1, A_2, \cdots, A_n$ 是样本空间 Ω 的一个划分，则对于任意随机事件 B，当 $P(A_i) > 0$, $P(B) > 0$ 时，有

$$P(A_i|B) = \frac{P(B|A_i)\cdot P(A_i)}{\sum_{i=1}^{n} P(B|A_i)\cdot P(A_i)}，（i = 1, 2, \cdots, n）$$

证明　由条件概率可知

$$P(A_i|B) = \frac{P(A_iB)}{P(B)} \qquad (1\text{-}5\text{-}1)$$

而根据乘法公式有

$$P(A_iB) = P(B|A_i)\cdot P(A_i) \qquad (1\text{-}5\text{-}2)$$

因为 $A_1, A_2, \cdots, A_n$ 是样本空间 Ω 的一个划分，则由全概率公式有

$$\begin{aligned} P(B) &= P(B|A_1)\cdot P(A_1) + P(B|A_2)\cdot P(A_2) + \cdots + P(B|A_n)\cdot P(A_n) \\ &= \sum_{i=1}^{n} P(A_i)\cdot P(B|A_i) \end{aligned} \qquad (1\text{-}5\text{-}3)$$

将式（1-5-2）和式（1-5-3）代入（1-5-1）中，得

$$P(A_i|B) = \frac{P(B|A_i)\cdot P(A_i)}{\sum_{i=1}^{n} P(B|A_i)\cdot P(A_i)}，（i = 1, 2, \cdots, n）$$

贝叶斯公式用来计算复杂事件已发生的条件下，引起这一复杂事件的某一种“原因”发生的概率。我们通常可用下面准则进行判别：若随机试验可看成两个阶段进行，且第一阶段的试验结果是不确定的，但第二阶段的某一个结果是已知的，要求此结果为第一阶段中某一个结果引起的概率，则肯定用贝叶斯公式。

利用贝叶斯公式时，如何选取样本空间 Ω 的划分也是至关重要的。和全概率公式应用一样，通常可将第一阶段中的所有可能结果作为 Ω 的一个划分。

在例 1.22 中，如果将甲、乙、丙三条流水线生产的产品混在一起后，随机抽取一件，发现它是次品，现问这个次品是甲、乙、丙生产的概率各是多少？

分析　设事件 A_1, A_2, A_3 分别表示“抽取的产品分别是甲、乙、丙生产的”，事件 B 表示“抽取的产品是次品”，则要分别求出 $P(A_1|B)$、$P(A_2|B)$ 和 $P(A_3|B)$。而由贝叶斯公式有

$$\begin{aligned} P(A_1|B) &= \frac{P(B|A_1)\cdot P(A_1)}{\sum_{i=1}^{3} P(B|A_i)\cdot P(A_i)} \\ &= \frac{20\%\times 5\%}{20\%\times 5\% + 35\%\times 4\% + 45\%\times 3\%} \\ &= \frac{4}{15} \end{aligned}$$

同理可得，$P(A_2|B)=\dfrac{28}{75}$，$P(A_3|B)=\dfrac{9}{25}$。

例 1.24 依据医学调查表明，男性有5%患有色盲，女性有0.25%患有色盲。现从男女人数相等的人群中随机挑选一人，恰好此人是色盲，问此人为男性的概率。

解 设随机事件A表示"此人为男性"，则$\overline{A}$表示"此人为女性"；显然$A, \overline{A}$构成样本空间的一个划分。又设随机事件B表示"从男女人数相等的人群中随机挑选一人，恰好是色盲患者"，则要求$P(A|B)$。

因为 $$P(A)=P(\overline{A})=\frac{1}{2}，P(B|A)=5\%，P(B|\overline{A})=0.25\%$$

所以由贝叶斯公式可知

$$\begin{aligned}P(A|B)&=\frac{P(B|A)\cdot P(A)}{P(B|A)\cdot P(A)+P(B|\overline{A})\cdot P(\overline{A})}\\&=\frac{5\%\times\frac{1}{2}}{5\%\times\frac{1}{2}+0.25\%\times\frac{1}{2}}\\&=\frac{20}{21}\end{aligned}$$

例 1.25 三个盒子中，第一盒中有4个黑球和1个白球，第二盒中有3个黑球和3个白球，第三盒中有3个黑球和5个白球。现先任取一盒，再从该盒中任取一球，问：

（1）取出的球是白球的概率是多少？

（2）若取出的是白球，则该白球是第二盒中的概率是多少？

分析 此随机试验可分为两个阶段进行，即先取盒子，再取球。但第一阶段的结果是不确定的，即先取哪个盒子并不知道。（1）中是求第二阶段结果发生的概率，即第二阶段中取出的白球的概率，这里要用全概率公式；（2）中是第二阶段的结果已知，即取出的球是白球，现要追究此结果是第一阶段中哪一个结果引起的概率，即此白球来自于第二个盒子的概率，因此这里可用贝叶斯公式。

又由于第一阶段有三个结果，即可取到第一、第二或第三个盒子，因此可将这三个结果作为样本空间的一个划分。

解 设随机事件A_i表示"取出第i个盒子"（$i=1,2,3$），随机事件B表示"取出的是白球"，于是有

$$P(A_1)=P(A_2)=P(A_3)=\frac{1}{3}，P(B|A_1)=\frac{1}{5}，P(B|A_2)=\frac{3}{6}=\frac{1}{2}，P(B|A_3)=\frac{5}{8}$$

（1）由全概率公式可得

$$P(B)=\sum_{i=1}^{3}P(B|A_i)\cdot P(A_i)=\frac{53}{120}$$

（2）由贝叶斯公式可得

$$P(A_2|B)=\frac{P(B|A_2)\cdot P(A_2)}{\sum_{i=1}^{3}P(B|A_i)\cdot P(A_i)}=\frac{20}{53}$$

习题 1.5

1. 某批产品由甲、乙、丙三个产家供货，且甲、乙和丙的产量分别占总量的50%、25%和25%，它们的次品率分别为0.02、0.02和0.04。现从这批产品中任取一件，求它是次品的概率。

2. 一单位的某办公室有甲乙两人，已知甲近期出差的概率为80%；若甲出差则乙出差的概率为10%；若甲不出差则乙出差的概率为85%。现在已知乙出差在外，求甲也出差在外的概率是多少？

3. 在一批同型产品中，甲乙两车间生产的产品数分别占30%和70%，且合格率分别为98%和90%；现从中任取一件，求：

（1）它是合格品的概率是多少？

（2）若这一件为次品，则它是由甲车间生产的概率为多少？

4. 某工厂的车床、钻床、磨床、刨床的台数之比为$9:3:2:1$，它们在一定时间内需要修理的概率之比为$1:2:3:1$。当一台机床需要修理时，求这台机床是车床的概率是多少？

5. 假设箱中原来有一个球，已知此球不是白球就是黑球。现在首先将一个白球放入箱中，然后从箱中随意取出一个球，结果取到的是白球。试求箱中原来是白球的概率。

6. 假设利用某项血液化验来诊断某种疾病，已知95%的患者呈阳性，但有1%的健康人也呈阳性（称为伪阳性）。据统计资料表明，这种疾病患者占人口总数的0.2%，求这种血液化验呈阳性的人但实际上并没有患这种疾病的概率。

7. 设甲、乙、丙三个地区爆发了某种流行病，而这三个地区感染此病的比例分别为$\frac{1}{6}$、$\frac{1}{4}$和$\frac{1}{3}$。现从这三个地区中任取一人，问：

（1）此人感染此病的概率是多少？

（2）如果此人感染了此病，则此人来自于乙地区的概率为多少？

1.6　随机事件的独立性与伯努利概型

一、随机事件的独立性

在第 1.4 节中我们知道，条件概率$P(A|B)$与无条件概率$P(A)$一般不相等，即事件B的

发生对事件 A 是有影响的。但是如果 $P(A|B)=P(A)$，则说明事件 B 的发生对事件 A 是没有影响的，这时自然认为事件 A 与事件 B 是相互独立的。由概率的乘法公式可知，如果 $P(A|B)=P(A)$，则有

$$P(AB)=P(A|B)\cdot P(B)=P(A)\cdot P(B)$$

由此，我们则有如下定义：

定义 1.6 设 A, B 是任意两个随机事件，如果

$$P(AB)=P(A)\cdot P(B)$$

则称事件 A 与事件 B 是相互独立的。

判断事件 A 与 B 是否相互独立，对于简单事件来说，我们通常可从直觉上进行判别。例如甲、乙两人分别向上抛两枚均匀的硬币，设事件 A 表示"甲抛的硬币出现正面朝上"，事件 B 表示"乙抛的硬币出现反面朝上"，则我们可以从直觉上判别 A 与 B 相互独立。但是对于一些复杂事件来说，直觉上不易进行判别时，我们可以利用定义 1.6 中的关系式判别，也可以利用条件概率与无条件概率的相等关系判别。

例 1.26 从一副不含大小王的扑克牌中任取一张，用事件 A 表示"抽到的是 K"，事件 B 表示"抽到的是黑色的"，问事件 A 与 B 是否相互独立？

解 方法一：因为 $$P(A)=\frac{4}{52}=\frac{1}{13},\quad P(B)=\frac{26}{52}=\frac{1}{2}$$

而 $$P(AB)=\frac{2}{52}=\frac{1}{26}$$

显然有 $$P(AB)=P(A)\cdot P(B)$$

因此事件 A 与 B 是相互独立的。

方法二：因为 $$P(A)=\frac{1}{13},\quad P(A|B)=\frac{2}{26}=\frac{1}{13}$$

显然有 $$P(A|B)=P(A)$$

所以事件 A 与 B 是相互独立的。

关于事件 A 与 B 的独立性，则有如下性质。

性质 1 若 $P(A)>0$，则 A 与 B 相互独立的充分必要条件是 $P(B|A)=P(B)$。

值得注意的是，若 $P(A)=0$，则事件 A 与任一事件 B 相互独立。

性质 2 若事件 A 与 B 相互独立，则 A 与 $\overline{B}$，$\overline{A}$ 与 B，$\overline{A}$ 与 $\overline{B}$ 也相互独立。

证明 因为 A 与 B 相互独立，所以有

$$P(AB)=P(A)\cdot P(B)$$

而

$$\begin{aligned}P(A\overline{B})&=P(A(\Omega-B))=P(A\Omega-AB)\\&=P(A-AB)=P(A)-P(AB)\\&=P(A)-P(A)\cdot P(B)\\&=P(A)[1-P(B)]=P(A)\cdot P(\overline{B})\end{aligned}$$

因此事件 A 与 $\overline{B}$ 相互独立，于是也有 $\overline{A}$ 与 $\overline{B}$ 相互独立。

又因为 $\overline{\overline{B}}=B$，所以 $\overline{A}$ 与 B 也相互独立。

性质 3　若 $P(A)>0$，$P(B)>0$，则事件 A、B 相互独立与事件 A、B 互不相容是不能同时成立的。

证明　因为事件 A、B 相互独立，所以有

$$P(AB)=P(A)\cdot P(B)$$

而事件 A、B 互不相容，则有 $AB=\Phi$，于是 $P(AB)=0$

因为 $P(A)>0$，$P(B)>0$，所以

$$P(AB)=P(A)\cdot P(B)>0$$

与 $P(AB)=0$ 是不能同时成立的。

例 1.27　甲乙两人独立地射击同一目标，他们的命中率分别为 0.9 和 0.7，现每人各射击一次，求目标被击中的概率。

解　设事件 A 表示“甲击中目标”，事件 B 表示“乙击中目标”，事件 C 表示“目标被击中”，于是有

$$P(A)=0.9\text{，}\quad P(B)=0.7\text{，}\quad \text{且 } C=A+B$$

因此有

$$\begin{aligned}P(C)&=P(A+B)\\&=P(A)+P(B)-P(AB)\\&=P(A)+P(B)-P(A)P(B)\\&=0.9+0.7-0.9\times0.7=0.97\end{aligned}$$

下面将事件的独立性推广到三个或三个以上事件的独立性。

定义 1.7　设 A,B,C 是任三个事件，如果满足

$$P(AB)=P(A)P(B)\text{，}\quad P(BC)=P(B)P(C)\text{，}\quad P(AC)=P(A)P(C)$$

则称事件 A,B,C 两两独立。

定义 1.8　设事件 A,B,C 两两独立，且有

$$P(ABC)=P(A)P(B)P(C)$$

则称事件 A,B,C 相互独立。

一般地，设 $A_1,A_2,\cdots,A_n$ 是 n（$n\geqslant2$）个事件，如果对于其中任意 2 个、任意 3 个、……、任意 n 个事件的积事件的概率，都等于各事件概率之积，则称事件 $A_1,A_2,\cdots,A_n$ 相互独立。

由上面定义可得以下两个推论：

推论 1　若事件 $A_1,A_2,\cdots,A_n$（$n\geqslant2$）相互独立，则其中 k 个（$2\leqslant k\leqslant n$）事件也相互独立。

推论 2　若事件 $A_1,A_2,\cdots,A_n$（$n\geqslant2$）相互独立，则将 $A_1,A_2,\cdots,A_n$ 中任意多个事件换成它们的对立事件后，所得的个事件仍相互独立。

例 1.28　设有甲乙丙三门高射炮同时独立地向同一目标射击，它们的命中率分别为 0.6、0.5 和 0.8，问目标被击中的概率。

解 用事件 A, B, C 分别表示"甲、乙、丙射击目标"，事件 D 表示"目标被击中"，则有

$$P(A)=0.6,\quad P(B)=0.5,\quad P(C)=0.8,\quad 且\ D=A+B+C$$

因此有

$$\begin{aligned}P(D)&=P(A+B+C)\\&=1-P(\overline{A}\overline{B}\overline{C})\\&=1-P(\overline{A})P(\overline{B})P(\overline{C})\\&=1-0.4\times0.5\times0.2=0.96\end{aligned}$$

或者 $P(D)=P(A+B+C)$

$$\begin{aligned}&=P(A)+P(B)+P(C)-P(AB)-P(BC)-P(AC)+P(ABC)\\&=P(A)+P(B)+P(C)-P(A)P(B)-P(B)P(C)-P(A)P(C)+P(A)P(B)P(C)\\&=0.6+0.5+0.8-0.6\times0.5-0.5\times0.8-0.6\times0.8+0.6\times0.5\times0.8\\&=0.96\end{aligned}$$

例 1.29 设有 n 个人独立地破译同一密码，若每人能译出的概率都是 0.96，现在要求以 99.99% 的把握将密码译出，问至少需要多少个人来破译？

解 设事件 A_i 表示"第 i 个人能译出"（$i=1,2,\cdots,n$），事件 B 表示"密码能被译出"，则有

$$\begin{aligned}P(B)&=P(A_1+A_2+\cdots+A_n)\\&=1-P(\overline{A}_1\overline{A}_2\cdots\overline{A}_n)\\&=1-P(\overline{A}_1)P(\overline{A}_2)\cdots P(\overline{A}_n)\\&=1-0.04^n\geqslant0.9999\end{aligned}$$

于是有

$$n\geqslant\frac{\ln 0.0001}{\ln 0.04}\approx2.86$$

因此至少需要 3 人就能以 99.99% 的把握将密码破译。

例 1.30 甲乙丙三人同时独立地对一架飞机进行射击，命中率分别是 0.4, 0.5, 0.6。已知飞机被一人击中后而被击落的概率为 0.2；被两人击中后而被击落的概率为 0.6；若三人都击中，则飞机必定被击落，求飞机被击落的概率。

解 设事件 A_i 表示"飞机被 i 人击中（$i=1,2,3$）"，事件 B_1, B_2, B_3 分别表示"甲乙丙击中飞机"，事件 C 表示"飞机被击落"，于是有

$$P(B_1)=0.4,\quad P(B_2)=0.5,\quad P(B_3)=0.6$$
$$P(C|A_1)=0.2,\quad P(C|A_2)=0.6,\quad P(C|A_3)=1$$

因为

$$A_1=B_1\overline{B}_2\overline{B}_3+\overline{B}_1B_2\overline{B}_3+\overline{B}_1\overline{B}_2B_3$$
$$A_2=B_1B_2\overline{B}_3+B_1\overline{B}_2B_3+\overline{B}_1B_2B_3$$

$$A_3 = B_1B_2B_3$$

且 B_1, B_2, B_3 相互独立，所以有

$$\begin{aligned}P(A_1) &= P(B_1\overline{B}_2\overline{B}_3 + \overline{B}_1B_2\overline{B}_3 + \overline{B}_1\overline{B}_2B_3)\\ &= P(B_1\overline{B}_2\overline{B}_3) + P(\overline{B}_1B_2\overline{B}_3) + P(\overline{B}_1\overline{B}_2B_3)\\ &= P(B_1)P(\overline{B}_2)P(\overline{B}_3) + P(\overline{B}_1)P(B_2)P(\overline{B}_3) + P(\overline{B}_1)P(\overline{B}_2)P(B_3)\\ &= 0.4\times0.5\times0.4 + 0.6\times0.5\times0.4 + 0.6\times0.5\times0.6 = 0.38\end{aligned}$$

同理可得 $$P(A_2) = 0.38，\quad P(A_3) = 0.12$$

于是，由全概率公式可得

$$\begin{aligned}P(C) &= P(A_1)P(C|A_1) + P(A_2)P(C|A_2) + P(A_3)P(C|A_3)\\ &= 0.38\times0.2 + 0.38\times0.6 + 0.12\times1\\ &= 0.424\end{aligned}$$

二、伯努利（Bernoulli）概型

定义 1.9　如果在同一条件下，对某个随机试验独立地重复做 n 次，则称为 n 次独立重复试验。

例如，在装有若干个小球的盒中，有放回地任取一个，把每次取球看作一次随机试验，则 n 次取球就是 n 次独立重复试验。

定义 1.10　如果一个随机试验只有两个可能结果 A 和 $\overline{A}$，则称它为伯努利试验。若将伯努利试验独立地重复做 n 次，则称为 n 重（或 n 次）伯努利试验。

例如，向上抛一枚均匀硬币，观察其正面朝上还是反面朝上，这就是一个伯努利试验。如果在相同条件下，连续向上抛 n 次，则为 n 重伯努利试验。

定理 1.5　设伯努利试验中随机事件 A 发生的概率为 p（$0<p<1$），则在 n 重伯努利试验中，A 恰好发生 k 次的概率为

$$P_n(k) = C_n^k p^k (1-p)^{n-k}，\ （k = 0, 1, 2, \cdots, n）$$

证明　因为事件 A 恰好发生 k 次，所以事件 $\overline{A}$ 发生 $n-k$ 次，而由 $P(A) = p$ 可知

$$P(\overline{A}) = 1 - p$$

但是，A 发生的 k 次并未指出在这 n 次试验中的哪些 k 次，于是由组合的计算可知，事件 A 发生有 C_n^k 种不同方式。我们用 $P_n(k)$ 表示事件 A 发生 k 次的概率，因此有

$$P_n(k) = C_n^k p^k (1-p)^{n-k}，\ （k = 0, 1, 2, \cdots, n）$$

例 1.31　一射手向目标连续射击 5 次，且每次命中率都为 0.7，求恰好命中 3 次的概率。

解　显然这是一个 5 重伯努利试验，设事件 A 表示“命中目标”，事件 B 表示“恰好命中 3 次”，则 $P(A) = 0.7$，$P(\overline{A}) = 0.3$，因此有

$$P(B) = P_5(3) = C_5^3\cdot(0.7)^3\cdot(0.3)^2 = 0.3087$$

例 1.32　随机地掷一枚骰子，连掷 6 次，求

（1）恰有一次出现“6 点”的概率；

（2）恰有两次出现“6点”的概率；

（3）至少有一次出现“6点”的概率。

解 显然这是一个6重伯努利试验，设事件A表示“出现6点”，则

$$P(A)=\frac{1}{6}，\quad P(\bar{A})=\frac{5}{6}$$

（1）恰有一次出现“6点”的概率为

$$P_6(1)=C_6^1\cdot(\frac{1}{6})\cdot(\frac{5}{6})^5\approx 0.402$$

（2）恰有两次出现“6点”的概率为

$$P_6(2)=C_6^2\cdot(\frac{1}{6})^2\cdot(\frac{5}{6})^4\approx 0.201$$

（3）至少有一次出现“6点”的概率为

$$p=1-P_6(0)=1-C_6^0\cdot(\frac{1}{6})^0\cdot(\frac{5}{6})^6\approx 0.665$$

习题 1.6

1. 设事件A,B相互独立，且$P(A)=0.4$，$P(B)=0.5$，试求下列事件的概率：

（1）$P(A+B)$；（2）$P(A+\bar{B})$；（3）$P(\bar{A}+\bar{B})$；（4）$P(\bar{A}\bar{B})$。

2. 设事件A,B相互独立，已知只有事件A发生的概率和只有事件B发生的概率都为$\frac{1}{4}$，试求$P(A)$和$P(B)$。

3. 三人独立地破译一份密码，能译出的概率分别为$\frac{1}{5},\frac{1}{4},\frac{1}{3}$，问这份密码能被破译出来的概率是多少？

4. 若甲乙丙三人独立地向同一目标射击，命中率分别为$0.3, 0.5, 0.7$，求：

（1）至少有一人击中目标的概率；

（2）目标恰好被击中两次的概率。

5. 设在3次独立试验中，事件A出现的概率均相等，且至少出现1次的概率为$\frac{19}{27}$，求在1次试验中，事件A出现的概率为多少？

6. 设事件A,B,C相互独立，证明A与$B+C$也相互独立。

总复习题

一、填空题

1. 设事件A与B相互独立，且$P(B)=0.5$，$P(A-B)=0.3$，则$P(B-A)=$________。

2. 袋中有50个乒乓球，其中20个黄球、30个白球，现有两人依次随机地从袋中各取一球，取后不放回，则第二个人取得黄球的概率为________。

3. 设在3次独立试验中，事件A出现的概率均相等，且至少出现一次的概率为$\frac{19}{27}$，则在一次试验中，A出现的概率为________。

4. 设A,B为任意两个随机事件，则$P\left\{(\bar{A}+B)(A+B)(\bar{A}+\bar{B})(A+\bar{B})\right\}=$________。

二、选择题

1. 设A,B为两个互斥事件，且$P(A)>0$，$P(B)>0$，则下列结论正确的是________。

（A）$P(B|A)>0$　　（B）$P(A|B)=0$

（C）$P(A|B)=P(A)$　　（D）$P(AB)=P(A)P(B)$

2. 设事件A,B满足$P(B|A)=1$，则________。

（A）A为必然事件　　（B）$B\subset A$

（C）$A\subset B$　　（D）$P(A\bar{B})=0$

3. 设A,B为两事件，且$P(AB)=0$，则________。

（A）A与B互不相容　　（B）AB是不可能事件

（C）AB未必是不可能事件　　（D）$P(A)=0$或$P(B)=0$

4. 事件A,B相互独立的充要条件是________。

（A）$A+B=\Omega$　　（B）$AB=\Phi$

（C）$P(AB)=P(A)P(B)$　　（D）$P(A+B)=P(A)+P(B)$

5. 设n张奖券中含有m张有奖的，k个人购买，每人一张，其中至少有一个人中奖的概率为________。

（A）$1-\frac{C_{n-m}^{k}}{C_n^k}$　　（B）$\frac{m}{C_n^k}$

（C）$\frac{C_m^1\cdot C_{n-m}^{k-1}}{C_n^k}$　　（D）$\sum_{r=1}^{k}\frac{C_m^r}{C_n^k}$

6. 设$0<P(A)<1$，$0<P(B)<1$，且$P(A|B)+P(\bar{A}|\bar{B})=1$，则________。

（A）A与B互不相容　　（B）A与B相互对立

（C）A与B互不独立　　（D）A与B相互独立

7. 某人射击中靶的概率为p（$0<p<1$），则他在第2次中靶之前已经失败3次的概率为________。

（A）$4p^2(1-p)^3$　　（B）$4p(1-p)^3$

（C）$10p^2(1-p)^3$　　（D）$p^2(1-p)^3$

三、计算题

1. 把10本书随意地放在书架上，求其中指定的5本书放在一起的概率。

2. 从$1 \sim 100$的这100个整数中任取一个，求取到的整数能被3或被5整除的概率。

3. 向正方形区域$\Omega = \{(x,y) \mid |x| \leqslant 1, |y| \leqslant 1\}$中随机投一点$M(x,y)$，求：

（1）方程$t^2 + xt + y = 0$有两个实根的概率；

（2）方程$t^2 + xt + y = 0$有两个正实根的概率；

4. 设一批产品中有一、二、三等品各占$50\%, 30\%, 20\%$，现从中任取一件，发现不是一等品，求取到的这件产品是三等品的概率。

5. 为了防止意外，在矿内同时装有两种报警系统A和B，每种系统单独使用时，其有效的概率A为0.92，B为0.93，且在A失灵的条件下，B有效的概率为0.85，求：

（1）发生意外时，这两个报警系统至少一个有效的概率；

（2）B失灵的条件下，A有效的概率。

6. 在10件产品中有8件正品和2件次品，现每次从中任取一件且取后不放回，求下列事件的概率：

（1）前两次均为正品；

（2）第二次取到次品；

（3）若已知第二次取到次品，则第一次也取到次品。

7. 某发报台分别以概率为0.7和0.3发出信号“•”和“−”，由于通信系统受到干扰，当发出信号“•”时，收报台未必收到信号“•”，而是分别以概率0.9和0.1收到信号“•”和“−”；同样，当发出信号为“−”时，收报台分别以概率0.8和0.2收到信号“−”和“•”，试求：

（1）收报台收到信号“•”的概率；

（2）当收报台收到信号“•”时，发报台发出信号“•”的概率。

8. 加工某一零件共需要经过四道工序，设第一、二、三、四道工序的次品率分别是0.02，0.03，0.05和0.03；假设各个工序是互不影响的，求加工出来的零件是次品的概率。

9. 设随机事件A,B相互独立，且A,B都不发生的概率为$\dfrac{4}{9}$，A发生B不发生的概率与A不发生B发生的概率相等，求$P(A)$和$P(B)$。

10. 三人独立地各投篮一次，他们的命中率分别为0.4，0.6和0.7，求：

（1）至少有一人投中的概率；

（2）恰好投中两次的概率。

11. 一射手命中10环的概率为0.7，命中9环的概率为0.3，求该射手打3发得到不少于29环的概率。

第 2 章　一维随机变量及其分布

在上一章的学习中，我们知道有些随机试验的结果可直接用数值来表示，此时样本空间Ω是一个数集。例如，投掷一枚骰子，观察其出现的点数，则样本空间$\Omega=\{1,2,3,4,5,6\}$。再如，在一批同型号灯泡中，任取一只检测其使用寿命，则样本空间$\Omega=\{t|t\geqslant 0\}$。但是有些随机试验的结果本身并不是数值。例如，向上抛一枚硬币，观察其正面和反面朝上的情况，其结果就不是一个数值。为了研究的方便，我们可以用数值“1”来表示“正面朝上”，用数值“0”来表示“反面朝上”，此时样本空间$\Omega=\{0,1\}$就是一个数集。

因此，为了更深入全面地研究随机试验结果的统计规律性，我们有必要对所有随机试验的结果数量化，为此，引入随机变量。

2.1　随机变量及其分布函数

一、随机变量的概念

定义 2.1　设随机试验的样本空间为Ω，如果对Ω中的每一个样本点ω，都有唯一的实数$X(\omega)$与之对应，则这个定义域为Ω的实值单值函数$X=X(\omega)$称为一维随机变量。

一般地，随机变量用大写字母$X,Y,Z,\cdots$表示，用小写字母$x,y,z,\cdots$表示实数。

例如，投掷一枚骰子，观察其出现的点数，于是引进随机变量X，就有

$$X=X(\omega),\quad \omega\in\Omega=\{1,2,3,4,5,6\}$$

再如，向上抛一枚硬币，观察其正面和反面出现的情况，于是引进随机变量X，就有

$$X=\begin{cases}1, & \text{当正面朝上时；}\\ 0, & \text{当反面朝上时。}\end{cases}$$

对于随机变量，我们不但要知道它可能取哪些数值，而且还要知道它取这些数值的概率，这样才能完整地描述随机变量的统计规律性。为此我们引入随机变量的分布函数。

二、随机变量的分布函数

定义 2.2　设X是一个随机变量，对于任一实数x，将函数

$$F(x)=P\{X\leqslant x\},\qquad -\infty<x<+\infty$$

称为随机变量 X 的分布函数。

在几何上，分布函数 $F(x)$ 表示随机变量 X 落在实数 x 左边区间 $(-\infty,x]$ 上的概率，如图 2-1 所示。

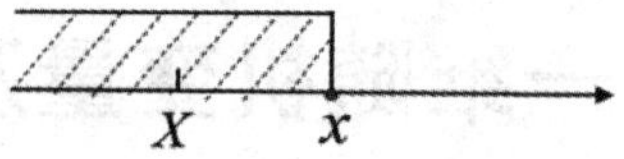

图 2-1

由分布函数的定义可知，若任意实数 a,b（$a<b$），有

$$\begin{aligned}P\{a<X\leqslant b\}&=P\{X\leqslant b\}-P\{X\leqslant a\}\\&=F(b)-F(a)\end{aligned}$$

因此，若已知随机变量 X 的分布函数 $F(x)$，则可得到 X 落在某一区间 $(a,b]$ 上的概率，从而说明分布函数 $F(x)$ 能完整地描述随机变量 X 的统计规律性。

分布函数 $F(x)$ 是一个普通的函数，我们可以通过它，用微积分的方法来研究随机变量 X。下面先来探讨一下 $F(x)$ 的三个基本性质。

性质 1　$0\leqslant F(x)\leqslant 1$，且 $F(-\infty)=\lim\limits_{x\to-\infty}F(x)=0$，$F(+\infty)=\lim\limits_{x\to+\infty}F(x)=1$。

性质 2　$F(x)$ 是一个单调不减函数，即当 $x_1<x_2$ 时，有 $F(x_1)\leqslant F(x_2)$。

证明　设任意实数 x_1,x_2，且 $x_1<x_2$，有

$$F(x_2)-F(x_1)=P\{x_1<X\leqslant x_2\}\geqslant 0$$

即有 $F(x_1)\leqslant F(x_2)$，因此 $F(x)$ 单调不减。

性质 3　$F(x)$ 是右连续函数，即对任一实数 x_0，有

$$F(x_0+0)=F(x_0)$$

证明　略。

注意，符号 $F(x_0+0)$ 表示函数 $F(x)$ 在 x_0 的右极限，即

$$F(x_0+0)=\lim_{x\to x_0^+}F(x)$$

同理，接下来要出现的符号 $F(x_0-0)$ 表示函数 $F(x)$ 在 x_0 的左极限，即

$$F(x_0-0)=\lim_{x\to x_0^-}F(x)$$

若一个函数能同时满足上述三个性质，则这个函数一定是某个随机变量的分布函数。

借助于分布函数 $F(x)$，可得出各种与随机变量 X 有关的事件的概率：

（1）$P\{X\leqslant x\}=F(x)$；

（2）$P\{X<x\}=F(x-0)$；

（3）$P\{X=x\}=F(x)-F(x-0)$；

（4）$P\{X>x\}=1-F(x)$；

（5）$P\{X\geqslant x\}=1-F(x-0)$；

（6）$P\{x_1<X\leqslant x_2\}=F(x_2)-F(x_1)$；

（7）$P\{x_1 \leqslant X \leqslant x_2\} = F(x_2) - F(x_1 - 0)$；

（8）$P\{x_1 < X < x_2\} = F(x_2 - 0) - F(x_1)$；

（9）$P\{x_1 \leqslant X < x_2\} = F(x_2 - 0) - F(x_1 - 0)$。

例 2.1　设随机变量 X 的分布函数为

$$F(x) = \begin{cases} 0, & x < 0 \\ Ax^2, & 0 \leqslant x \leqslant 2 \\ 1, & x > 2 \end{cases}$$

求：（1）常数 A 的值；（2）$P\{1 \leqslant X \leqslant 3\}$。

解　（1）因为 $F(x)$ 为右连续函数，所以有

$$F(2+0) = F(2)$$

而

$$F(2) = 4A, F(2+0) = \lim_{x \to 2^+} F(x) = 1$$

于是有 $4A = 1$，得到 $A = \frac{1}{4}$。

（2）$P\{1 \leqslant X \leqslant 3\} = F(3) - F(1-0)$

$$= 1 - \lim_{x \to 1^-} F(x) = 1 - \lim_{x \to 1^-} \frac{1}{4}x^2 = 1 - \frac{1}{4} = \frac{3}{4}$$

习题 2.1

1. 设 $F_1(x)$ 与 $F_2(x)$ 分别为随机变量 X_1 与 X_2 的分布函数，如果

$$F(x) = aF_1(x) - bF_2(x)$$

也是某一随机变量 X 的分布函数，则下列给定的各组数值中应取________。

（A）$a = \frac{3}{5}, b = -\frac{2}{5}$　（B）$a = \frac{2}{3}, b = \frac{2}{3}$　（C）$a = -\frac{1}{2}, b = \frac{3}{2}$　（D）$a = \frac{1}{2}, b = -\frac{3}{2}$。

2. 设随机变量 X 的分布函数为

$$F(x) = \begin{cases} 1 - \frac{k}{x^3}, & x > 3; \\ 0, & x \leqslant 3 \end{cases}$$

求（1）常数 k 的值；（2）$P\{2 < X < 5\}$。

2.2　离散型随机变量及其概率分布

一、离散型随机变量的分布律

定义 2.3　若随机变量 X 只能取有限个或可列无穷多个值，则称 X 为离散型随机变量。例如，投掷一枚骰子，观察其出现的点数就是一个离散型随机变量；再如，某市110报

警台一天内接到的报警次数也是一个离散型随机变量。如果检测一个元件的使用寿命，由于它的取值范围为$[0,+\infty)$，则它是一个非离散型的随机变量。

对于离散型随机变量，我们不仅要知道它的所有取值，而且还要关心它取每一个值的概率，这就是离散型随机变量的概率分布。

定义 2.4 设X是离散型随机变量，它的所有可能取值为$x_1, x_2, x_3, \cdots$，且各个可能取值的概率为

$$P\{X = x_i\} = p_i\,,\quad i = 1, 2, 3, \cdots$$

则称其为X的概率分布或分布律。

离散型随机变量X的分布律还可用以下形式表示

X	x_1	x_2	$\cdots$	x_i	$\cdots$
p	p_1	p_2	$\cdots$	p_i	$\cdots$

$$X \sim \begin{pmatrix} x_1 & x_2 & \cdots & x_i & \cdots \\ p_1 & p_2 & \cdots & p_i & \cdots \end{pmatrix}$$

容易看出，离散型随机变量的分布律满足下列性质：

（1）$p_i \geqslant 0$，$i = 1, 2, 3, \cdots$；

（2）$\sum\limits_{i=1}^{\infty} p_i = 1$。

反之，任何一个满足上述两个性质的一组数p_i（$i = 1, 2, 3, \cdots$）一定是某一离散型随机变量的分布律。

例 2.2 一袋中装有同质的4个白球和3个黑球，以X表示从中任取2个球中的白球数，求X的分布律。

解 随机变量X的所有可能取值为$0, 1, 2$，且每个取值的概率分别为

$$P\{X = 0\} = \frac{C_3^2}{C_7^2} = \frac{1}{7}$$

$$P\{X = 1\} = \frac{C_3^1 C_4^1}{C_7^2} = \frac{4}{7}$$

$$P\{X = 2\} = \frac{C_4^2}{C_7^2} = \frac{2}{7}$$

因此X的分布律为

X	0	1	2
p	$\frac{1}{7}$	$\frac{4}{7}$	$\frac{2}{7}$

例 2.3 接连两次独立地向同一目标射击，以X表示命中目标的次数。假若每次射击的命中率都为0.8，求X的分布律。

解 随机变量X的所有可能取值为$0, 1, 2$，设事件A_i表示“第i次射击命中目标”

（$i=1,2$），则有

$$P\{X=0\}=P(\bar{A}_1\bar{A}_2)=P(\bar{A}_1)P(\bar{A}_2)=0.2\times0.2=0.04$$

$$\begin{aligned}P\{X=1\}&=P(A_1\bar{A}_2+\bar{A}_1A_2)\\&=P(A_1\bar{A}_2)+P(\bar{A}_1A_2)\\&=P(A_1)P(\bar{A}_2)+P(\bar{A}_1)P(A_2)\\&=0.8\times0.2+0.2\times0.8=0.32\end{aligned}$$

$$P\{X=2\}=P(A_1A_2)=P(A_1)P(A_2)=0.8\times0.8=0.64$$

因此 X 的分布律为

X	0	1	2
p	0.04	0.32	0.64

例 2.4　设某个离散型随机变量 X 的分布律为

$$P\{X=k\}=\frac{ak}{n(n+1)},\quad k=1,2,\cdots,n$$

求常数 a 的值。

解　依据离散型随机变量的性质，有

$$\sum_{k=1}^{n}P\{X=k\}=1$$

即

$$\begin{aligned}&P\{X=1\}+P\{X=2\}+\cdots\cdots+P\{X=n\}\\&=\frac{a}{n(n+1)}+\frac{2a}{n(n+1)}+\cdots\cdots+\frac{na}{n(n+1)}\\&=\frac{a(1+2+\cdots+n)}{n(n+1)}\\&=\frac{a}{2}=1\end{aligned}$$

于是有 $a=2$。

二、离散型随机变量的分布函数

设离散型随机变量 X 的分布律为

$$P\{X=x_i\}=p_i,\quad i=1,2,3,\cdots$$

则由概率的可列可加性得到 X 的分布函数为

$$F(x)=P\{X\leqslant x\}=\sum_{x_i\leqslant x}P\{X=x_i\}=\sum_{x_i\leqslant x}p_i$$

这里的和式是对于所有满足 $x_i\leqslant x$ 的 i 求和。分布函数 $F(x)$ 在 $x=x_i$（$i=1,2,3,\cdots$）处有跳跃，其跳越值为 $p_i=P\{X=x_i\}$。

例 2.5　设随机变量 X 的分布律为

X	0	1	2	3
p	$\frac{1}{8}$	$\frac{3}{8}$	$\frac{3}{8}$	$\frac{1}{8}$

求 X 的分布函数，并作图。

解 当 $x<0$ 时，有

$$F(x)=P\{X\leqslant x\}=P(\Phi)=0$$

当 $0\leqslant x<1$ 时，有

$$F(x)=P\{X\leqslant x\}=P\{X=0\}=\frac{1}{8}$$

当 $1\leqslant x<2$ 时，有

$$F(x)=P\{X\leqslant x\}=P\{X=0\}+P\{X=1\}=\frac{1}{8}+\frac{3}{8}=\frac{1}{2}$$

当 $2\leqslant x<3$ 时，有

$$F(x)=P\{X\leqslant x\}=P\{X=0\}+P\{X=1\}+P\{X=2\}=\frac{1}{8}+\frac{3}{8}+\frac{3}{8}=\frac{7}{8}$$

当 $x\geqslant 3$ 时，有

$$F(x)=P\{X\leqslant x\}=P\{X=0\}+P\{X=1\}+P\{X=2\}+P\{X=3\}=\frac{1}{8}+\frac{3}{8}+\frac{3}{8}+\frac{1}{8}=1$$

于是 X 的分布函数为

$$F(x)=\begin{cases}0, & x<0\\ \frac{1}{8}, & 0\leqslant x<1\\ \frac{1}{2}, & 1\leqslant x<2\\ \frac{7}{8}, & 2\leqslant x<3\\ 1, & x\geqslant 3\end{cases}$$

其图形如图 2-2 所示。

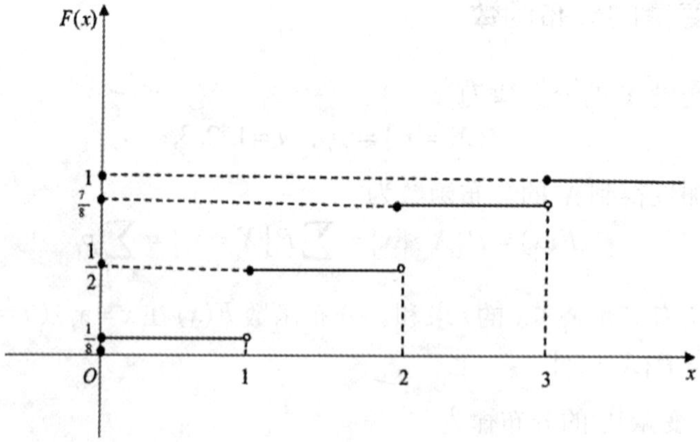

图 2-2

例 2.6　设离散型随机变量 X 的分布律为

X	-2	0	1	3	6
p	0.3	0.2	0.1	0.2	0.2

求（1）$P\{-2 \leqslant X < 2\}$；（2）$P\{0 < X \leqslant 4\}$；（3）$P\{X \geqslant 3\}$。

解　**方法一**：由于 X 的分布函数为

$$F(x)=\begin{cases}0, & x<-2\\ 0.3, & -2\leqslant x<0\\ 0.3+0.2, & 0\leqslant x<1\\ 0.3+0.2+0.1, & 1\leqslant x<3\\ 0.3+0.2+0.1+0.2, & 3\leqslant x<6\\ 0.3+0.2+0.1+0.2+0.2, & x\geqslant 6\end{cases}=\begin{cases}0, & x<-2\\ 0.3, & -2\leqslant x<0\\ 0.5, & 0\leqslant x<1\\ 0.6, & 1\leqslant x<3\\ 0.8, & 3\leqslant x<6\\ 1, & x\geqslant 6\end{cases}$$

于是有

（1）$P\{-2 \leqslant X < 2\} = F(2-0) - F(-2-0) = 0.6 - 0 = 0.6$；

（2）$P\{0 < X \leqslant 4\} = F(4) - F(0) = 0.8 - 0.5 = 0.3$；

（3）$P\{X \geqslant 3\} = 1 - F(3-0) = 1 - 0.6 = 0.4$。

方法二：（1）$P\{-2 \leqslant X < 2\} = P\{X=-2\} + P\{X=0\} + P\{X=1\} = 0.3+0.2+0.1 = 0.6$；

（2）$P\{0 < X \leqslant 4\} = P\{X=1\} + P\{X=3\} = 0.1+0.2 = 0.3$；

（3）$P\{X \geqslant 3\} = P\{X=3\} + P\{X=6\} = 0.2+0.2 = 0.4$。

三、几种常见的离散型随机变量

1. 两点分布

定义 2.5　若随机变量 X 的所有可能取值只有两个 x_1 和 x_2，且

$$P\{X = x_1\} = p，\ P\{X = x_2\} = q$$

其中 $0 < p < 1$，$p + q = 1$，则称 X 服从两点分布。

特别地，若这两个取值分别为 0 和 1，则称 X 服从 $0-1$ 分布，记作：$X \sim B(1, p)$。

$0-1$ 分布是一种常见的简单分布，如新生儿性别的登记、检查产品质量是否合格、向上抛硬币试验，等等，都可用 $0-1$ 分布来描述。

2. 二项分布

定义 2.6　设随机变量 X 的所有可能取值为 $0,1,2,\cdots,n$，且分布律为

$$P\{X = k\} = C_n^k p^k q^{n-k}，\qquad (k = 0,1,2,\cdots,n)$$

其中 $0 < p < 1$，$p + q = 1$，n 为正整数，则称 X 服从参数为 n,p 的二项分布，记作：$X \sim B(n,p)$。

特别地，当 $n=1$ 时，二项分布 $B(n,p)$ 就是 $0-1$ 分布。

二项分布来自于 n 重伯努利试验模型：设随机变量 X 表示 n 重伯努利试验中事件 A 发生的次数，则 X 的所有可能取值为：$0,1,2,\cdots,n$ 。由于各次试验是相互独立的，因此事件 A 发生 k 次的概率为

$$P\{X=k\}=C_n^k p^k(1-p)^{n-k}, \qquad (k=0,1,2,\cdots,n)$$

且 A 在每次试验中发生的概率为 p （$0<p<1$）。

显然，$P\{X=k\}\geqslant 0$，且

$$\sum_{k=0}^{n}P\{X=k\}=\sum_{k=0}^{n}C_n^k p^k(1-p)^{n-k}=[p+(1-p)]^n=1$$

例 2.7 根据以往经验，某工厂生产的产品次品率为5%，为保证产品质量，工厂规定：随机抽取10件产品中，经过检验如果次品数超过1个，就要停产检查加工程序，问工厂停产的概率为多少？

解 设 X 为随机抽取10件产品中的次品数，则 X 服从参数为10、0.05的二项分布，即 $X\sim B(10,\ 0.05)$，于是所求概率为

$$\begin{aligned}p&=P\{X>1\}=1-P\{X=0\}-P\{X=1\}\\&=1-(1-0.05)^{10}-C_{10}^1(0.05)\cdot(1-0.05)^9\approx 0.086\end{aligned}$$

例 2.8 连续不断地向上抛一枚质地均匀的硬币，问至少抛多少次才能使正面出现一次的概率不小于0.99？

解 设需要抛 n 次，且事件 A 表示“正面朝上”，则 $P(A)=\dfrac{1}{2}$；又设随机变量 X 为 n 次抛掷中事件 A 出现的次数，则 $X\sim B(n,\ \dfrac{1}{2})$，因此 A 至少出现一次的概率为

$$P\{X\geqslant 1\}=1-P\{X=0\}=1-(\frac{1}{2})^n\geqslant 0.99$$

解得 $n\geqslant 7$。

3. 泊松分布

定义 2.7 设随机变量 X 的所有可能取值为 $0,1,2,3,\cdots$，且各个取值的概率为

$$P\{X=k\}=\frac{\lambda^k\cdot \mathrm{e}^{-\lambda}}{k!}, \qquad (k=0,1,2,3,\cdots)$$

其中常数 $\lambda>0$，则称 X 服从参数为 λ 的泊松（Poisson）分布，记作：$X\sim P(\lambda)$。

泊松分布是一种在实际中经常可见的分布，比如报警台在某时间段内接到的报警次数、某医院在一天内接纳患者的人数、某地区在一年内遭受台风的次数，等等，这些现象都可用泊松分布来描述。

例 2.9 设某人在一天内接到的电话次数 X 服从参数为4的泊松分布，求

（1）这人在一天内恰好接到8次电话的概率；

（2）在一天内接到的电话次数不少于4次的概率。

解　依题意可知：$X \sim P(4)$，即有

$$P\{X=k\}=\frac{4^k \cdot e^{-4}}{k!}$$

于是有

（1）$P\{X=8\}=\dfrac{4^8 \cdot e^{-4}}{8!} \approx 0.0298$

（2）
$$\begin{aligned} P\{X \geqslant 4\} &= 1-P\{X<4\} \\ &= 1-[P\{X=0\}+P\{X=1\}+P\{X=2\}+P\{X=3\}] \\ &= 1-\sum_{k=0}^{3}\frac{4^k \cdot e^{-4}}{k!} \approx 0.5665 \end{aligned}$$

例 2.10　某报警台在长度为 t 的时间间隔内接到报警电话次数 X 服从参数为 $\dfrac{t}{2}$ 的泊松分布，而与时间间隔的起点无关（时间以小时计），求：

（1）某一天中午 12 点到下午 3 点没有接到报警电话的概率；

（2）某一天中午 12 点到下午 5 点至少接到一次报警电话的概率。

解　（1）从中午 12 点到下午 3 点，时间长度为 $t=3$，则 $X \sim P(\dfrac{3}{2})$，于是有

$$P\{X=0\}=\frac{(\frac{3}{2})^0 \cdot e^{-\frac{3}{2}}}{0!} \approx 0.223$$

（2）从中午 12 点到下午 5 点，时间长度为 $t=5$，则 $X \sim P(\dfrac{5}{2})$，于是有

$$P\{X \geqslant 1\}=1-P\{X<1\}=1-P\{X=0\}=1-\frac{(\frac{5}{2})^0 \cdot e^{-\frac{5}{2}}}{0!} \approx 0.918$$

在二项分布 $B(n,p)$ 中，当 n 很大、p 很小（一般情况下要求 $n \geqslant 100$、$p<0.1$ 或者 $n>20$、$p<0.05$）时，二项分布可用参数 $\lambda=np$ 的泊松分布来近似计算。请看下面关于二项分布和泊松分布的一个结论。

定理 2.1（泊松定理）　设 λ 是一个常数，n 为任意的正整数，且 $\lambda=np_n$，则对于任一固定的非负整数 k，有

$$\lim_{n\to\infty} C_n^k p_n^k (1-p_n)^{n-k}=\frac{\lambda^k \cdot e^{-\lambda}}{k!}$$

证明　由 $p_n=\dfrac{\lambda}{n}$，得

$$\begin{aligned} C_n^k p_n^k (1-p_n)^{n-k} &= \frac{n(n-1)(n-2)\cdots(n-k+1)}{k!}\cdot(\frac{\lambda}{n})^k \cdot (1-\frac{\lambda}{n})^{n-k} \\ &= \frac{\lambda^k}{k!}\cdot[1\times(1-\frac{1}{n})\times(1-\frac{2}{n})\times\cdots\times(1-\frac{k-1}{n})]\cdot(1-\frac{\lambda}{n})^n\cdot(1-\frac{\lambda}{n})^{-k} \end{aligned}$$

对于固定的 k，有

$$\lim_{n\to\infty}[(1-\frac{1}{n})\times(1-\frac{2}{n})\times\cdots\times(1-\frac{k-1}{n})]=1，\ \lim_{n\to\infty}(1-\frac{\lambda}{n})^{n}=\mathrm{e}^{-\lambda}，\ \lim_{n\to\infty}(1-\frac{\lambda}{n})^{-k}=1$$

因此有

$$\lim_{n\to\infty}C_n^k p_n^k(1-p_n)^{n-k}=\frac{\lambda^k\cdot\mathrm{e}^{-\lambda}}{k!}$$

由泊松分布可知，当n很大、p_n很小时，有

$$C_n^k p_n^k(1-p_n)^{n-k}\approx\frac{(np_n)^k\cdot\mathrm{e}^{-np_n}}{k!}$$

例 2.11 计算机硬件公司制造某种芯片，次品率为0.1%，且各芯片成为次品是相互独立的，求在1000个芯片中至少有2个芯片是次品的概率。

解 设随机变量X表示芯片的次品数，则$X\sim B(1000,0.001)$；因为$n=1000$较大、$p=0.001$较小，因此X近似于服从参数为$\lambda=np_n=1$的泊松分布，从而有

$$\begin{aligned}P\{X\geqslant2\}&=1-P\{X=0\}-P\{X=1\}\\&=1-C_{1000}^0(0.999)^{1000}\cdot(0.001)^0-C_{1000}^1(0.999)^{999}\cdot(0.001)\\&\approx1-\frac{1^0\cdot\mathrm{e}^{-1}}{0!}-\frac{1^1\cdot\mathrm{e}^{-1}}{1!}=1-2\mathrm{e}^{-1}\approx0.2642\end{aligned}$$

例 2.12 为保证设备正常工作，需要配备适量的维修工人。现有同类型设备300台，各台工作相互独立且发生故障的概率都为0.01。在通常情况下，一台设备的故障可由一个工人来处理，问至少需要配备多少人才能保障设备发生故障时、但又不能及时处理的概率小于0.01？

解 设需配备x人，且设随机变量X为同一时刻发生故障的设备台数，则

$$X\sim B(300,0.01)$$

现要求x的取值，使得$P\{X>x\}\leqslant0.01$。

因为$n=300$较大、$p=0.01$较小，所以X可用参数为$\lambda=np=3$的泊松分布来近似代替，因而有

$$\begin{aligned}P\{X>x\}=1-P\{X\leqslant x\}&=1-\sum_{k=0}^{x}C_n^k(0.01)^k\cdot(0.99)^{n-k}\\&\approx1-\sum_{k=0}^{x}\frac{3^k\cdot\mathrm{e}^{-3}}{k!}\leqslant0.01\end{aligned}$$

于是有

$$\sum_{k=0}^{x}\frac{3^k\cdot\mathrm{e}^{-3}}{k!}\geqslant0.99$$

经查附表A（泊松分布表），当$x=7$时，有

$$\sum_{k=0}^{7}\frac{3^k\cdot\mathrm{e}^{-3}}{k!}=0.988095$$

当$x=8$时，有

$$\sum_{k=0}^{8} \frac{3^k \cdot \mathrm{e}^{-3}}{k!} = 0.998897$$

由此可知，想要达到上述要求，至少需要配备8个维修工人。

习题 2.2

1. 连掷一枚质地均匀的硬币三次，以 X 表示正面出现的次数，求 X 的分布律。

2. 从集合 $\{0,1,2,3,4\}$ 中先后两次非还原抽样，以 X 表示抽到奇数的个数，求 X 的分布律。

3. 将三封信随机地投入编号为1, 2, 3, 4 的四个邮箱中，求没有信的邮箱数 X 的分布律。

4. 设某离散型随机变量 X 的分布律为

$$P\{X=k\} = \frac{b}{k(k+1)}，\ k=1,2,3,\cdots$$

求参数 b 的值。

5. 将一颗骰子掷两次，以 X 表示出现的点数之和，求 $P\{X \leqslant 6\}$。

6. 已知随机变量 X 的分布律为

X	1	2	3
p	a	$7a^2$	$\frac{5}{16}$

求：（1）参数 a 的值；（2）写出 X 的分布函数 $F(x)$。

7. 设随机变量 X 的分布函数为

$$F(x)=\begin{cases} 0, & x<-2 \\ 0.1, & -2 \leqslant x<3 \\ 0.4, & 3 \leqslant x<10 \\ A, & x \geqslant 10 \end{cases}$$

求：（1）A的值；（2）X 的分布律；（3）$P\{-4<X<6\}$。

8. 某地区有5个加油站，经调查，在任一时刻每个加油站被使用的概率为0.1，求在同一时刻：

（1）恰好有2个加油站被使用的概率；

（2）至少有3个加油站被使用的概率；

（3）至多有3个加油站被使用的概率；

（4）至少有1个加油站被使用的概率。

9. 甲乙两队举行乒乓球对抗赛，甲队实力比乙队强。当一个甲队运动员与一个乙队运动员比赛时，甲队获胜的概率为0.6；在以下 3 种情况下进行对抗赛，问乙队获胜的概率各为多少？

（1）双方各出3人；

（2）双方各出 5 人；

（3）双方各出 7 人。

10. 已知一本书一页中印刷错误的个数 X 服从参数为 $\lambda=0.2$ 的泊松分布，求：

（1）写出 X 的分布律；

（2）一页中恰好有 2 个印刷错误的概率；

（3）一页中印刷错误不少于 5 个的概率。

2.3　连续型随机变量及其概率密度

离散型随机变量的分布律可直观地描述它的各个可能取值，以及每个可能取值的概率。但还有一种随机变量的可能取值不是可列的，如温度的变化、电子元件的使用寿命等，这些随机变量的可能取值为某一区间内的所有数值，那么该如何描述这类随机变量的概率分布情况呢？下面我们将讨论连续型随机变量及其概率分布。

一、连续型随机变量及其概率密度

定义 2.8　设 X 是一个随机变量，如果存在某一非负函数 $f(x)$，使得对于任意实数 x，有

$$F(x)=P\{X\leqslant x\}=\int_{-\infty}^{x}f(t)\mathrm{d}t$$

则称 X 为连续型随机变量，其中 $f(x)$ 称为 X 的概率密度函数，简称概率密度。

在几何上，分布函数 $F(x)$ 与概率密度函数 $f(x)$ 的关系，如图 2-3 所示。

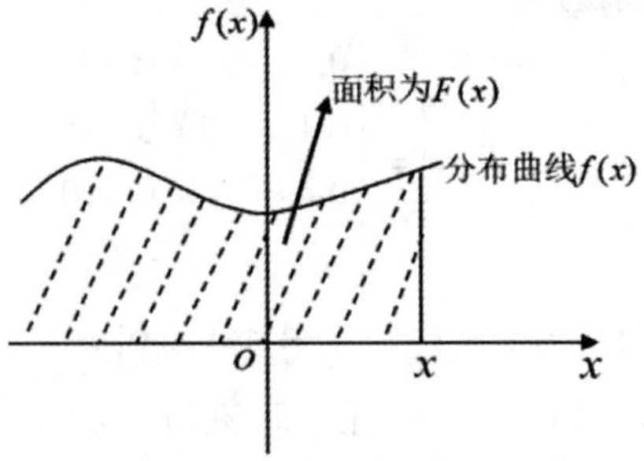

图 2-3

随机变量 X 的概率密度 $f(x)$ 具有以下性质：

性质 1　$\int_{-\infty}^{+\infty}f(x)\mathrm{d}x=1$。

证明　在 $F(x)=\int_{-\infty}^{x}f(t)\mathrm{d}t$ 中取 $x=+\infty$，而 $F(+\infty)=1$，因此 $\int_{-\infty}^{+\infty}f(t)\mathrm{d}t=1$，即有

$$\int_{-\infty}^{+\infty}f(x)\mathrm{d}x=1$$

性质 2　对于任意实数 a,b，且 $a<b$，有

$$P\{a<X\leqslant b\}=\int_{a}^{b}f(x)\mathrm{d}x$$

证明　$P\{a<X\leqslant b\}=F(b)-F(a)=\int_{-\infty}^{b}f(x)\mathrm{d}x-\int_{-\infty}^{a}f(x)\mathrm{d}x$

$$=\int_{-\infty}^{b}f(x)\mathrm{d}x+\int_{a}^{-\infty}f(x)\mathrm{d}x$$

$$=\int_{a}^{b}f(x)\mathrm{d}x\text{（根据积分的可加性）}$$

性质 3　若 $f(x)$ 在点 x 处连续，则有 $F'(x)=f(x)$。

证明　由微积分中积分上限函数的性质可得。

性质 4　对任意实数 a，连续型随机变量 X 取该值的概率为零，即 $P\{X=a\}=0$。

证明　对于任意的 $\varepsilon>0$，有

$$0\leqslant P\{X=a\}\leqslant P\{a-\varepsilon<X\leqslant a\}=F(a)-F(a-\varepsilon)$$

因为 $F(x)$ 是连续的，所以有

$$\lim_{\varepsilon\to 0}[F(a)-F(a-\varepsilon)]=F(a)-\lim_{\varepsilon\to 0}F(a-\varepsilon)=F(a)-F(a)=0$$

因此有 $P\{X=a\}=0$。

此性质告诉我们，求连续型随机变量在某一区间上的概率时，不必考虑有无区间端点。

特别需要指出的是，虽然对于连续型随机变量 X 来说有 $P\{X=a\}=0$，但是 $\{X=a\}$ 不一定是不可能事件。也就是说，不可能事件的概率为 0，但概率为 0 的事件不一定是不可能事件。同理，概率为 1 的事件也未必是必然事件。

例 2.13　设连续型随机变量 X 的概率密度为

$$f(x)=\begin{cases}Ax, & 0\leqslant x\leqslant 1\\ A(2-x), & 1<x\leqslant 2\\ 0, & \text{其他}\end{cases}$$

求：（1）常数 A 的值；

（2）分布函数 $F(x)$；

（3）$P\left\{\dfrac{1}{2}\leqslant X\leqslant\dfrac{3}{2}\right\}$；

（4）若 $P\{X>a\}=P\{X<a\}$，确定 a 的值。

解　（1）由 $\int_{-\infty}^{+\infty}f(x)\mathrm{d}x=1$ 可得

$$\int_{-\infty}^{0}0\mathrm{d}x+\int_{0}^{1}Ax\mathrm{d}x+\int_{1}^{2}A(2-x)\mathrm{d}x+\int_{2}^{+\infty}0\mathrm{d}x=1$$

即有：

$$\frac{1}{2}A+2A-\frac{3}{2}A=1$$

解得：$A=1$。

（2）X 的分布函数为　$F(x)=\int_{-\infty}^{x}f(t)\mathrm{d}t$；

当 $x<0$ 时，有　$F(x)=\int_{-\infty}^{x}0\mathrm{d}t=0$；

当 $0\leqslant x\leqslant 1$ 时，有　$F(x)=\int_{-\infty}^{0}0\mathrm{d}t+\int_{0}^{x}t\mathrm{d}t=\dfrac{1}{2}x^2$；

当$1<x\leqslant 2$时，有 $$F(x)=\int_{-\infty}^{0}0\mathrm{d}t+\int_{0}^{1}t\mathrm{d}t+\int_{1}^{x}(2-t)\mathrm{d}t=2x-\frac{1}{2}x^2-1;$$

当$x>2$时，有 $$F(x)=\int_{-\infty}^{0}0\mathrm{d}t+\int_{0}^{1}t\mathrm{d}t+\int_{1}^{2}(2-t)\mathrm{d}t+\int_{2}^{x}0\mathrm{d}t=1。$$

因此所求分布函数为

$$F(x)=\begin{cases}0, & x<0\\ \dfrac{1}{2}x^2, & 0\leqslant x\leqslant 1\\ 2x-\dfrac{1}{2}x^2-1, & 1<x\leqslant 2\\ 1, & x>2\end{cases}$$

（3）$P\left\{\frac{1}{2}\leqslant X\leqslant\frac{3}{2}\right\}=\int_{\frac{1}{2}}^{\frac{3}{2}}f(x)\mathrm{d}x=\int_{\frac{1}{2}}^{1}x\mathrm{d}x+\int_{1}^{\frac{3}{2}}(2-x)\mathrm{d}x=\frac{3}{4}$。

或者 $$P\left\{\frac{1}{2}\leqslant X\leqslant\frac{3}{2}\right\}=F(\frac{3}{2})-F(\frac{1}{2})=\frac{3}{4}$$

（4）因为X为连续型随机变量，所以有$P\{X=a\}=0$，于是由$P\{X>a\}=P\{X<a\}$可知，有

$$P\{X<a\}=\frac{1}{2}$$

即有$F(a)=\frac{1}{2}$；再由$F(x)$的表达式可得$a=1$。

例 2.14 设连续型随机变量X的分布函数为

$$F(x)=A+B\arctan x,\ （-\infty<x<+\infty）$$

求：（1）A,B的值；（2）X的概率密度。

解 （1）由于$F(-\infty)=0$，$F(+\infty)=1$，因此有

$$\begin{cases}A+B\times(-\dfrac{\pi}{2})=0\\ A+B\times\dfrac{\pi}{2}=1\end{cases}\Rightarrow A=\frac{1}{2},\ B=\frac{1}{\pi}$$

于是 $$F(x)=\frac{1}{2}+\frac{1}{\pi}\arctan x,\ （-\infty<x<+\infty）$$

（2）概率密度为

$$f(x)=F'(x)=\frac{1}{\pi}\cdot\frac{1}{1+x^2},\ （-\infty<x<+\infty）$$

二、几种常见的连续型随机变量

1. 均匀分布

定义 2.9 设连续型随机变量X的概率密度为

$$f(x)=\begin{cases}\dfrac{1}{b-a}, & a<x<b\\ 0, & \text{其他}\end{cases}$$

则称 X 在 (a,b) 上服从均匀分布，记作 $X\sim U(a,b)$。

均匀分布的分布函数为

$$F(x)=\begin{cases}0, & x<a\\ \dfrac{x-a}{b-a}, & a\leqslant x<b\\ 1, & x\geqslant b\end{cases}$$

均匀分布的概率密度 $f(x)$ 与分布函数 $F(x)$ 的图形，如图 2-4 和图 2-5 所示。

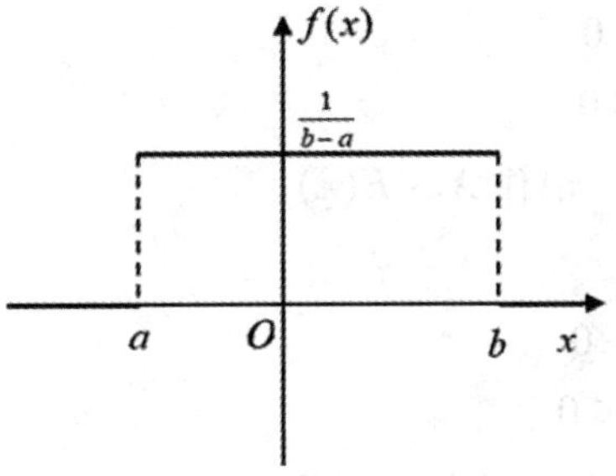

图 2-4

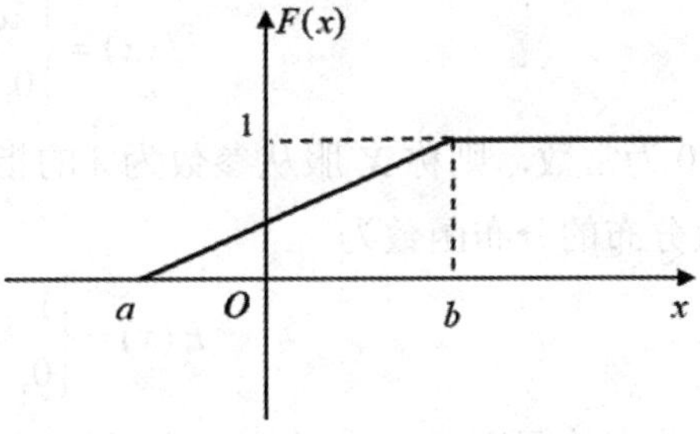

图 2-5

从图 2-4 中可看出，若 X 在 (a,b) 上服从均匀分布，则 X 落在 (a,b) 内任一子区间上的概率仅与该子区间的长度有关，而与此区间的位置无关，这是均匀分布的一个特点。

例 2.15　某地铁站从早上 6 点开始，每 10 分钟有一趟地铁。王先生每天乘坐地铁上班，他到达地铁站的时间为 7:00 ～ 7:30 之间，求他等候地铁时间少于 3 分钟的概率。

解　设王先生每天到达地铁站的时间为 7 点 X 分，则 X 在区间 [0, 30] 上服从均匀分布，即 $X\sim U[0,30]$，于是 X 的概率密度为

$$f(x)=\begin{cases}\dfrac{1}{30}, & 0\leqslant x\leqslant 30\\ 0, & \text{其他}\end{cases}$$

为了等候时间少于 3 分钟，则他应在地铁到站前 3 分钟进站台，因此有

$$P\{7<X<10\}+P\{17<X<20\}+P\{27<X<30\}$$
$$=\int_7^{10}\frac{1}{30}\mathrm{d}x+\int_{17}^{20}\frac{1}{30}\mathrm{d}x+\int_{27}^{30}\frac{1}{30}\mathrm{d}x=\frac{3}{10}$$

例 2.16　在区间 $(-1,2)$ 上随机取一数 X，现有方程 $x^2+2x+X=0$，求此方程有实根的概率。

解　依题意可知，$X\sim U(-1,2)$，且概率密度为

$$f(x)=\begin{cases}\frac{1}{3}, & -1<x<2\\ 0, & 其他\end{cases}$$

要使方程有实根，则要求

$$\Delta=4-4X\geqslant 0$$

即 $X\leqslant 1$，于是方程有实根的概率为：

$$P\{X\leqslant 1\}=\int_{-\infty}^{1}f(x)\mathrm{d}x=\int_{-1}^{1}\frac{1}{3}\mathrm{d}x=\frac{2}{3}$$

2. 指数分布

定义 2.10 设连续型随机变量 X 的概率密度为

$$f(x)=\begin{cases}\lambda \mathrm{e}^{-\lambda x}, & x>0\\ 0, & x\leqslant 0\end{cases}$$

其中 $\lambda>0$ 为常数，则称 X 服从参数为 λ 的指数分布，记作 $X\sim E(\lambda)$。

指数分布的分布函数为

$$F(x)=\begin{cases}1-\mathrm{e}^{-\lambda x}, & x>0\\ 0, & x\leqslant 0\end{cases}$$

指数分布的概率密度 $f(x)$ 和分布函数 $F(x)$ 的图形，如图 2-6 和图 2-7 所示。

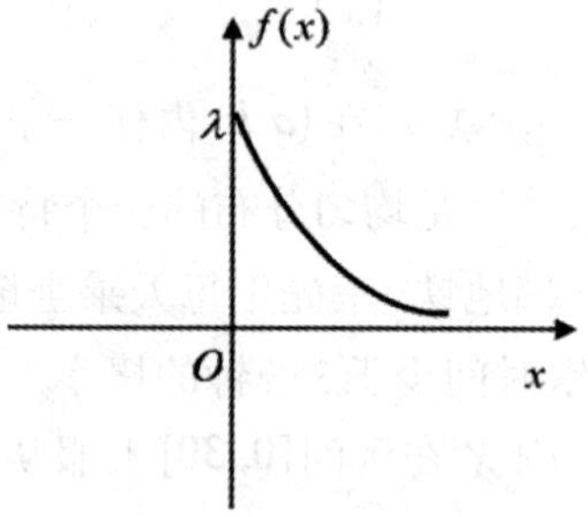

图 2-6

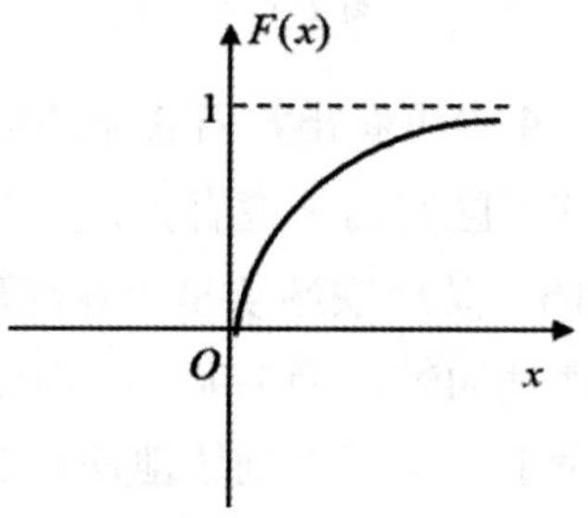

图 2-7

一般地，指数分布接近于各种“寿命”分布，如电子元件的使用寿命、排队服务中的等候服务的时间、电话问题中的通话时间，等等，都可用指数分布来描述。

例 2.17 已知某种电子元件的寿命 X（单位：年）服从参数为 $\frac{1}{5}$ 的指数分布，求其寿命小于 2 年的概率。

解 因为 $X\sim E(\frac{1}{5})$，所以 X 的概率密度为

$$f(x)=\begin{cases}\frac{1}{5}\mathrm{e}^{-\frac{1}{5}x}, & x>0\\ 0, & x\leqslant 0\end{cases}$$

则

$$P\{X<2\}=\int_{-\infty}^{2}f(x)\mathrm{d}x=\int_{0}^{2}\frac{1}{5}\mathrm{e}^{-\frac{1}{5}x}\mathrm{d}x=-\mathrm{e}^{-\frac{1}{5}x}\Big|_0^2=1-\mathrm{e}^{-0.4}\approx 0.3297$$

服从指数分布的随机变量 X 具有一个重要的特性——“无记忆性”，即对于任意 $s,t>0$，则

$$P\{X>s+t|X>s\}=P\{X>t\}$$

事实上，有

$$\begin{aligned}P\{X>s+t|X>s\}&=\frac{P\{(X>s+t)\cap(X>s)\}}{P\{X>s\}}\\&=\frac{P\{X>s+t\}}{P\{X>s\}}\\&=\frac{1-P\{X\leqslant s+t\}}{1-P\{X\leqslant s\}}\\&=\frac{1-F(s+t)}{1-F(s)}\\&=\frac{\mathrm{e}^{-\lambda(s+t)}}{\mathrm{e}^{-\lambda s}}\\&=\mathrm{e}^{-\lambda t}=P\{X>t\}\end{aligned}$$

如果用 X 表示某一元件的寿命，则此性质表明：在已知元件使用了 s 小时的条件下，它至少还能使用 t 小时的概率，等于从开始使用时算起它至少能使用 t 小时的概率，也就是说，此元件对它已使用过 s 小时并没有记忆。指数分布的这一“无记忆性”，使得它在实践中具有广泛的应用。

例 2.18　设某一种电池的寿命 X（单位：小时）服从参数为 $\lambda=\frac{1}{200}$ 的指数分布。若一只电池已使用了 80 小时，求它至少还能使用 100 小时的概率。

解　因为 $X\sim E(\frac{1}{200})$，所以 X 的分布函数为

$$F(x)=\begin{cases}1-\mathrm{e}^{-\frac{1}{200}x}, & x>0\\0, & x\leqslant 0\end{cases}$$

方法一：根据指数分布的无记忆性，有

$$P\{X>100\}=1-P\{X\leqslant 100\}=1-F(100)=\mathrm{e}^{-\frac{1}{2}}$$

方法二：
$$\begin{aligned}P\{X>80+100|X>80\}&=\frac{P\{X>180,X>80\}}{P\{X>80\}}\\&=\frac{P\{X>180\}}{P\{X>80\}}\\&=\frac{1-P\{X\leqslant 180\}}{1-P\{X\leqslant 80\}}\end{aligned}$$

$$=\frac{1-F(180)}{1-F(80)}$$

$$=\frac{\mathrm{e}^{-\frac{180}{200}}}{\mathrm{e}^{-\frac{80}{200}}}=\mathrm{e}^{-\frac{1}{2}}$$

3. 正态分布

定义 2.11 设连续型随机变量 X 的概率密度为

$$f(x)=\frac{1}{\sqrt{2\pi}\cdot\sigma}\mathrm{e}^{-\frac{(x-\mu)^2}{2\sigma^2}}, \quad (x\in R)$$

其中 μ、σ 为常数，且 $\sigma>0$，则称 X 服从参数为 μ、σ^2 的正态分布，记作 $X\sim N(\mu,\sigma^2)$。

正态分布的分布函数为

$$F(x)=\frac{1}{\sqrt{2\pi}\cdot\sigma}\int_{-\infty}^{x}\mathrm{e}^{-\frac{(t-\mu)^2}{2\sigma^2}}\mathrm{d}t, \quad (x\in R)$$

正态分布的概率密度 $f(x)$ 与分布函数 $F(x)$ 的图形，如图 2-8 和图 2-9 所示。

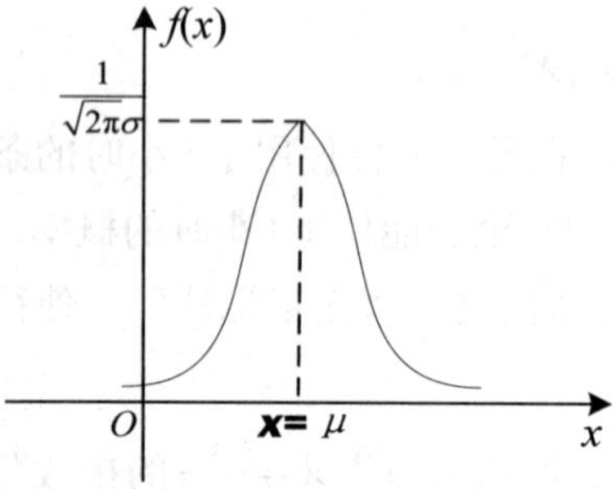

图 2-8

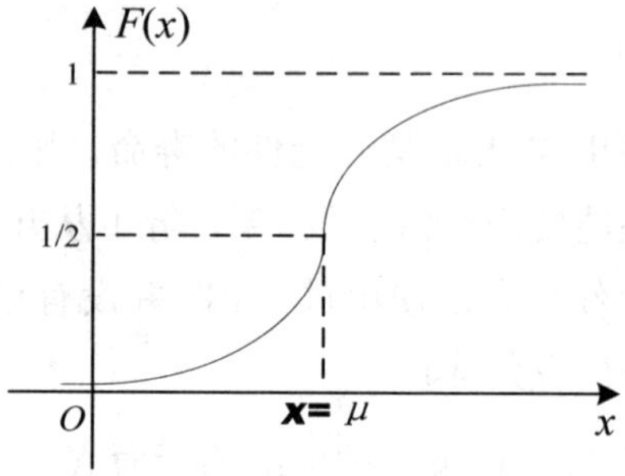

图 2-9

正态分布是概率论与数理统计中最重要的分布之一。在实际中很多随机变量可以用正态分布描述或近似描述。例如人的身高和体重、产品的质量、测量的误差，等等。一般说来，如果某个随机变量受到许多相互独立的随机因素影响，但每个因素的影响又不能起决定性作用，那么，此随机变量就服从或近似服从正态分布。

由图 2-8 所示的图形可知，曲线 $f(x)$ 呈古钟形，它具有如下性质。

性质 1 函数 $f(x)$ 的图形关于直线 $x=\mu$ 对称，即对任意实数 x，都有

$$f(\mu-x)=f(\mu+x)$$

性质 2 在 $x=\mu$ 处，函数 $f(x)$ 取得最大值 $\frac{1}{\sqrt{2\pi}\sigma}$。

性质 3 曲线 $f(x)$ 在 x 轴上方，且以 x 轴为渐近线。

性质 4 曲线 $f(x)$ 在 $\mu\pm\sigma$ 处有拐点。

性质 5 若固定 σ 而改变 μ 的值，则 $f(x)$ 的图形沿 x 轴平移且不改变形状，如图 2-10

所示；若固定μ而改变σ的值，则σ越大，曲线$f(x)$的图形越平缓，σ越小，曲线$f(x)$的图形越尖陡，如图 2-11 所示。

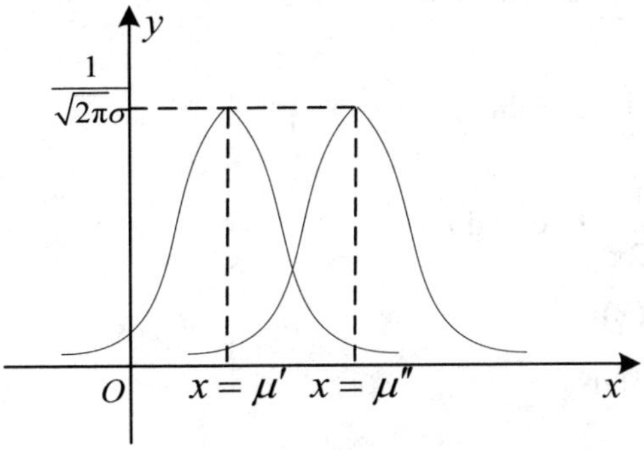

图 2-10

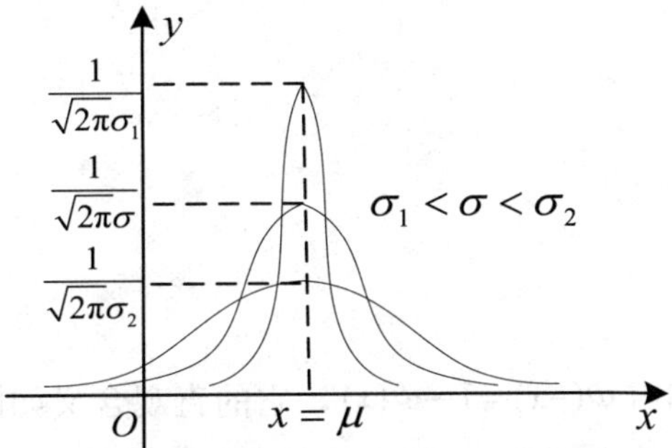

图 2-11

在正态分布中，当参数$\mu=0,\sigma=1$时，称为标准正态分布，记作$X\sim N(0,1)$，其概率密度和分布函数分别用$\varphi(x)$和$\Phi(x)$来表示，即有

$$\varphi(x)=\frac{1}{\sqrt{2\pi}}\mathrm{e}^{-\frac{x^2}{2}},\quad (x\in R)$$

和

$$\Phi(x)=\frac{1}{\sqrt{2\pi}}\int_{-\infty}^{x}\mathrm{e}^{-\frac{t^2}{2}}\mathrm{d}t,\quad (x\in R)$$

它们的图形分别为如图 2-12 和图 2-13 所示。

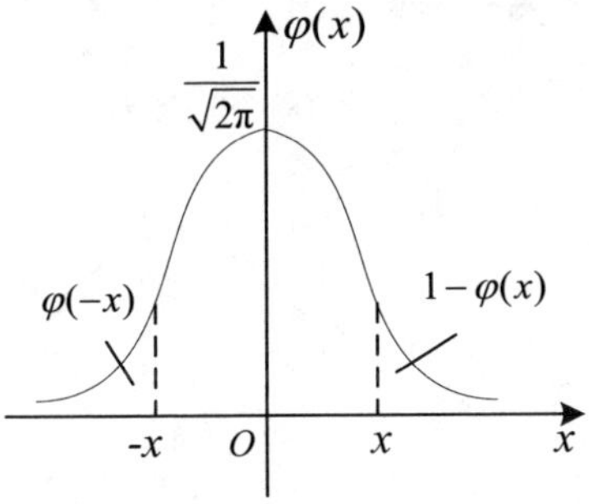

图 2-12

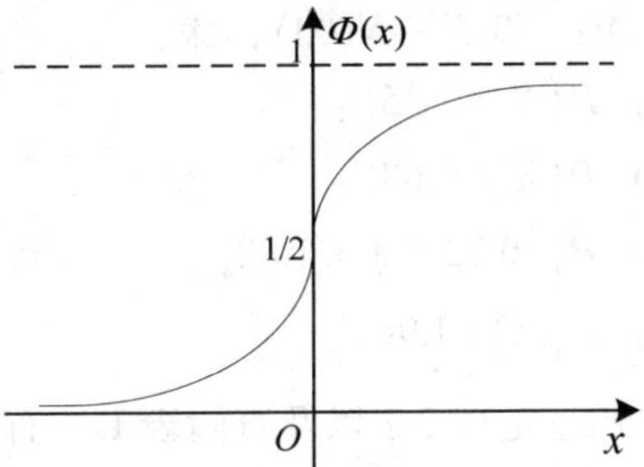

图 2-13

由图 2-12 和图 2-13 可知，$\varphi(x)$和$\Phi(x)$具有如下特点：

（1）$\varphi(x)$为偶函数，即$\varphi(-x)=\varphi(x)$；

（2）在$x=0$处，$\varphi(x)$有最大值$\frac{1}{\sqrt{2\pi}}$，且$\Phi(0)=0.5$；

（3）$\Phi(-x)=1-\Phi(x)$。

前两个特点可由$\varphi(x)$和$\Phi(x)$的图形直接得到，对于第 3 个特点，推导过程如下

$$\begin{aligned}\varPhi(-x) &= \frac{1}{\sqrt{2\pi}}\int_{-\infty}^{-x} \mathrm{e}^{-\frac{t^2}{2}}\mathrm{d}t \\ &\overset{t=-u}{=} \frac{1}{\sqrt{2\pi}}\int_{+\infty}^{x} \mathrm{e}^{-\frac{u^2}{2}}\mathrm{d}(-u) \\ &= \frac{1}{\sqrt{2\pi}}\int_{x}^{+\infty} \mathrm{e}^{-\frac{u^2}{2}}\mathrm{d}u \\ &= 1-\frac{1}{\sqrt{2\pi}}\int_{-\infty}^{x} \mathrm{e}^{-\frac{u^2}{2}}\mathrm{d}u \\ &= 1-\varPhi(x)\end{aligned}$$

即有 $\varPhi(-x)=1-\varPhi(x)$，它的直观含义如图 2-12 所示。

定理 2.2 若 $X \sim N(0,1)$，则有：

（1）$P\{X \geqslant a\}=1-\varPhi(a)$；

（2）$P\{a<X<b\}=\varPhi(b)-\varPhi(a)$。

证明 （1）因为 $P\{X \leqslant a\}=\varPhi(a)$，所以

$$P\{X \geqslant a\}=1-P\{X<a\}=1-P\{X \leqslant a\}=1-\varPhi(a)$$

（2）

$$\begin{aligned}P\{a<X<b\} &= 1-P\{X \leqslant a\}-P\{X \geqslant b\} \\ &= 1-\varPhi(a)-[1-\varPhi(b)] \\ &= \varPhi(b)-\varPhi(a)\end{aligned}$$

由于 $\varPhi(x)$ 中不含任何参数，因此其值可以算出。为了实际应用的需要，统计工作者编制了 $\varPhi(x)$ 的函数值表（见附表 B）可供查用。

例 2.19 设 $X \sim N(0,1)$，求：

（1）$P\{X<2.35\}$；

（2）$P\{X \geqslant 0.68\}$；

（3）$P\{-0.72 \leqslant X \leqslant 1.82\}$；

（4）$P\{|X| \leqslant 1.96\}$。

解 通过定理 2.2 以及查附表 B，有

（1）$P\{X<2.35\}=0.9906$；

（2）

$$\begin{aligned}P\{X \geqslant 0.68\} &= 1-P\{X<0.68\}=1-P\{X \leqslant 0.68\} \\ &= 1-\varPhi(0.68)=1-0.7517=0.2483；\end{aligned}$$

（3）

$$\begin{aligned}P\{-0.72 \leqslant X \leqslant 1.82\} &= \varPhi(1.82)-\varPhi(-0.72) \\ &= \varPhi(1.82)-[1-\varPhi(0.72)] \\ &= \varPhi(1.82)+\varPhi(0.72)-1 \\ &= 0.9656+0.7642-1=0.7298；\end{aligned}$$

（4）$P\{|X| \leqslant 1.96\}=2\varPhi(1.96)-1=2\times 0.975-1=0.95$。

例 2.20 设 $X \sim N(0,1)$，且 $P\{|X| \leqslant a\}=0.2736$，$P\{X \leqslant b\}=0.2981$，求 a,b 的值。

解　因为
$$P\{|X| \leqslant a\} = 2\Phi(a) - 1 = 0.2736$$
所以$\Phi(a) = 0.6368$，经查附表 B 可得，$a = 0.35$。

又因为
$$P\{X \leqslant b\} = \Phi(b) = 0.2981$$
而$\Phi(0) = 0.5$，所以$b < 0$，因此
$$\Phi(-b) = 1 - \Phi(b) = 1 - 0.2981 = 0.7019$$
查表可知，$-b = 0.53$，则有$b = -0.53$。

一般正态分布与标准正态分布有如下关系。

定理 2.3　设随机变量$X \sim N(\mu, \sigma^2)$，则随机变量
$$Y = \frac{X - u}{\sigma} \sim N(0,1)$$

证明　随机变量$Y = \dfrac{X - u}{\sigma}$的分布函数为
$$F_Y(x) = P\{Y \leqslant x\} = P\left\{\frac{X - \mu}{\sigma} \leqslant x\right\} = P\{X \leqslant \mu + \sigma x\}$$
$$= \frac{1}{\sqrt{2\pi} \cdot \sigma} \int_{-\infty}^{\mu + \sigma x} \mathrm{e}^{-\frac{(t-\mu)^2}{2\sigma^2}} \mathrm{d}t$$
$$= \frac{1}{\sqrt{2\pi}} \int_{-\infty}^{x} \mathrm{e}^{-\frac{s^2}{2}} \mathrm{d}s = \Phi(x)$$
即$Y = \dfrac{X - u}{\sigma} \sim N(0,1)$。

推论 1　若$X \sim N(\mu, \sigma^2)$，则X的分布函数$F(x)$有
$$F(x) = \Phi\left(\frac{x - \mu}{\sigma}\right)$$

证明　因为$X \sim N(\mu, \sigma^2)$，所以
$$F(x) = P\{X \leqslant x\} = P\left\{\frac{X - \mu}{\sigma} \leqslant \frac{x - \mu}{\sigma}\right\} = \Phi\left(\frac{x - \mu}{\sigma}\right)$$

推论 2　设$X \sim N(\mu, \sigma^2)$，则有
$$P\{a \leqslant X \leqslant b\} = \Phi\left(\frac{b - \mu}{\sigma}\right) - \Phi\left(\frac{a - \mu}{\sigma}\right)。$$

证明　$P\{a \leqslant X \leqslant b\} = P\left\{\dfrac{a - \mu}{\sigma} \leqslant \dfrac{X - \mu}{\sigma} \leqslant \dfrac{b - \mu}{\sigma}\right\} = \Phi\left(\dfrac{b - \mu}{\sigma}\right) - \Phi\left(\dfrac{a - \mu}{\sigma}\right)$。

例 2.21　设$X \sim N(1,9)$，求：（1）$P\{X \leqslant 2.5\}$；（2）$P\{1.3 < X < 3.4\}$。

解　因为$X \sim N(1,9)$，所以取$\mu=1$，$\sigma=3$。

（1）$P\{X \leqslant 2.5\} = F(2.5) = \Phi\left(\dfrac{2.5 - 1}{3}\right) = \Phi(0.5) = 0.6915$

（2）$P\{1.3 < X < 3.4\} = \Phi\left(\dfrac{3.4 - 1}{3}\right) - \Phi\left(\dfrac{1.3 - 1}{3}\right)$
$$= \Phi(0.8) - \Phi(0.1) = 0.7881 - 0.5398 = 0.2483$$

例 2.22　若 $X \sim N(\mu, \sigma^2)$，求：$P\{|X-\mu|<\sigma\}$、$P\{|X-\mu|<2\sigma\}$ 和 $P\{|X-\mu|<3\sigma\}$。

解　$P\{|X-\mu|<\sigma\} = P\{\mu-\sigma < X < \mu+\sigma\}$

$$= \Phi(\frac{(\mu+\sigma)-\mu}{\sigma}) - \Phi(\frac{(\mu-\sigma)-\mu}{\sigma})$$

$$= \Phi(1) - \Phi(-1) = 2\Phi(1) - 1 = 0.6826$$

同理可得　$P\{|X-\mu|<2\sigma\} = 2\Phi(2) - 1 = 0.9544$

$$P\{|X-\mu|<3\sigma\} = 2\Phi(3) - 1 = 0.9974$$

此例结果就是统计工作者经常使用的所谓“3σ”原则，即服从正态分布 $N(\mu, \sigma^2)$ 的随机变量的取值范围虽然在 $(-\infty, +\infty)$ 内，但是，有99.74%的取值落入区间 $(\mu-3\sigma, \mu+3\sigma)$ 内，而仅有0.26%落在区间之外，如图 2-14 所示。

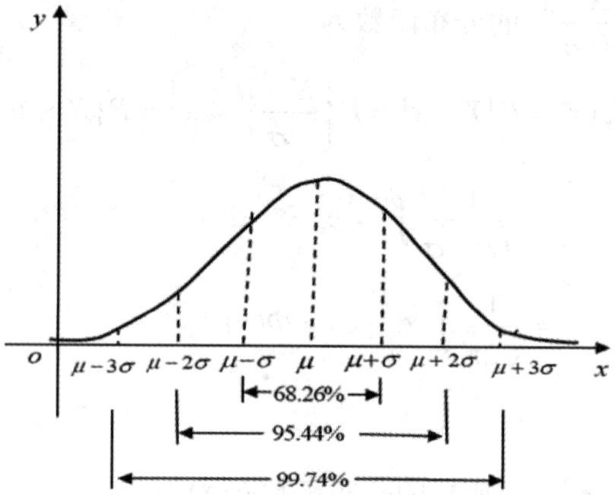

图 2-14

“3σ”原则解释了很多看似不合理的假设，例如我们通常将人的身高与体重、测量的误差、考试的成绩等用正态分布描述，这条原则就给出了合理的解释。另外，正态分布的“3σ”原则，在实际工作中有着广泛的应用，通常工业生产上用的控制图和产品的质量指标都是依据这个原则来制定的。

例 2.23　某机器生产的螺栓长度（单位：厘米）服从参数为 $\mu=10.05, \sigma=0.06$ 的正态分布，规定长度在范围 10.05 ± 0.12 内为合格品，求某一螺栓为不合格品的概率。

解　设螺栓的长度为 X，则 $X \sim N(10.05,\ 0.06^2)$，于是某一螺栓不合格的概率为

$$\alpha = 1 - P\{10.05-0.12 < X < 10.05+0.12\}$$

$$= 1 - [\Phi(\frac{(10.05+0.12)-10.05}{0.06}) - \Phi(\frac{(10.05-0.12)-10.05}{0.06})]$$

$$= 1 - [\Phi(2) - \Phi(-2)]$$

$$= 2 - 2\Phi(2) = 2 - 2\times0.9772 = 0.0456$$

例 2.24　某单位要招聘155人，按考试成绩由高到低依次录用的原则，共有526人参加考试。假设考生的考试成绩 $X \sim N(\mu, \sigma^2)$，且已知90分以上有12人，60分以下的有83人，而某人的考试成绩为78分，问此人能被录用吗？

解　设录取分数为 a 分，则

$$P\{X \geqslant a\} = \frac{155}{526} = 0.2947$$

因此有

$$F(a) = 1 - P\{X > a\} = 1 - P\{X \geqslant a\} = 0.7053$$

又因为

$$F(a) = \Phi(\frac{a-\mu}{\sigma})$$

所以有

$$\Phi(\frac{a-\mu}{\sigma}) = 0.7053$$

试求参数 μ 与 σ。

因为　$P\{X > 90\} = \frac{12}{526} = 0.0228$，$P\{X < 60\} = \frac{83}{526} = 0.1578$

所以

$$\begin{cases} \Phi(\frac{90-\mu}{\sigma}) = 1 - 0.0228 = 0.9772 \\ \Phi(\frac{60-\mu}{\sigma}) = 0.1578 \end{cases}$$

查表可得

$$\begin{cases} \frac{90-\mu}{\sigma} = 2.0 \\ \frac{60-\mu}{\sigma} = -1.0 \end{cases}$$

解得 $\mu = 70,\ \sigma = 10$，即 $X \sim N(70, 10^2)$，于是

$$\Phi(\frac{a-70}{10}) = 0.7053$$

则有

$$\frac{a-70}{10} \approx 0.54$$

得到 $a \approx 75$（分），而此人考试分数为 78 分，超过录取分数，因此，能被录用。

习题 2.3

1. 设连续型随机变量 X 的概率密度为

$$f(x) = \begin{cases} kx, & 0 \leqslant x < 3 \\ 2 - \frac{x}{2}, & 3 \leqslant x \leqslant 4 \\ 0, & 其他 \end{cases}$$

求：（1）常数 k 的值；（2）分布函数 $F(x)$；（3）$P\left\{1 < X \leqslant \frac{7}{2}\right\}$。

2. 设连续型随机变量 X 的分布函数为

$$F(x)=\begin{cases}0, & x<0\\ Ax^2, & 0\leqslant x<1\\ 1, & x\geqslant 1\end{cases}$$

求：（1）常数 A 的值；（2）概率密度 $f(x)$；（3）$P\{0.3\leqslant X\leqslant 0.7\}$。

3. 设 $X\sim U[0,5]$，求关于 t 的一元二次方程 $4t^2+4Xt+X+2=0$ 有实根的概率。

4. 某汽车站从上午 7:00 开始，每 15 分钟发出一辆车。设某乘客到达此站的时间为 7:00 ～ 7:30 之间的任一时刻，求该乘客等车时间少于 5 分钟的概率。

5. 已知某电子元件的寿命 X（单位：小时）服从参数为 $\lambda=\dfrac{1}{1000}$ 的指数分布，求 3 个这种元件使用 1000 小时至少有一个已损坏的概率。

6. 设 $X\sim N(0,1)$，求：（1）$P\{X\leqslant 1.96\}$；（2）$P\{X\leqslant -1.96\}$；（3）$P\{-1\leqslant X\leqslant 2\}$；（4）$P\{|X|\leqslant 1.84\}$。

7. 已知 $X\sim N(8,0.5^2)$，求：（1）$P\{X\leqslant 9\}$；（2）$P\{7.5\leqslant X\leqslant 10\}$；（3）$P\{|X-8|\leqslant 1\}$；（4）$P\{|X-9|\leqslant 0.5\}$。

8. 设 $X\sim N(0,1)$，且 $P\{|X|>a\}=0.05$，求 a 的值。

9. 设 $X\sim N(\mu,\sigma^2)$，且 $P\{X\leqslant -5\}=0.045$，$P\{X\leqslant 3\}=0.618$，求 μ 与 σ 的值。

10. 某企业对生产中某关键工序调查后发现，工人们完成该工序的时间 X（单位：分钟）近似服从正态分布 $N(20,3^2)$，问：

（1）从该工序生产工人中任选一人，其完成该工序时间少于 17 分钟的概率为多少？

（2）要求以 95% 的概率保证该工序生产时间不多于 25 分钟，这一要求能满足吗？

（3）为鼓励先进，拟奖励该工序生产时间用得最少的 10% 的工人，奖励标准应定在什么时间范围内？

2.4 随机变量的函数及其分布

一般地，设 X 是一个随机变量，则关于 X 的函数 $Y=g(X)$ 也是一个随机变量。如果随机变量 X 的分布已知，那么如何通过函数关系 $Y=g(X)$，求出 Y 的分布呢？这就是本节的主要内容。

一、离散型随机变量函数的分布

设 X 为离散型随机变量，则其函数 $Y=g(X)$ 也是一个离散型随机变量，且 Y 的分布律可由已知的 X 的分布律求得。具体过程如下：

第一步，将 X 的所有可能取值代入函数关系式 $Y=g(X)$ 中，求出 Y 的所有可能取值；

第二步，分别求出Y的每个可能取值对应的概率。

注意，求Y的每个取值对应的概率时，要仔细观察Y的这个取值对应X的哪个取值或哪几个取值，这时Y的这个取值对应的概率就是相应的X取值的概率或概率之和。请看下面例子。

例 2.25　设离散型随机变量X的分布律为

X	-1	0	1	2
p	0.1	0.2	0.3	0.4

求$Y=2X^2+1$的分布律。

解　将$X=-1, 0, 1, 2$代入$Y=2X^2+1$中，得到Y的所有可能取值为1，3，9，且

$$P\{Y=1\}=P\{X=0\}=0.2$$

$$P\{Y=3\}=P\{X=-1\}+P\{X=1\}=0.1+0.3=0.4$$

$$P\{Y=9\}=P\{X=2\}=0.4$$

因此Y的分布律为

Y	1	3	9
p	0.2	0.4	0.4

二、连续型随机变量函数的分布

设X为连续型随机变量，则其函数$Y=g(X)$可能是离散型随机变量，也可能是连续型随机变量。

如果$Y=g(X)$是离散型随机变量，则按前面所学的方法，求出Y的分布律。请看下面的例子。

例 2.26　某人向某一目标射击，设X表示其落点处到靶心的距离，且X在$[0,10]$上服从均匀分布。若规定：$X\leqslant 1$时可得10分，$1<X\leqslant 4$时可得8分，$4<X\leqslant 10$时可得5分，$X>10$时得0分，用Y表示此人射击时的得分，求Y的分布律。

解　因为$X\sim U[0,10]$，所以X的概率密度为

$$f_X(x)=\begin{cases}\dfrac{1}{10}, & x\in[0, 10]\\ 0, & \text{其他}\end{cases}$$

显然Y为离散型随机变量，它的所有可能取值为10，8，5，0，且

$$P\{Y=10\}=P\{X\leqslant 1\}=\int_{-\infty}^{1} f_X(x)\mathrm{d}x=\int_0^1\frac{1}{10}\mathrm{d}x=0.1$$

$$P\{Y=8\}=P\{1<X\leqslant 4\}=\int_1^4 f_X(x)\mathrm{d}x=\int_1^4\frac{1}{10}\mathrm{d}x=0.3$$

$$P\{Y=5\}=P\{4<X\leqslant 10\}=\int_4^{10} f_X(x)\mathrm{d}x=\int_4^{10}\frac{1}{10}\mathrm{d}x=0.6$$

$$P\{Y=0\}=P\{X>10\}=\int_{10}^{+\infty} f_X(x)\mathrm{d}x=\int_{10}^{+\infty} 0\mathrm{d}x=0$$

于是Y的分布律为

Y	10	8	5	0
p	0.1	0.3	0.6	0

如果X是连续型随机变量，则$Y=g(X)$也是连续型随机变量，Y的概率密度可采用“分布函数法”求得，具体过程如下：

第一步，利用X的概率密度$f_X(x)$，求出Y的分布函数为：

$$F_Y(y)=P\{Y\leqslant y\}=P\{g(X)\leqslant y\}$$

在$g(X)\leqslant y$中解出X的取值范围，再利用$f_X(x)$，求出$F_Y(y)$；

第二步，求出$F_Y(y)$关于y的导数，则得到Y的概率密度$f_Y(y)$，即有

$$f_Y(y)=F_Y'(y)$$

例 2.27　设连续型随机变量X的概率密度为

$$f_X(x)=\begin{cases}\dfrac{x}{2}, & 0<x<2\\ 0, & 其他\end{cases}$$

求随机变量$Y=4X-2$的概率密度。

解　随机变量Y的分布函数为

$$\begin{aligned}F_Y(y)&=P\{Y\leqslant y\}=P\{4X-2\leqslant y\}\\&=P\left\{X\leqslant\frac{y+2}{4}\right\}\\&=\int_{-\infty}^{\frac{y+2}{4}} f_X(x)\mathrm{d}x\\&=\int_0^{\frac{y+2}{4}}\frac{1}{2}x\mathrm{d}x \quad \left(0<\frac{y+2}{4}<2\right)\\&=\frac{(y+2)^2}{64}, \quad (-2<y<6)\end{aligned}$$

则Y的概率密度为

$$f_Y(y)=F_Y'(y)=\left[\frac{(y+2)^2}{64}\right]'=\frac{y+2}{32}, \quad (-2<y<6)$$

因此有

$$f_Y(y)=\begin{cases}\dfrac{y+2}{32}, & -2<y<6\\ 0, & 其他\end{cases}$$

例 2.28　已知随机变量X服从标准正态分布，求$Y=X^2$的概率密度。

解　因为$X\sim N(0,1)$，所以X的概率密度为

$$\varphi(x)=\frac{1}{\sqrt{2\pi}}\mathrm{e}^{-\frac{x^2}{2}},\quad (-\infty<x<+\infty)$$

求 Y 的分布函数 $F_Y(y)$。

由于 $Y=X^2\geqslant 0$，因此当 $y\leqslant 0$ 时，有 $F_Y(y)=0$；而当 $y>0$ 时，有

$$\begin{aligned}F_Y(y)&=P\{Y\leqslant y\}=P\{X^2\leqslant y\}\\&=P\{-\sqrt{y}\leqslant X\leqslant \sqrt{y}\}=\frac{1}{\sqrt{2\pi}}\int_{-\sqrt{y}}^{\sqrt{y}}\mathrm{e}^{-\frac{x^2}{2}}\mathrm{d}x\end{aligned}$$

而

$$\begin{aligned}F_Y'(y)&=[\frac{1}{\sqrt{2\pi}}\int_{-\sqrt{y}}^{\sqrt{y}}\mathrm{e}^{-\frac{x^2}{2}}\mathrm{d}x]_y'\\&=\frac{1}{\sqrt{2\pi}}[\mathrm{c}^{-\frac{y}{2}}\cdot(\sqrt{y})'-\mathrm{e}^{-\frac{y}{2}}\cdot(-\sqrt{y})']\\&=\frac{1}{\sqrt{2\pi}}[\frac{1}{2\sqrt{y}}\mathrm{e}^{-\frac{y}{2}}-\mathrm{e}^{-\frac{y}{2}}\cdot(-\frac{1}{2\sqrt{y}})]\\&=\frac{1}{\sqrt{2\pi y}}\mathrm{e}^{-\frac{y}{2}}\end{aligned}$$

因此，Y 的概率密度为

$$f_Y(y)=F_Y'(y)=\begin{cases}\frac{1}{\sqrt{2\pi y}}\mathrm{e}^{-\frac{y}{2}}, & y>0\\ 0, & y\leqslant 0\end{cases}$$

例 2.29　设随机变量 X 服从区间 $(0,1)$ 上的均匀分布，求随机变量 $Y=\mathrm{e}^X$ 的概率密度。

解　因为 $X\sim U(0,1)$，所以 X 的概率密度为

$$f_X(x)=\begin{cases}1, & 0<x<1\\ 0, & 其他\end{cases}$$

由 $0<x<1$ 和 $Y=\mathrm{e}^X$ 可知，$1<y<\mathrm{e}$，于是有：

当 $y\notin(1,\mathrm{e})$ 时，Y 的概率密度为 $f_Y(y)=0$。

当 $y\in(1,\mathrm{e})$ 时，Y 的分布函数为

$$\begin{aligned}F_Y(y)&=P\{Y\leqslant y\}=P\{\mathrm{e}^X\leqslant y\}\\&=P\{X\leqslant \ln y\}=F_X(\ln y)\end{aligned}$$

则 Y 的概率密度为

$$\begin{aligned}f_Y(y)&=F_Y'(y)=[F_X(\ln y)]_y'\\&=F_X'(\ln y)\cdot(\ln y)_y'\\&=\frac{1}{y}f_X(\ln y)=\frac{1}{y}\end{aligned}$$

因此，所求的 Y 的概率密度为

$$f_Y(y)=\begin{cases}\dfrac{1}{y}, & y\in(1,\mathrm{e})\\ 0, & y\notin(1,\mathrm{e})\end{cases}$$

在“分布函数法”中，根据已知随机变量 X 的概率密度 $f_X(x)$，求出随机变量 $Y=g(X)$ 的分布函数 $F_Y(y)$，关键在于：由 $g(X)\leqslant y$ 中解出 X，得到一个与“$g(X)\leqslant y$”等价的不等式来代替“$g(X)\leqslant y$”；此外，还要依据函数“$y=g(x)$”的值域对分布函数 $F_Y(y)$ 的自变量 y 的范围进行恰当的划分，并对相应的每个部分区间逐个地讨论。按照这种方法，我们可以对 $Y=g(X)$（其中 g 是严格单调函数的特殊情况）得到下面的一般结果。

定理 2.4 设随机变量 X 的概率密度为 $f_X(x)$（$-\infty<x<+\infty$），函数 $y=g(x)$ 处处可导且恒有 $g'(x)>0$（或 $g'(x)<0$），则 $Y=g(X)$ 为连续型随机变量，其概率密度为

$$f_Y(y)=\begin{cases}f_X[h(y)]\cdot|h'(y)|, & \alpha<y<\beta\\ 0, & 其他\end{cases}$$

其中 $h(y)$ 为 $g(x)$ 的反函数，且 $\alpha=\min\{g(-\infty),\ g(+\infty)\}$，$\beta=\max\{g(-\infty),\ g(+\infty)\}$。

证明 当 $g'(x)>0$ 时，有 $y=g(x)$ 在 $(-\infty,+\infty)$ 上严格单调增加，则它的反函数 $x=h(y)$ 存在，且在区间 (α,β) 上也严格单调增加、可导。记随机变量 X 与 Y 的分布函数分别为 $F_X(x)$ 与 $F_Y(y)$，现在先求 $F_Y(y)$。

因为 $Y=g(X)$ 在 (α,β) 上取值，所以当 $y\leqslant\alpha$ 时，有

$$F_Y(y)=P\{Y\leqslant y\}=0$$

当 $y\geqslant\beta$ 时，有

$$F_Y(y)=P\{Y\leqslant y\}=1$$

当 $\alpha<y<\beta$ 时，有

$$\begin{aligned}F_Y(y)&=P\{Y\leqslant y\}=P\{g(X)\leqslant y\}\\&=P\{X\leqslant h(y)\}\\&=F_X[h(y)]\end{aligned}$$

于是将 $F_Y(y)$ 对 y 求导，得到 Y 的概率密度为

$$f_Y(y)=\begin{cases}f_X[h(y)]\cdot|h'(y)|, & \alpha<y<\beta\\ 0, & 其他\end{cases}$$

同理可证 $g'(x)<0$ 的情形。

例 2.30 设随机变量 $X\sim N(\mu,\ \sigma^2)$，证明 X 的线性函数 $Y=aX+b$（$a\neq0$）也服从正态分布。

证明 因为 $X\sim N(\mu,\ \sigma^2)$，所以 X 的概率密度为

$$f(x)=\frac{1}{\sqrt{2\pi}\sigma}\mathrm{e}^{-\frac{(x-\mu)^2}{2\sigma^2}},\quad(-\infty<x<+\infty)$$

令 $y=g(x)=ax+b$，则 $g(x)$ 的反函数为

$$x = h(y) = \frac{y-b}{a}$$

且 $h'(y) = \frac{1}{a}$。

由定理 2.4 中公式，就可得到随机变量 $Y = aX + b$ 的概率密度函数为

$$\begin{aligned} f_Y(y) &= f_X[h(y)] \cdot |h'(y)| \\ &= f_X(\frac{y-b}{a}) \cdot \left|\frac{1}{a}\right| \\ &= \frac{1}{|a|}\frac{1}{\sqrt{2\pi}\sigma}\mathrm{e}^{-\frac{[y-(b+a\mu)]^2}{2(a\sigma)^2}}, \quad (-\infty < y < +\infty) \end{aligned}$$

即 $Y = aX + b \sim N(a\mu + b,\ (a\sigma)^2)$。

习题 2.4

1. 设离散型随机变量 X 的分布律为

X	-1	0	1	2
p	0.1	0.3	0.4	0.2

求：（1）$Y = 3X + 1$ 的分布律；（2）$Z = X^2$ 的分布律。

2. 设离散型随机变量 X 的分布律为

X	-2	-1	0	1	2	3
p	0.1	0.2	0.25	0.2	0.15	0.1

求：（1）$Y = -2X$；（2）$Z = X^2$ 的分布律。

3. 设随机变量 X 的分布函数为

$$F_X(x) = \begin{cases} 0, & x \leqslant -2 \\ 0.3, & -2 < x \leqslant -1 \\ 0.6, & -1 < x \leqslant 1 \\ 1, & x > 1 \end{cases}$$

求随机变量 $Y = \sin(\frac{\pi}{12}X) \cdot \cos(\frac{\pi}{12}X)$ 的分布律。

4. 设随机变量 X 服从参数为 $\lambda = 1$ 的指数分布，且随机变量

$$Y = \begin{cases} -1, & X^2 \leqslant 1 \\ 0, & 1 < X^2 < 4 \\ 1, & X^2 \geqslant 4 \end{cases}$$

求 Y 的分布律。

5. 设随机变量 $X \sim U(-\frac{\pi}{2}, \frac{\pi}{2})$，求随机变量 $Y=\sin X$ 的概率密度。

6. 设随机变量 $X \sim N(\mu, \sigma^2)$，求随机变量 $Y=e^X$ 的概率密度。

总复习题

一、填空题

1.设随机变量 X 的概率密度为

$$f(x)=\begin{cases}\frac{1}{3}, & x\in[0,1] \\ \frac{2}{9}, & x\in[3, 6] \\ 0, & 其他\end{cases}$$

若 k 使得 $P\{X \geqslant k\}=\frac{2}{3}$，则 k 的取值范围为__________。

2. 设随机变量 $X \sim B(2, p)$，$Y \sim B(3, p)$，若 $P\{X \geqslant 1\}=\frac{5}{9}$，则 $P\{Y \geqslant 1\}=$__________。

3. 设随机变量 X 的概率密度为

$$f(x)=\frac{1}{2}e^{-|x|}, \quad (-\infty<x<+\infty)$$

则 X 的分布函数为__________。

4. 设随机变量 X 的概率密度为

$$f(x)=\begin{cases}3x, & 0<x<1 \\ 0, & 其他\end{cases}$$

对 X 进行 n 次独立重复观测，Y_n 表示观测值不大于0.2的次数，则 $P\{Y_n=2\}=$________。

5. 设随机变量 $X \sim N(2, \sigma^2)$，且 $P\{2<X<4\}=0.3$，则 $P\{X<0\}=$__________。

6. 设随机变量 X 服从参数为 λ 的泊松分布，且 $P\{X=1\}=P\{X=2\}$，则 $P\{X \geqslant 2\}$ =__________。

二、选择题

1. 若函数 $f(x)=\cos x$ 是某个随机变量 X 的概率密度，则 X 的可能取值范围为______。

（A）$[0, \frac{\pi}{2}]$　　（B）$[\frac{\pi}{2}, \pi]$

（C）$[0, \pi]$　　（D）$[\frac{3}{2}\pi, \frac{7}{4}\pi]$

2. 设离散型随机变量 X 的分布律为

$$P\{X=k\}=a\lambda^k, \quad (k=1,2,\cdots)$$

且 $a>0$，则 λ 为________。

（A）$\lambda>0$ 的任意实数　　（B）$\lambda=b+1$

（C）$\lambda=\dfrac{1}{1+b}$　　（D）$\lambda=\dfrac{1}{b-1}$

3. 设随机变量 X 的概率密度为 $f(x)$，则下列函数中一定可以作为概率密度的是_____。

（A）$f(2x)$　　（B）$2f(x)$

（C）$|f(-x)|$　　（D）$f(|x|)$

4. 设随机变量 $Y\sim N(\mu,\sigma^2)$，且关于 x 的一元二次方程 $x^2+x+Y=0$ 有实根的概率为 $\dfrac{1}{2}$，则 $\mu=$________。

（A）$\dfrac{1}{2}$　　（B）$\dfrac{1}{4}$

（C）$\dfrac{1}{3}$　　（D）1

三、计算题

1. 一辆汽车沿某一街道行驶，要经过三个有信号灯的路口，每个信号灯为红或绿，且与其他路口的信号灯相互独立。设红、绿信号灯显示的时间相等，求此汽车首次遇到红灯前已通过路口数 X 的概率分布。

2. 某射击手有 5 发子弹，每一次的命中率都为 0.8，如果他命中目标就停止射击，命不中就继续射击，直至用完这 5 发子弹，求他所用子弹数 X 的分布律。

3. 设有甲乙两个球队进行比赛（无平局），若有一队胜 3 场，则比赛结束。假定甲、乙队在每场比赛中获胜的概率都为 $\dfrac{1}{2}$，求比赛结束时所需比赛场数 X 的分布律。

4. 设随机变量 X 和 Y 具有相同的分布，且 X 的概率密度为

$$f(x)=\begin{cases}\dfrac{3}{8}x^2, & 0<x<2\\ 0, & \text{其他}\end{cases}$$

已知事件 $A=\{X>a\}$ 和事件 $B=\{Y>a\}$ 相互独立，且 $P(A+B)=\dfrac{3}{4}$，求常数 a。

5. 设随机变量 X 在 $[2,5]$ 上服从均匀分布，现对 X 进行三次独立观察，求至少有 2 次大于 3 的概率。

6. 设离散型随机变量 X 的所有可能取值为 $-1,\ 2,\ \pi$，且各取值对应的概率分别为 $a^2,\ -a,\ a^2$，求 X 的分布函数。

7. 设随机变量 $X\sim N(\mu,\ 2^2)$，且 $3P\left\{X\geqslant\dfrac{3}{2}\right\}=2P\left\{X<\dfrac{3}{2}\right\}$，求 $P\{|X-1|\leqslant 2\}$。

8. 设随机变量 X 的概率密度为

$$f(x)=\begin{cases}Ax, & 1<x<2\\ B, & 2\leqslant x<3\\ 0, & \text{其他}\end{cases}$$

且 $P\{1<X<2\}=P\{2<X<3\}$，求：

（1）A,B 的值；

（2）$P\{2<X<4\}$；

（3）分布函数 $F(x)$。

9. 已知随机变量 X 的分布函数为

$$F(x)=\begin{cases}1-x^{-\lambda}, & x>1\\ 0, & x\leqslant 1\end{cases}，\quad（\lambda>0）$$

且 $Y=\ln X$，求随机变量 Y 的概率密度。

第 3 章　多维随机变量及其分布

在上一章中，我们所讨论的随机现象只涉及到一个随机变量。但在实际问题中，对于某些随机试验的结果往往需要两个或两个以上的随机变量来描述。例如，向一个目标射击，如果只考虑弹着点与靶心的距离，那么用一个随机变量描述就够了；但如果要考虑弹着点的位置，那么就需要用两个随机变量（即弹着点的横坐标 X 和纵坐标 Y）来描述；又如，要考虑飞机在飞行过程中的位置，则需知道其经度、纬度和高度。这些实际问题，就引出了对多维随机变量的研究。本章主要研究二维随机变量的概率分布、边缘分布、条件分布、随机变量的独立性，以及随机变量函数的分布，等等。

3.1　二维随机变量的概率分布

一、二维随机变量的定义

定义 3.1　设 Ω 是随机试验 E 的样本空间，而 X 与 Y 是 Ω 上的随机变量，则由它们构成的向量 (X,Y) 称为二维随机向量或二维随机变量。

一般地，二维随机变量 (X,Y) 的性质不仅与 X、Y 有关，还与 X 和 Y 之间的相互关系有关。因此，单独只研究 X 或只研究 Y 是不够的，而应将 (X,Y) 作为一个整体进行研究。

类似地，可以定义 n（$n>2$）维随机变量。

设 Ω 是随机试验 E 的样本空间，而 $X_1,X_2,\cdots,X_n$ 是 Ω 上 n 个随机变量，则称向量 $(X_1,X_2,\cdots,X_n)$ 为 n 维随机向量或 n 维随机变量。

那么，怎样探讨二维随机变量的概率分布呢？如前面的一维随机变量一样，用分布函数来描述。

二、二维随机变量的分布函数

定义 3.2　设 (X,Y) 为二维随机变量，对于任意实数 x,y，将二元函数

$$F(x,y)=P\{X\leqslant x,\ Y\leqslant y\}$$

称为 (X,Y) 的分布函数，也称为随机变量 X 和 Y 的联合分布函数。

类似地，可定义 n 维随机变量的分布函数。

设$(X_1, X_2, \cdots, X_n)$为n维随机变量，对于任意实数$x_1, x_2, \cdots, x_n$，将n元函数

$$F(x_1, x_2, \cdots, x_n) = P\{X_1 \leqslant x_1, X_2 \leqslant x_2, \cdots, X_n \leqslant x_n\}$$

称为$(X_1, X_2, \cdots, X_n)$的分布函数，或称为随机变量$X_1, X_2, \cdots, X_n$的联合分布函数。

分布函数$F(x, y)$在几何上的解释为：将(X, Y)看作是平面上随机点的坐标，则分布函数$F(x, y)$就表示随机点落在以点(x, y)为顶点的左下方的无限矩形区域内的概率，如图 3-1 所示。

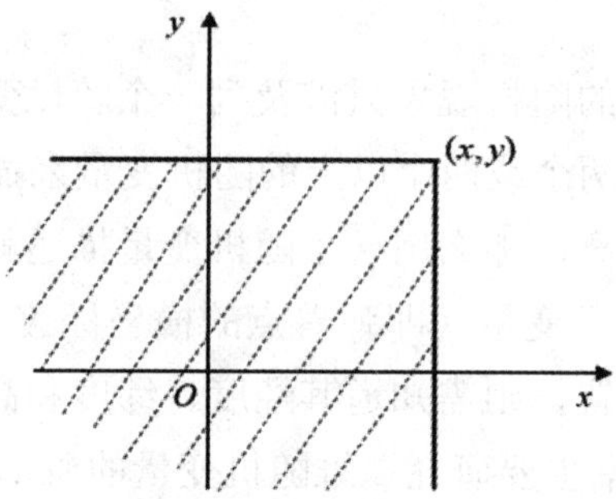

图 3-1

根据$F(x, y)$的几何解释，我们可得随机点(X, Y)落入矩形区域$a < x \leqslant b$，$c < y \leqslant d$内的概率，有

$$P\{a < x \leqslant b, c < y \leqslant d\} = F(b, d) - F(b, c) - F(a, d) + F(a, c)$$

如图 3-2 所示。

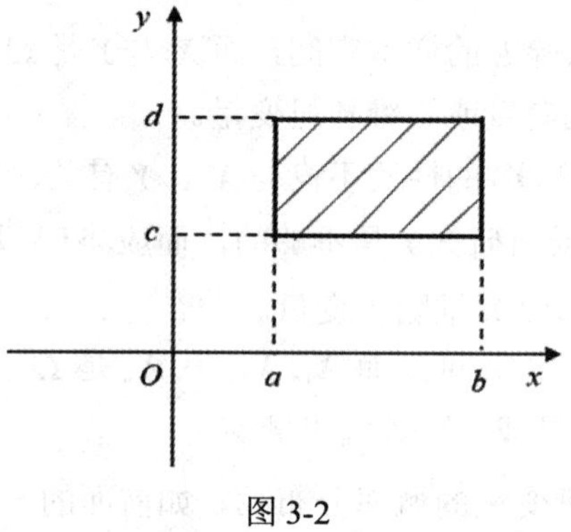

图 3-2

分布函数$F(x, y)$具有以下基本性质。

性质 1 $0 \leqslant F(x, y) \leqslant 1$，且对于任意固定的$y$，有

$$F(-\infty, y) = 0$$

对于任意固定的x，有

$$F(x, -\infty) = 0$$

同时有

$$F(-\infty, -\infty) = 0, \quad F(-\infty, +\infty) = 1$$

性质 2 $F(x, y)$关于变量x和关于变量y是单调不减函数，即对任意固定的y，当$x_1 < x_2$时，有

$$F(x_1,y)\leqslant F(x_2,y)$$

对任意固定的x，当$y_1<y_2$时，有

$$F(x,y_1)\leqslant F(x,y_2)$$

性质 3　$F(x,y)$关于x和关于y都右连续，即

$$F(x,y)=F(x+0,y),\quad F(x,y)=F(x,y+0)$$

与一维随机变量相类似，二维随机变量也有两种常见类型：离散型与连续型。

三、二维离散型随机变量及其联合分布律

定义 3.3　若二维随机变量(X,Y)所有可能取值是有限个或可列无限个，则称(X,Y)为二维离散型随机变量。

显然，(X,Y)为二维离散型随机变量，当且仅当X和Y都是离散型随机变量。

定义 3.4　设二维随机变量(X,Y)的所有可能取值为(x_i,y_i)（$i,j=1,2,\cdots$），如果

$$P\{X=x_i,Y=y_i\}=p_{ij},\quad (i,j=1,2,\cdots)$$

则称为(X,Y)的分布律，或称为随机变量X和Y的联合分布律。

为了直观，随机变量X和Y的联合分布律表示如下：

X \ Y	y_1	y_2	$\cdots$	y_j	$\cdots$
x_1	p_{11}	p_{12}	$\cdots$	p_{1j}	$\cdots$
x_2	p_{21}	p_{22}	$\cdots$	p_{2j}	$\cdots$
$\vdots$	$\vdots$	$\vdots$		$\vdots$	
x_i	p_{i1}	p_{i2}	$\cdots$	p_{ij}	$\cdots$
$\vdots$	$\vdots$	$\vdots$		$\vdots$	

显然，二维离散型随机变量(X,Y)的分布律满足以下性质：

（1）$p_{ij}\geqslant 0$，（$i,j=1,2,\cdots$）；

（2）$\sum\limits_{i=1}\sum\limits_{j=1}p_{ij}=1$。

反之，如果满足这两个性质的数集$\{p_{ij},\ i,j=1,2,\cdots\}$一定为某个二维离散型随机变量的联合分布律。

例 3.1　一箱子中装有5件产品，其中3件正品、2件次品，现从中依次抽取2件，每次抽取一件后不放回，用X表示“第一次取到次品的件数”，Y表示“第二次取到次品的件数”，试求(X,Y)的分布律。

解　由题意可知，X的所有可能取值为$0,1$，Y的所有可能取值为$0,1$，因此(X,Y)的所有可能取值有4对：$(0,0)$、$(0,1)$、$(1,0)$、$(1,1)$；而

$$P\{X=0,Y=0\}=P\{X=0\}\cdot P\{Y=0|X=0\}=\frac{3}{5}\times\frac{2}{4}=0.3$$

$$P\{X=0,Y=1\}=P\{X=0\}\cdot P\{Y=1|X=0\}=\frac{3}{5}\times\frac{2}{4}=0.3$$

$$P\{X=1,Y=0\}=P\{X=1\}\cdot P\{Y=0|X=1\}=\frac{2}{5}\times\frac{3}{4}=0.3$$

$$P\{X=1,Y=1\}=P\{X=1\}\cdot P\{Y=1|X=1\}=\frac{2}{5}\times\frac{1}{4}=0.1$$

因此(X,Y)的分布律为

X \ Y	0	1
0	0.3	0.3
1	0.3	0.1

例 3.2 甲、乙两人独立地进行两次射击，设甲的命中率为0.4，乙的命中率为0.7，用X、Y分别表示甲、乙的命中次数，求X和Y的联合分布律。

解 依据题意可知，X的可能取值为$0,1,2$，且$X\sim B(2,\ 0.4)$；Y的可能取值为$0,1,2$，且$Y\sim B(2,\ 0.7)$；显然X与Y是相互独立的，且有

$$P\{X=0,Y=0\}=P\{X=0\}\cdot P\{Y=0\}=0.6^2\times0.3^2=0.0324$$

$$P\{X=0,Y=1\}=P\{X=0\}\cdot P\{Y=1\}=0.6^2\times C_2^1\times0.7\times0.3=0.1512$$

$$P\{X=0,Y=2\}=P\{X=0\}\cdot P\{Y=2\}=0.6^2\times0.7^2=0.1764$$

$$P\{X=1,Y=0\}=P\{X=1\}\cdot P\{Y=0\}=C_2^1\times0.4\times0.6\times0.3^2=0.0432$$

$$P\{X=1,Y=1\}=P\{X=1\}\cdot P\{Y=1\}=C_2^1\times0.4\times0.6\times C_2^1\times0.3\times0.7=0.2016$$

$$P\{X=1,Y=2\}=P\{X=1\}\cdot P\{Y=2\}=C_2^1\times0.4\times0.6\times0.7^2=0.2352$$

$$P\{X=2,Y=0\}=P\{X=2\}\cdot P\{Y=0\}=0.4^2\times0.3^2=0.0144$$

$$P\{X=2,Y=1\}=P\{X=2\}\cdot P\{Y=1\}=0.4^2\times C_2^1\times0.7\times0.3=0.0672$$

$$P\{X=2,Y=2\}=P\{X=2\}\cdot P\{Y=2\}=0.4^2\times0.7^2=0.0784$$

因此，X和Y的联合分布律为

X \ Y	0	1	2
0	0.0324	0.1512	0.1764
1	0.0432	0.2016	0.2352
2	0.0144	0.0672	0.0784

四、二维连续型随机变量及其联合概率密度

定义 3.5　设二维随机变量(X,Y)的分布函数为$F(x,y)$，如果存在一个可积函数$f(x,y)$，使得对任意实数x,y，有

$$F(x,y)=P\{X\leqslant x,\ Y\leqslant y\}=\int_{-\infty}^{x}\int_{-\infty}^{y}f(u,v)\mathrm{d}u\mathrm{d}v$$

则称(X,Y)为二维连续型随机变量，且称$f(x,y)$为X和Y的联合概率密度，或称$f(x,y)$为(X,Y)的概率密度。

按照定义，联合概率密度$f(x,y)$具有如下性质：

（1）$f(x,y)\geqslant 0$；

（2）$\int_{-\infty}^{+\infty}\int_{-\infty}^{+\infty}f(x,y)\mathrm{d}x\mathrm{d}y=1$；

（3）若$f(x,y)$在点(x,y)处连续，则有

$$\frac{\partial^2 F(x,y)}{\partial x\partial y}=f(x,y)$$

（4）设D为面上任一区域，则随机点(X,Y)落入D内的概率为

$$P\{(X,Y)\in D\}=\iint\limits_{D}f(x,y)\mathrm{d}x\mathrm{d}y$$

例 3.3　设二维连续型随机变量(X,Y)的概率密度为

$$f(x,y)=\begin{cases}k(3x^2+xy), & 0\leqslant x\leqslant 1,\ \ 0\leqslant y\leqslant 2\\ 0, & \text{其他}\end{cases}$$

求：（1）常数k；（2）(X,Y)的分布函数$F(x,y)$；（3）$P\{X+Y\geqslant 1\}$。

解　（1）由性质$\int_{-\infty}^{+\infty}\int_{-\infty}^{+\infty}f(x,y)\mathrm{d}x\mathrm{d}y=1$，得

$$\int_{0}^{1}\int_{0}^{2}k(3x^2+xy)\mathrm{d}x\mathrm{d}y=1$$

解得$k=\dfrac{1}{3}$。

（2）因为概率密度为

$$f(x,y)=\begin{cases}x^2+\dfrac{1}{3}xy, & 0\leqslant x\leqslant 1,\ \ 0\leqslant y\leqslant 2\\ 0, & \text{其他}\end{cases}$$

所以当$x<0$或$y<0$时，有

$$F(x,y)=\int_{-\infty}^{x}\int_{-\infty}^{y}0\mathrm{d}u\mathrm{d}v=0$$

当$0\leqslant x<1,\ \ 0\leqslant y<2$时，有

$$F(x,y)=\int_{0}^{x}\mathrm{d}u\int_{0}^{y}(u^2+\frac{1}{3}uv)\mathrm{d}v=\frac{1}{3}x^3y+\frac{1}{12}x^2y^2$$

当$x\geqslant 1,\ \ 0\leqslant y<2$时，有

$$F(x,y)=\int_0^1 \mathrm{d}u\int_0^y (u^2+\frac{1}{3}uv)\mathrm{d}v=\frac{1}{3}y+\frac{1}{12}y^2$$

当 $0\leqslant x<1$， $y\geqslant 2$ 时，有

$$F(x,y)=\int_0^x \mathrm{d}u\int_0^2 (u^2+\frac{1}{3}uv)\mathrm{d}v=\frac{2}{3}x^3+\frac{1}{3}x^2$$

当 $x\geqslant 1$， $y\geqslant 2$ 时，有

$$F(x,y)=1$$

因此所求的分布函数为

$$F(x,y)=\begin{cases}0, & x<0\text{或}y<0\\ \frac{1}{3}x^3y+\frac{1}{12}x^2y^2, & 0\leqslant x<1,\ 0\leqslant y<2\\ \frac{1}{3}y+\frac{1}{12}y^2, & x\geqslant 1,\ 0\leqslant y<2\\ \frac{2}{3}x^3+\frac{1}{3}x^2, & 0\leqslant x<1,\ y\geqslant 2\end{cases}$$

（3）如图 3-3 所示，有

$$\begin{aligned}P\{X+Y\geqslant 1\}&=\iint_D f(x,y)\mathrm{d}x\mathrm{d}y\\&=\iint_D (x^2+\frac{1}{3}xy)\mathrm{d}x\mathrm{d}y\\&=\int_0^1 \mathrm{d}x\int_{1-x}^2 (x^2+\frac{1}{3}xy)\mathrm{d}y=\frac{65}{72}\end{aligned}$$

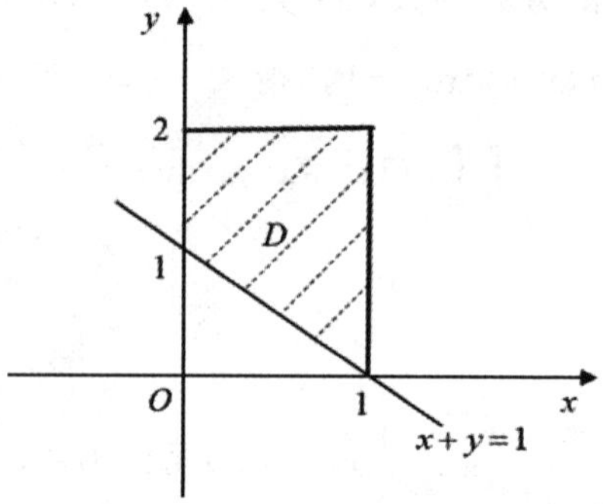

图 3-3

例 3.4 设 D 是一平面有界区域，其面积为 A，而二维随机变量 (X,Y) 在 D 中，等可能地取每一个点，即 (X,Y) 的概率密度为

$$f(x,y)=\begin{cases}k, & (x,y)\in D\\ 0, & (x,y)\notin D\end{cases}$$

则由概率密度的性质知

$$\int_{-\infty}^{+\infty}\int_{-\infty}^{+\infty} f(x,y)\mathrm{d}x\mathrm{d}y=1$$

解得 $k=\dfrac{1}{A}$，即

$$f(x,y)=\begin{cases}\dfrac{1}{A}, & (x,y)\in D\\ 0, & (x,y)\notin D\end{cases}$$

如果一个二维随机变量 (X,Y) 的概率密度为上式，则称 (X,Y) 在平面区域 D 上服从均匀分布。

类似地，设 G 为空间上的有界区域，其体积为 V，若三维随机变量 (X,Y,Z) 的概率密度为

$$f(x,y)=\begin{cases}\dfrac{1}{V}, & (x,y,Z)\in G\\ 0, & (x,y,z)\notin G\end{cases}$$

则称 (X,Y,Z) 在 G 上服从均匀分布。

习题 3.1

1. 袋中有 6 只球，其中红、黄、白色各有 2 只，现随机取 2 只，设 X 表示取到的红球数，Y 表示取到的黄球数，求：（1）(X,Y) 的分布律；（2）$P\{X\leqslant 1, Y\leqslant 1\}$。

2. 一箱中装有 5 件产品，其中 2 件正品、3 件次品，每次从中取 1 件产品，不放回地抽取且连抽两次。定义随机变量 X 与 Y 如下：

$$X=\begin{cases}1, & \text{第一次取到次品}\\ 0, & \text{第一次取到正品}\end{cases},\quad Y=\begin{cases}1, & \text{第二次取到次品}\\ 0, & \text{第二次取到正品}\end{cases}$$

求 (X,Y) 的分布律。

3. 将一枚硬币连掷三次，用 X 表示三次试验中出现正面的次数，用 Y 表示出现正面次数与出现反面次数的差的绝对值，求 (X,Y) 的分布律。

4. 设二维连续型随机变量 (X,Y) 的概率密度为

$$f(x,y)=\begin{cases}kxy, & 0\leqslant x\leqslant 1,\ 0\leqslant y\leqslant 1\\ 0, & \text{其他}\end{cases}$$

求：（1）常数 k 的值；（2）(X,Y) 的分布函数 $F(x,y)$；（3）$P\{X+Y\leqslant 1\}$。

5. 设二维随机变量 (X,Y) 的概率密度为

$$f(x,y)=\begin{cases}kx\mathrm{e}^{-x(1+y)}, & x>0,\ y>0\\ 0, & \text{其他}\end{cases}$$

求：（1）常数 k 的值；（2）分布函数 $F(x,y)$；（3）$P\{-1<X\leqslant 2,\ 0<Y\leqslant 3\}$。

6. 设二维连续型随机变量(X,Y)的分布函数为

$$F(x,y)=\begin{cases}1-3^{-x}-3^{-y}+3^{-x-y}, & x\geqslant 0,\quad y\geqslant 0\\ 0, & \text{其他}\end{cases}$$

求(X,Y)的概率密度$f(x,y)$。

3.2 边缘分布

在上一节中，我们学习二维随机变量(X,Y)的概率分布时，是将X和Y作为一个整体来研究的。但是X与Y都是随机变量，它们各自都有概率分布，这就是本节要讨论的边缘分布。

一、边缘分布的概念

定义 3.6 若二维随机变量(X,Y)的联合分布函数为$F(x,y)$，则将

$$F_X(x)=P\{X\leqslant x\}=P\{X\leqslant x,Y<+\infty\}=\lim_{y\to+\infty}F(x,y)=F(x,+\infty)$$

与

$$F_Y(y)=P\{Y\leqslant y\}=P\{X<+\infty,Y\leqslant y\}=\lim_{x\to+\infty}F(x,y)=F(+\infty,y)$$

分别称为随机变量X与Y的边缘分布函数，简称边缘分布。

下面分别讨论二维离散型随机变量与连续型随机变量的边缘分布。

二、二维离散型随机变量的边缘分布

设二维离散型随机变量(X,Y)的联合分布律为

$$P\{X=x_i,\ Y=y_j\}=p_{ij}\text{，}\quad (i,j=1,2,\cdots)$$

则随机变量X的分布律为

$$\begin{aligned}P\{X=x_i\}&=P(\bigcup_{j=1}^{+\infty}\{X=x_i,\ Y=y_j\})\\&=\sum_{j=1}^{+\infty}P\{X=x_i,\ Y=y_j\}\\&=\sum_{j=1}^{+\infty}p_{ij}=p_{i\cdot}\quad (i=1,2,\cdots)\end{aligned}$$

随机变量Y的分布律为

$$\begin{aligned}P\{Y=y_j\}&=P(\bigcup_{i=1}^{+\infty}\{X=x_i,\ Y=y_j\})\\&=\sum_{i=1}^{+\infty}P\{X=x_i,\ Y=y_j\}\\&=\sum_{i=1}^{+\infty}p_{ij}=p_{\cdot j}\qquad (j=1,2,\cdots)\end{aligned}$$

且分别将 $p_{i\cdot}$ 与 $p_{\cdot j}$（$i,j=1,2,\cdots$）称为随机变量 (X,Y) 关于 X 和 Y 的边缘分布律。

例 3.5　设二维离散型随机变量 (X,Y) 的联合分布律为

X \ Y	1	2
0	0.15	0.25
1	0.10	0.20
2	0.30	0

分别求出 X 与 Y 的边缘分布律。

解　先求随机变量 X 的边缘分布律。

因为 X 的所有可能取值为：0,1,2，且

$P\{X=0\}=P\{X=0,Y=1\}+P\{X=0,Y=2\}=0.15+0.25=0.4$

$P\{X=1\}=P\{X=1,Y=1\}+P\{X=1,Y=2\}=0.1+0.2=0.3$

$P\{X=2\}=P\{X=2,Y=1\}+P\{X=2,Y=2\}=0.3+0=0.3$

所以 X 的边缘分布律为

X	0	1	2
p	0.4	0.3	0.3

再求随机变量 Y 的边缘分布律。

因为 Y 的所有可能取值为：1, 2，且

$$P\{Y=1\}=P\{X=0,Y=1\}+P\{X=1,Y=1\}+P\{X=2,Y=1\}$$
$$=0.15+0.10+0.30=0.55$$
$$P\{Y=2\}=P\{X=0,Y=2\}+P\{X=1,Y=2\}+P\{X=2,Y=2\}$$
$$=0.25+0.20+0=0.45$$

所以 Y 的边缘分布律为

Y	1	2
p	0.55	0.45

其实，求 X 或 Y 的边缘分布律，是通过 (X,Y) 的联合分布律按各行或各列相加而得到的。

X \ Y	y_1	y_2	$\cdots$	y_j	$\cdots$	$P\{X=x_i\}=p_{i\cdot}$
x_1	p_{11}	p_{12}	$\cdots$	p_{1j}	$\cdots$	$\sum_{j=1}^{+\infty} p_{1j}$
x_2	p_{21}	p_{22}	$\cdots$	p_{2j}	$\cdots$	$\sum_{j=1}^{+\infty} p_{2j}$
$\vdots$	$\vdots$	$\vdots$		$\vdots$		$\vdots$
x_i	p_{i1}	p_{i2}	$\cdots$	p_{ij}	$\cdots$	$\sum_{j=1}^{+\infty} p_{ij}$
$\vdots$	$\vdots$	$\vdots$		$\vdots$		$\vdots$
$P\{Y=y_j\}=p_{\cdot j}$	$\sum_{i=1}^{+\infty} p_{i1}$	$\sum_{i=1}^{+\infty} p_{i2}$	$\cdots$	$\sum_{i=1}^{+\infty} p_{ij}$	$\cdots$	

例 3.5 中，可按联合分布律表中各行相加或各列相加，分别得到 X 或 Y 的边缘分布律，即有

X \ Y	1	2	$P\{X=x_i\}$
0	0.15	0.25	0.4
1	0.10	0.20	0.3
2	0.30	0	0.3
$P\{Y=y_j\}$	0.55	0.45	

于是 X 和 Y 的边缘分布律分别为

X	0	1	2
p	0.4	0.3	0.3

Y	1	2
p	0.55	0.45

例 3.6　设随机变量 X 在 $1,2,3,4$ 四个整数中等可能地取值，另一随机变量 Y 在 $1\sim X$ 中等可能地取一整数值，求 (X,Y) 的联合分布律及 X 和 Y 的边缘分布律。

解　因为 $\{X=i,\ Y=j\}$ 的取值情况是 $i=1,2,3,4$， $j\leqslant i$ 且 j 为正整数，而由概率的乘法公式有

$$P\{X=i,\ Y=j\}=P\{X=x_i\}\cdot P\{Y=y_j|X=x_i\}=\frac{1}{4}\cdot\frac{1}{i},\ (i=1,2,3,4,\ \ j\leqslant i)$$

所以 (X,Y) 的联合分布律以及 X 和 Y 的边缘分布律为

X \ Y	1	2	3	4	$P\{X=x_i\}$
1	$\frac{1}{4}$	0	0	0	$\frac{1}{4}$
2	$\frac{1}{8}$	$\frac{1}{8}$	0	0	$\frac{1}{4}$
3	$\frac{1}{12}$	$\frac{1}{12}$	$\frac{1}{12}$	0	$\frac{1}{4}$
4	$\frac{1}{16}$	$\frac{1}{16}$	$\frac{1}{16}$	$\frac{1}{16}$	$\frac{1}{4}$
$P\{Y=y_j\}$	$\frac{25}{48}$	$\frac{13}{48}$	$\frac{7}{48}$	$\frac{3}{48}$	

即有

X	1	2	3	4
p	$\frac{1}{4}$	$\frac{1}{4}$	$\frac{1}{4}$	$\frac{1}{4}$

Y	1	2	3	4
p	$\frac{25}{48}$	$\frac{13}{48}$	$\frac{7}{48}$	$\frac{3}{48}$

三、二维连续型随机变量的边缘分布

设二维连续型随机变量 (X,Y) 的联合概率密度为 $f(x,y)$，由

$$F_X(x)=F(x,+\infty)=\int_{-\infty}^{x}[\int_{-\infty}^{+\infty}f(x,y)\mathrm{d}y]\mathrm{d}x$$

与

$$F_Y(y)=F(+\infty,y)=\int_{-\infty}^{y}[\int_{-\infty}^{+\infty}f(x,y)\mathrm{d}x]\mathrm{d}y$$

可知 X 和 Y 都为连续型随机变量，且其概率密度分别为

$$f_X(x)=\frac{\mathrm{d}[F_X(x)]}{\mathrm{d}x}=\int_{-\infty}^{+\infty}f(x,y)\mathrm{d}y$$

与

$$f_Y(y)=\frac{\mathrm{d}[F_Y(y)]}{\mathrm{d}y}=\int_{-\infty}^{+\infty}f(x,y)\mathrm{d}x$$

则分别称 $f_X(x)$ 与 $f_Y(y)$ 为 (X,Y) 关于 X 与关于 Y 的边缘概率密度。

例 3.7　设二维连续型随机变量 (X,Y) 的概率密度为

$$f(x,y)=\begin{cases}3x^2y, & x^2\leqslant y\leqslant 1\\0, & \text{其他}\end{cases}$$

求关于 X 与关于 Y 的边缘概率密度。

解　由 $x^2\leqslant y\leqslant 1$ 可画出相应的平面区域，如图 3-4 所示。

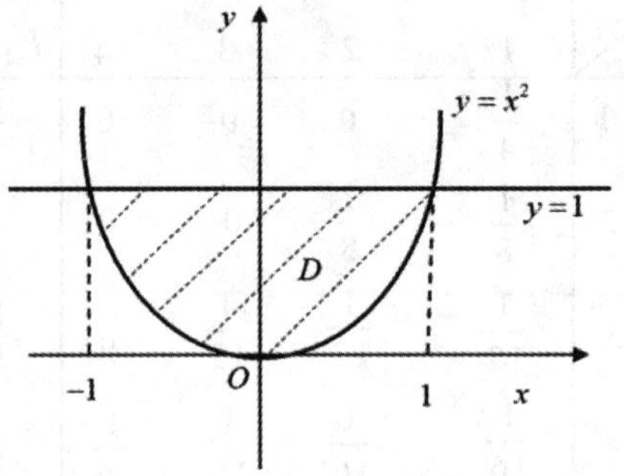

图 3-4

由D可知，当$x^2 \leqslant y \leqslant 1$时，有$-1 \leqslant x \leqslant 1$；当$-\sqrt{y} \leqslant x \leqslant \sqrt{y}$时，有$0 \leqslant y \leqslant 1$；于是有

$$f_X(x)=\int_{-\infty}^{+\infty} f(x,y)\mathrm{d}y=\int_{x^2}^{1} 3x^2 y\mathrm{d}y=\frac{3}{2}x^2(1-x^4)\text{，}\quad (-1 \leqslant x \leqslant 1)$$

因此，关于X的边缘概率密度为

$$f_X(x)=\begin{cases}\dfrac{3}{2}x^2(1-x^4), & -1 \leqslant x \leqslant 1 \\ 0, & \text{其他}\end{cases}$$

而

$$f_Y(y)=\int_{-\infty}^{+\infty} f(x,y)\mathrm{d}x=\int_{-\sqrt{y}}^{\sqrt{y}} 3x^2 y\mathrm{d}x=2y^{\frac{5}{2}}\text{，}\quad (0 \leqslant y \leqslant 1)$$

因此，关于Y的边缘概率密度为

$$f_Y(y)=\begin{cases}2y^{\frac{5}{2}}, & 0 \leqslant y \leqslant 1 \\ 0, & \text{其他}\end{cases}$$

例 3.8 若二维随机变量(X,Y)在圆域$x^2+y^2=1$上服从均匀分布，求：关于X与关于Y的边缘概率密度。

解 如图 3-5 所示，当$-\sqrt{1-x^2} \leqslant y \leqslant \sqrt{1-x^2}$时，有$-1 \leqslant x \leqslant 1$；当$-\sqrt{1-y^2} \leqslant x \leqslant \sqrt{1-y^2}$时，有$-1 \leqslant y \leqslant 1$。

因为(X,Y)服从均匀分布，所以其概率密度为

$$f(x,y)=\begin{cases}\dfrac{1}{\pi}, & x^2+y^2 \leqslant 1 \\ 0, & \text{其他}\end{cases}$$

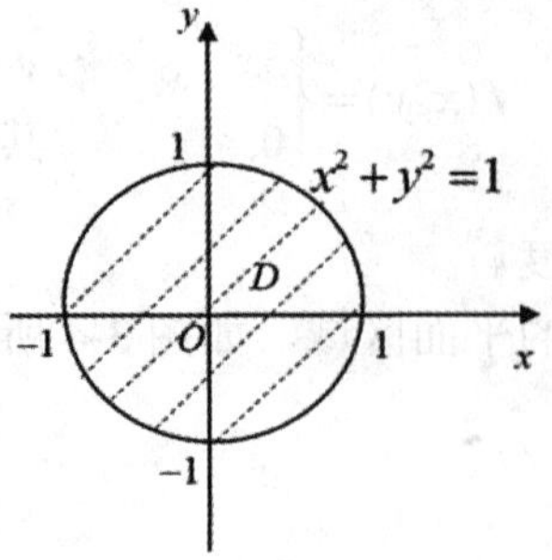

图 3-5

关于 X 的边缘概率密度为

$$f_X(x)=\int_{-\infty}^{+\infty}f(x,y)\mathrm{d}y=\begin{cases}\int_{-\sqrt{1-x^2}}^{\sqrt{1-x^2}}\dfrac{1}{\pi}\mathrm{d}y, & -1\leqslant x\leqslant 1\\ 0, & \text{其他}\end{cases}$$

$$=\begin{cases}\dfrac{2}{\pi}\sqrt{1-x^2}, & -1\leqslant x\leqslant 1\\ 0, & \text{其他}\end{cases}$$

关于 Y 的边缘概率密度为

$$f_Y(y)=\int_{-\infty}^{+\infty}f(x,y)\mathrm{d}x=\begin{cases}\int_{-\sqrt{1-y^2}}^{\sqrt{1-y^2}}\dfrac{1}{\pi}\mathrm{d}x, & -1\leqslant y\leqslant 1\\ 0, & \text{其他}\end{cases}$$

$$=\begin{cases}\dfrac{2}{\pi}\sqrt{1-y^2}, & -1\leqslant y\leqslant 1\\ 0, & \text{其他}\end{cases}$$

由例 3.8 可知，(X,Y) 的联合分布虽然服从均匀分布，但其边缘分布却不一定是均匀分布的。

习题 3.2

1. 将两个球随机地投入到已经编好号的 3 个箱子中，设 X,Y 分别表示投入第 1,2 号箱内的球的个数，求：(X,Y) 的联合分布律以及 X 与 Y 的边缘分布律。

2. 某箱中装有 10 件产品，其中一、二、三等品分别为 6、3、1 件，现从中随机抽取一件，记为

$$X_i=\begin{cases}1, & \text{取到 } i \text{ 等品} \quad (i=1,2,3)\\ 0, & \text{其他}\end{cases}$$

求：X_1 与 X_3 的联合分布律以及边缘分布律。

3. 设二维连续型随机变量 (X,Y) 的概率密度为

$$f(x,y)=\begin{cases}2y-xy, & 0\leqslant x\leqslant 1,\ 0\leqslant y\leqslant x\\ 0, & \text{其他}\end{cases}$$

求：关于 X 与关于 Y 的边缘概率密度。

4. 设 (X,Y) 的概率密度为

$$f(x,y)=\begin{cases}6, & 0\leqslant x\leqslant 1,\ x^2\leqslant y\leqslant x\\ 0, & \text{其他}\end{cases}$$

求：关于 X 与关于 Y 的边缘概率密度。

3.3 条件分布

对于二维随机变量(X,Y)，如果已知一个随机变量取得某值的条件下，求另一个随机变量取值的概率，这就是(X,Y)的条件分布。

一、二维离散型随机变量的条件分布

设二维离散型随机变量(X,Y)的分布律为

$$P\{X=x_i, Y=y_j\}=p_{ij}, \qquad (i,j=1,2,3,\cdots)$$

则关于X与关于Y的边缘分布律分别为

$$P\{X=x_i\}=p_{i\cdot}=\sum_{j=1}^{+\infty}p_{ij}, \qquad (i=1,2,\cdots)$$

与

$$P\{Y=y_j\}=p_{\cdot j}=\sum_{i=1}^{+\infty}p_{ij}, \qquad (j=1,2,\cdots)$$

于是由条件概率公式可知：

（1）对于固定的y_j值，若$P\{Y=y_j\}>0$，则称

$$P\{X=x_i|Y=y_j\}=\frac{P\{X=x_i, Y=y_j\}}{P\{Y=y_j\}}=\frac{p_{ij}}{p_{\cdot j}}, \quad (i=1,2,3,\cdots)$$

为在$Y=y_j$的条件下随机变量X的条件分布律。

（2）对于固定的x_i值，若$P\{X=x_i\}>0$，则称

$$P\{Y=y_j|X=x_i\}=\frac{P\{X=x_i, Y=y_j\}}{P\{X=x_i\}}=\frac{p_{ij}}{p_{i\cdot}}, \quad (j=1,2,3,\cdots)$$

为在$X=x_i$的条件下随机变量Y的条件分布律。

例 3.9 一盒中有6个球，其中1个红球、2个白球和3个黑球，现从中任取4个球，用X,Y分别表示这4个球中红球和白球的数量，求：（1）(X,Y)的分布律；（2）当$X=0$时，Y的条件分布律；（3）当$Y=1$时，X的条件分布律。

解 （1）由题意可知，X的所有可能取值为$0,1$；Y的所有可能取值为$0,1,2$；而

$$P\{X=0, Y=0\}=0$$

$$P\{X=0, Y=1\}=\frac{C_2^1\cdot C_3^3}{C_6^4}=\frac{2}{15}$$

$$P\{X=0, Y=2\}=\frac{C_2^2\cdot C_3^2}{C_6^4}=\frac{1}{5}$$

$$P\{X=1, Y=0\}=\frac{C_1^1\cdot C_3^3}{C_6^4}=\frac{1}{15}$$

$$P\{X=1,Y=1\}=\frac{C_1^1\cdot C_2^1\cdot C_3^2}{C_6^4}=\frac{2}{5}$$

$$P\{X=1,Y=2\}=\frac{C_1^1\cdot C_2^2\cdot C_3^1}{C_6^4}=\frac{1}{5}$$

因此 (X,Y) 的分布律为

$X \backslash Y$	0	1	2
0	0	$\frac{2}{15}$	$\frac{1}{5}$
1	$\frac{1}{15}$	$\frac{2}{5}$	$\frac{1}{5}$

（2）关于 X 的边缘分布律为

X	0	1
p	$\frac{1}{3}$	$\frac{2}{3}$

于是当 $X=0$ 时，Y 的条件分布为

$$P\{Y=0|X=0\}=\frac{P\{X=0,Y=0\}}{P\{X=0\}}=\frac{0}{\frac{1}{3}}=0$$

$$P\{Y=1|X=0\}=\frac{P\{X=0,Y=1\}}{P\{X=0\}}=\frac{\frac{2}{15}}{\frac{1}{3}}=\frac{2}{5}$$

$$P\{Y=2|X=0\}=\frac{P\{X=0,Y=2\}}{P\{X=0\}}=\frac{\frac{1}{5}}{\frac{1}{3}}=\frac{3}{5}$$

即在 $X=0$ 的条件下，Y 的条件分布律为

Y	0	1	2
$P\{Y=y_j\|X=0\}$	0	$\frac{2}{5}$	$\frac{3}{5}$

（3）关于 Y 的边缘分布律为

Y	0	1	2
p	$\frac{1}{15}$	$\frac{8}{15}$	$\frac{6}{15}$

于是当 $Y=1$ 时，X 的条件分布为

$$P\{X=0|Y=1\}=\frac{P\{X=0,Y=1\}}{P\{Y=1\}}=\frac{\frac{2}{15}}{\frac{8}{15}}=\frac{1}{4}$$

$$P\{X=1|Y=1\}=\frac{P\{X=1,Y=1\}}{P\{Y=1\}}=\frac{\frac{6}{15}}{\frac{8}{15}}=\frac{3}{4}$$

即在 $Y=1$ 的条件下，X 的条件分布律为

X	0	1
$P\{X=x_i\|Y=1\}$	$\frac{1}{4}$	$\frac{3}{4}$

二、二维连续型随机变量的条件分布

对于二维连续型随机变量 (X,Y)，由于 $P\{X=x\}=0$，$P\{Y=y\}=0$，因此，不能像离散型随机变量那样引入条件分布，这时需要采用极限的方法来处理。

设 (X,Y) 为二维连续型随机变量，对任意 $\varepsilon>0$，若 $P\{y<Y\leqslant y+\varepsilon\}>0$，则对任意实数 x，有

$$P\{X\leqslant x|y<Y\leqslant y+\varepsilon\}=\frac{P\{X\leqslant x,\ y<Y\leqslant y+\varepsilon\}}{P\{y<Y\leqslant y+\varepsilon\}}$$

若极限 $\lim\limits_{\varepsilon\to0^+}P\{X\leqslant x|y<Y\leqslant y+\varepsilon\}$ 存在，则此极限值称为在条件 $\{Y=y\}$ 下随机变量 X 的条件分布函数，记作：$F_{X|Y}(x|y)$，或 $P\{X=x|Y=y\}$。

如果 (X,Y) 的分布函数为 $F(x,y)$，概率密度为 $f(x,y)$，且 $f(x,y)$ 为连续函数，而随机变量 Y 的边缘概率密度 $f_Y(y)>0$，且 $f_Y(y)$ 为连续函数，则有

$$\begin{aligned}
F_{X|Y}(x|y)&=\lim_{\varepsilon\to0^+}P\{X\leqslant x|y<Y\leqslant y+\varepsilon\}\\
&=\lim_{\varepsilon\to0^+}\frac{P\{X\leqslant x,\ y<Y\leqslant y+\varepsilon\}}{P\{y<Y\leqslant y+\varepsilon\}}\\
&=\lim_{\varepsilon\to0^+}\frac{F(x,y+\varepsilon)-F(x,y)}{F_Y(y+\varepsilon)-F_Y(y)}\\
&=\lim_{\varepsilon\to0^+}\frac{\frac{F(x,y+\varepsilon)-F(x,y)}{\varepsilon}}{\frac{F_Y(y+\varepsilon)-F_Y(y)}{\varepsilon}}\\
&=\frac{\lim\limits_{\varepsilon\to0^+}\frac{F(x,y+\varepsilon)-F(x,y)}{\varepsilon}}{\lim\limits_{\varepsilon\to0^+}\frac{F_Y(y+\varepsilon)-F_Y(y)}{\varepsilon}}
\end{aligned}$$

$$=\frac{\dfrac{\partial F(x,y)}{\partial y}}{\dfrac{\mathrm{d}F_Y(y)}{\mathrm{d}y}}=\frac{\int_{-\infty}^{x} f(x,y)\mathrm{d}x}{f_Y(y)}$$

即在条件 $\{Y=y\}$ 下，随机变量 X 的条件分布函数为

$$F_{X|Y}(x|y)=\frac{\int_{-\infty}^{x} f(x,y)\mathrm{d}x}{f_Y(y)}=\int_{-\infty}^{x}\frac{f(x,y)}{f_Y(y)}\mathrm{d}x$$

类似地可得：在条件 $\{X=x\}$ 下，随机变量 Y 的条件分布函数为

$$F_{Y|X}(y|x)=\frac{\int_{-\infty}^{y} f(x,y)\mathrm{d}y}{f_X(x)}=\int_{-\infty}^{y}\frac{f(x,y)}{f_X(x)}\mathrm{d}y$$

由条件分布函数 $F_{X|Y}(x|y)$ 和 $F_{Y|X}(y|x)$，可得到相应的条件概率密度为

$$f_{X|Y}(x|y)=\frac{\partial F_{X|Y}(x|y)}{\partial x}=\frac{f(x,y)}{f_Y(y)}$$

和

$$f_{Y|X}(y|x)=\frac{\partial F_{Y|X}(y|x)}{\partial y}=\frac{f(x,y)}{f_X(x)}$$

例 3.10　设二维连续型随机变量 (X,Y) 的概率密度为

$$f(x,y)=\begin{cases}3x, & 0<x<1,\ 0<y<x\\ 0, & \text{其他}\end{cases}$$

求条件概率密度 $f_{X|Y}(x|y)$ 和 $f_{Y|X}(y|x)$。

解　因为关于 X 的边缘概率密度为

$$f_X(x)=\int_{-\infty}^{+\infty} f(x,y)\mathrm{d}y=\begin{cases}\int_0^x 3x\mathrm{d}y, & 0<x<1\\ 0, & \text{其他}\end{cases}$$

$$=\begin{cases}3x^2, & 0<x<1\\ 0, & \text{其他}\end{cases}$$

关于 Y 的边缘概率密度为

$$f_Y(y)=\int_{-\infty}^{+\infty} f(x,y)\mathrm{d}x=\begin{cases}\int_y^1 3x\mathrm{d}x, & 0<y<1\\ 0, & \text{其他}\end{cases}$$

$$=\begin{cases}\dfrac{3}{2}(1-y^2), & 0<y<1\\ 0, & \text{其他}\end{cases}$$

所以有

$$f_{X|Y}(x|y)=\frac{f(x,y)}{f_Y(y)}=\begin{cases}\dfrac{2x}{1-y^2}, & y<x<1\\ 0, & \text{其他}\end{cases}$$

和
$$f_{Y|X}(y|x)=\frac{f(x,y)}{f_X(x)}=\begin{cases}\dfrac{1}{x}, & 0<y<x\\ 0, & 其他\end{cases}$$

例 3.11 设二维随机变量(X,Y)在由直线$y=2-x,\ y=x,\ y=0$所围成的区域G内服从均匀分布，求条件概率密度$f_{Y|X}(y|x)$。

解 平面区域G的图形如图3-6所示，显然G的面积为
$$S_G=\frac{1}{2}\times2\times1=1$$

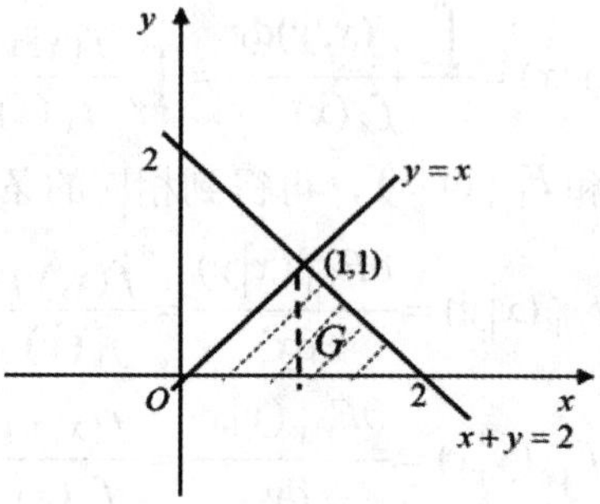

图 3-6

由于(X,Y)在G内服从均匀分布，因此其概率密度为
$$f(x,y)=\begin{cases}1, & (x,y)\in G\\ 0, & (x,y)\notin G\end{cases}$$

而关于X的边缘概率密度为
$$f_X(x)=\int_{-\infty}^{+\infty}f(x,y)\mathrm{d}y=\begin{cases}\int_0^x f(x,y)\mathrm{d}y, & 0<x<1\\ \int_0^{2-x}f(x,y)\mathrm{d}y, & 1\leqslant x<2\\ 0, & 其他\end{cases}$$
$$=\begin{cases}\int_0^x 1\mathrm{d}y, & 0<x<1\\ \int_0^{2-x}1\mathrm{d}y, & 1\leqslant x<2\\ 0, & 其他\end{cases}$$
$$=\begin{cases}x, & 0<x<1\\ 2-x, & 1\leqslant x<2\\ 0, & 其他\end{cases}$$

因此，所求的条件概率密度为

$$f_{Y|X}(y|x)=\frac{f(x,y)}{f_X(x)}=\begin{cases}\frac{1}{x}, & 0<y<x\\ \frac{1}{2-x}, & 0<y<2-x\\ 0, & 其他\end{cases}$$

习题 3.3

1. 设二维随机变量(X,Y)的分布律为

$X\backslash Y$	0	1	2
0	$\frac{1}{15}$	$\frac{4}{15}$	$\frac{1}{15}$
1	$\frac{4}{15}$	$\frac{4}{15}$	0
2	$\frac{1}{15}$	0	0

求：(1) 在$X=0$的条件下，Y的条件分布律；

(2) 在$Y=2$的条件下，X的条件分布律。

2. 设(X,Y)的分布律为

$X\backslash Y$	0	1
−1	0.2	0.1
1	0.1	0.2
2	0.3	0.1

求：(1) 条件分布律$P\{X=k|Y=i\}$；

(2) $P\{-3<X\leqslant 1.5|Y=0\}$。

3. 设二维连续型随机变量(X,Y)的概率密度为

$$f(x,y)=\begin{cases}8xy, & 0<x<1,\ x<y<1\\ 0, & 其他\end{cases}$$

求：条件概率密度$f_{X|Y}(x|y)$和$f_{Y|X}(y|x)$。

4. 设二维连续型随机变量(X,Y)的概率密度为

$$f(x,y)=\begin{cases}\mathrm{e}^{-y}, & 0<x<y\\ 0, & 其他\end{cases}$$

求：条件概率密度$f_{X|Y}(x|y)$和$f_{Y|X}(y|x)$。

5. 设二维随机变量(X,Y)在由曲线$y=x^2$及$y=x$所围成的区域上服从均匀分布，求：条件概率密度$f_{X|Y}(x|y)$。

3.4 随机变量的独立性

在二维随机变量(X,Y)中，随机变量X与Y有的相互影响，有的却毫不相关。例如：一袋中装有分别标号为1,2,3,4的4个球，现依次从中任取两球，用X、Y分别表示第一次、第二次取到的球所标的数码。如果采取不放回的抽取方式，显然X的取值会影响Y的取值；但如果采取放回的抽取方式，显然X与Y之间互相不影响，此时我们认为随机变量X与Y是相互独立的。

定义 3.7 设二维随机变量(X,Y)的联合分布函数为$F(x,y)$，而关于X与关于Y的边缘分布函数分别为$F_X(x)$与$F_Y(y)$。若对于任意实数x,y，有

$$P\{X\leqslant x, Y\leqslant y\}=P\{X\leqslant x\}\cdot P\{Y\leqslant y\}$$

或者

$$F(x,y)=F_X(x)\cdot F_Y(y)$$

则称随机变量X与Y相互独立。

根据此定义，我们可分别得出离散型随机变量、连续型随机变量中X与Y相互独立的等价条件。

对于二维离散型随机变量(X,Y)，则X与Y相互独立的充要条件是

$$P\{X=x_i, Y=y_j\}=P\{X=x_i\}\cdot P\{Y=y_j\}$$

或者

$$p_{ij}=p_{i\cdot}\cdot p_{\cdot j}, \qquad (i,j=1,2,3,\cdots)$$

其中，p_{ij}是(X,Y)的联合分布律，$p_{i\cdot}$与$p_{\cdot j}$是关于X与关于Y的边缘分布律。

对于二维连续型随机变量(X,Y)，则X与Y相互独立的充要条件是

$$f(x,y)=f_X(x)\cdot f_Y(y)$$

其中，$f(x,y)$为(X,Y)的联合概率密度，$f_X(x)$与$f_Y(y)$是关于X与关于Y的边缘概率密度。

例 3.12 设二维离散型随机变量(X,Y)的分布律为

X \ Y	-1	0
0	$\frac{3}{10}$	$\frac{9}{20}$
1	$\frac{1}{10}$	$\frac{3}{20}$

判别X与Y是否相互独立。

解　由 (X,Y) 的联合分布律，可得出关于 X 与关于 Y 的边缘分布律分别为

X	0	1
$p_{i\cdot}$	$\frac{3}{4}$	$\frac{1}{4}$

Y	−1	0
$p_{\cdot j}$	$\frac{2}{5}$	$\frac{3}{5}$

因为
$$P\{X=0, Y=-1\}=\frac{3}{10}$$
而
$$P\{X=0\}\cdot P\{Y=-1\}=\frac{3}{4}\times\frac{2}{5}=\frac{3}{10}$$
所以
$$P\{X=0, Y=-1\}=P\{X=0\}\cdot P\{Y=-1\}=\frac{3}{10}$$

同理可得
$$P\{X=0, Y=0\}=P\{X=0\}\cdot P\{Y=0\}=\frac{9}{20}$$
$$P\{X=1, Y=-1\}=P\{X=1\}\cdot P\{Y=-1\}=\frac{1}{10}$$
$$P\{X=1, Y=0\}=P\{X=1\}\cdot P\{Y=0\}=\frac{3}{20}$$
因此 X 与 Y 是相互独立的。

例 3.13　一袋中装有分别标号为1,2,3,4,5 的 5 个球，现从中任取3个，用 X 表示这3个号码中最小的号码，用 Y 表示最大的号码，判别 X 与 Y 是否相互独立。

解　由题意可知，X 的所有可能取值为1,2,3，而 Y 的所有可能取值为3,4,5，而
$$P\{X=1, Y=3\}=\frac{C_1^1}{C_5^3}=\frac{1}{10}$$
$$P\{X=1, Y=4\}=\frac{C_2^1}{C_5^3}=\frac{2}{10}$$
$$P\{X=1, Y=5\}=\frac{C_3^1}{C_5^3}=\frac{3}{10}$$
$$P\{X=2, Y=3\}=0$$
$$P\{X=2, Y=4\}=\frac{C_1^1}{C_5^3}=\frac{1}{10}$$
$$P\{X=2, Y=5\}=\frac{C_2^1}{C_5^3}=\frac{2}{10}$$
$$P\{X=3, Y=3\}=0$$
$$P\{X=3, Y=4\}=0$$
$$P\{X=3, Y=5\}=\frac{C_1^1}{C_5^3}=\frac{1}{10}$$

于是 (X,Y) 的联合分布律为

X \ Y	3	4	5
1	$\frac{1}{10}$	$\frac{2}{10}$	$\frac{3}{10}$
2	0	$\frac{1}{10}$	$\frac{2}{10}$
3	0	0	$\frac{1}{10}$

而关于 X 与关于 Y 的边缘分布律为

X	1	2	3
$p_{i\cdot}$	$\frac{6}{10}$	$\frac{3}{10}$	$\frac{1}{10}$

Y	3	4	5
$p_{\cdot j}$	$\frac{1}{10}$	$\frac{3}{10}$	$\frac{6}{10}$

因为
$$P\{X=1, Y=3\}=\frac{1}{10}$$
而
$$P\{X=1\}\cdot P\{Y=3\}=\frac{6}{10}\times\frac{1}{10}=\frac{3}{50}$$
显然
$$P\{X=1,Y=3\}\neq P\{X=1\}\cdot P\{Y=3\}$$
所以 X 与 Y 不相互独立。

例 3.14 设平面区域 D 由曲线 $y=x^2$ 和 $x=y^2$ 所围成，随机变量 (X,Y) 在 D 上服从均匀分布，试判断 X 与 Y 是否相互独立。

解 如图 3-7 所示，由定积分的几何意义可知，区域 D 的面积为
$$S_D=\int_0^1(\sqrt{x}-x^2)\mathrm{d}x=\frac{1}{3}$$

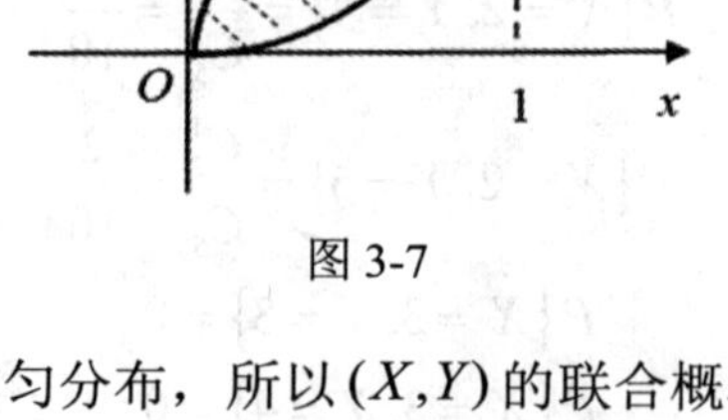

图 3-7

因为 (X,Y) 在 D 上服从均匀分布，所以 (X,Y) 的联合概率密度为
$$f(x,y)=\begin{cases}3, & (x,y)\in D\\ 0, & (x,y)\notin D\end{cases}$$
于是关于 X 的边缘概率密度为

$$f_X(x)=\int_{-\infty}^{+\infty}f(x,y)\mathrm{d}y=\begin{cases}\int_{x^2}^{\sqrt{x}}3\mathrm{d}y, & 0\leqslant x\leqslant 1\\ 0\ , & \text{其他}\end{cases}$$

$$=\begin{cases}3(\sqrt{x}-x^2), & 0\leqslant x\leqslant 1\\ 0\ , & \text{其他}\end{cases}$$

关于 Y 的边缘概率密度为

$$f_Y(y)=\int_{-\infty}^{+\infty}f(x,y)\mathrm{d}x=\begin{cases}\int_{y^2}^{\sqrt{y}}3\mathrm{d}x, & 0\leqslant y\leqslant 1\\ 0\ , & \text{其他}\end{cases}$$

$$=\begin{cases}3(\sqrt{y}-y^2), & 0\leqslant y\leqslant 1\\ 0\ , & \text{其他}\end{cases}$$

显然 $f_X(x)\cdot f_Y(y)\neq f(x,y)$，因此随机变量 X 与 Y 不相互独立。

例 3.15　设二维连续型随机变量 (X,Y) 的联合分布函数为

$$F(x,y)=\begin{cases}1-\mathrm{e}^{-x}-\mathrm{e}^{-y}+\mathrm{e}^{-x-y}, & x>0,\ y>0\\ 0, & \text{其他}\end{cases}$$

试判别 X 与 Y 是否相互独立。

解　方法一：因为关于 X 与关于 Y 的边缘分布函数分别为

$$F_X(x)=\lim_{y\to+\infty}F(x,y)=\begin{cases}1-\mathrm{e}^{-x}, & x>0\\ 0\ , & x\leqslant 0\end{cases}$$

和

$$F_Y(y)=\lim_{x\to+\infty}F(x,y)=\begin{cases}1-\mathrm{e}^{-y}, & y>0\\ 0\ , & y\leqslant 0\end{cases}$$

显然有

$$F(x,y)=F_X(x)\cdot F_Y(y)$$

因此随机变量 X 与 Y 相互独立。

方法二：因为对于连续型随机变量 (X,Y) 有

$$\frac{\partial^2F(x,y)}{\partial x\partial y}=f(x,y)$$

所以有

$$f(x,y)=\frac{\partial^2F(x,y)}{\partial x\partial y}=\begin{cases}\mathrm{e}^{-x-y}, & x>0,\ y>0\\ 0, & \text{其他}\end{cases}$$

关于 X 的边缘概率密度为

$$f_X(x)=\int_{-\infty}^{+\infty}f(x,y)\mathrm{d}y=\begin{cases}\int_0^{+\infty}\mathrm{e}^{-x-y}\mathrm{d}y, & x>0\\ 0\ , & \text{其他}\end{cases}$$

$$=\begin{cases}\mathrm{e}^{-x}, & x>0\\ 0\ , & \text{其他}\end{cases}$$

关于 Y 的边缘概率密度为

$$f_Y(y)=\int_{-\infty}^{+\infty}f(x,y)\mathrm{d}x=\begin{cases}\int_0^{+\infty}\mathrm{e}^{-x-y}\mathrm{d}x, & y>0\\ 0\ , & 其他\end{cases}$$

$$=\begin{cases}\mathrm{e}^{-y}, & y>0\\ 0\ , & 其他\end{cases}$$

显然 $f_X(x)\cdot f_Y(y)=f(x,y)$，因此随机变量 X 与 Y 相互独立。

习题 3.4

1. 设二维离散型随机变量 (X,Y) 的分布律为

$X\backslash Y$	-1	0	2
0	$\frac{1}{10}$	$\frac{1}{20}$	$\frac{1}{10}$
1	$\frac{1}{10}$	$\frac{1}{20}$	$\frac{1}{10}$
2	$\frac{1}{5}$	$\frac{1}{10}$	$\frac{1}{5}$

试判别随机变量 X 与 Y 是否相互独立。

2. 设二维离散型随机变量 (X,Y) 的分布律为

$X\backslash Y$	0	1	2
0	$\frac{1}{8}$	$\frac{1}{4}$	$\frac{1}{8}$
1	a	b	$\frac{1}{8}$

问 a,b 为何值时，X 与 Y 相互独立。

3. 在一箱中有12个产品，其中2个次品，现随机抽取两次，每次取一个，定义随机变量 X,Y 如下：

$$X=\begin{cases}0, & 第一次取到的是正品\\ 1, & 第一次取到的是次品\end{cases},\quad Y=\begin{cases}0, & 第二次取到的是正品\\ 1, & 第二次取到的是次品\end{cases}$$

现考虑有放回抽样和不放回抽样两种方式，分别求出 (X,Y) 的联合分布律，并判别 X 与 Y 是否相互独立。

4. 设二维连续型随机变量 (X,Y) 的联合概率密度为

$$f(x,y)=\begin{cases}4xy, & 0\leqslant x\leqslant 1,\ 0\leqslant y\leqslant 1\\ 0, & 其他\end{cases}$$

试判别随机变量 X 与 Y 是否相互独立。

5. 设随机变量 (X,Y) 的概率密度为

$$f(x,y)=\begin{cases} y\mathrm{e}^{-\frac{x}{2}}, & x>0,\ 0<y<1 \\ 0, & \text{其他} \end{cases}$$

试判别随机变量 X 与 Y 是否相互独立，并计算 $P\{X+Y\leqslant 2\}$ 的值。

6. 设二维随机变量 (X,Y) 在圆域 $D:x^2+y^2\leqslant R^2$ 上服从均匀分布，试判别 X 与 Y 是否相互独立。

7. 设随机变量 X 服从参数为 $\lambda=5$ 的指数分布，而随机变量 Y 在 $[0,2]$ 上服从均匀分布，且 X 与 Y 相互独立，求：(X,Y) 的联合概率密度 $f(x,y)$。

3.5　随机变量的函数及其分布

如果二维随机变量 (X,Y) 的概率分布是已知的，那么，如何求出随机变量 X 与 Y 的函数 $Z=g(X,Y)$ 的概率分布呢？这就是本节将要讨论的问题。由于函数 $Z=g(X,Y)$ 的分布会很复杂，因此我们仅讨论几种简单的、常见的函数概率分布。

一、$Z=X+Y$ 与 $Z=X-Y$ 的分布

若二维离散型随机变量 (X,Y) 的联合分布律为

$$P\{X=x_i,Y=y_j\}=p_{ij}\,,\quad (i,j=1,2,3,\cdots)$$

且随机变量 $Z=X+Y$，则 Z 的所有可能取值 z_k 为 X 的所有可能取值 x_i 与 Y 的所有可能取值 y_j 之和，即

$$z_k=x_i+y_j$$

且每个可能取值的概率为

$$\begin{aligned} P\{Z=z_k\} &= \sum_i\sum_j P\{X=x_i,Y=y_j\} \\ &= \sum_i P\{X=x_i,Y=z_k-x_i\} \end{aligned}$$

或者
$$P\{Z=z_k\}=\sum_j P\{X=z_k-y_j,Y=y_j\}$$

例 3.16　设二维离散型随机变量 (X,Y) 的分布律为

X \ Y	0	1
−1	0.2	0.3
0	0.15	0.1
1	0.1	0.15

求 $Z=X+Y$ 的分布律。

解 X 的所有可能取值为：$-1, 0, 1$，Y 的所有可能取值为：$0, 1$，则随机变量 $Z=X+Y$ 的所有可能取值为：$-1, 0, 1, 2$，且

$$P\{Z=-1\}=P\{X=-1, Y=0\}=0.2$$

$$P\{Z=0\}=P\{X=-1, Y=1\}+P\{X=0, Y=0\}=0.3+0.15=0.45$$

$$P\{Z=1\}=P\{X=0, Y=1\}+P\{X=1, Y=0\}=0.1+0.1=0.2$$

$$P\{Z=2\}=P\{X=1, Y=1\}=0.15$$

因此，$Z=X+Y$ 的分布律为

Z	-1	0	1	2
p	0.2	0.45	0.2	0.15

若二维连续型随机变量 (X,Y) 的联合概率密度为 $f(x,y)$，则 $Z=X+Y$ 的分布函数为

$$F_Z(z)=P\{Z\leqslant z\}=P\{X+Y\leqslant z\}=\iint\limits_{x+y\leqslant z} f(x,y)\mathrm{d}x\mathrm{d}y \tag{3-5-1}$$

其中积分区域 $D: x+y\leqslant z$ 为位于直线 $x+y=z$ 的左下方的半平面，如图 3-8 所示。

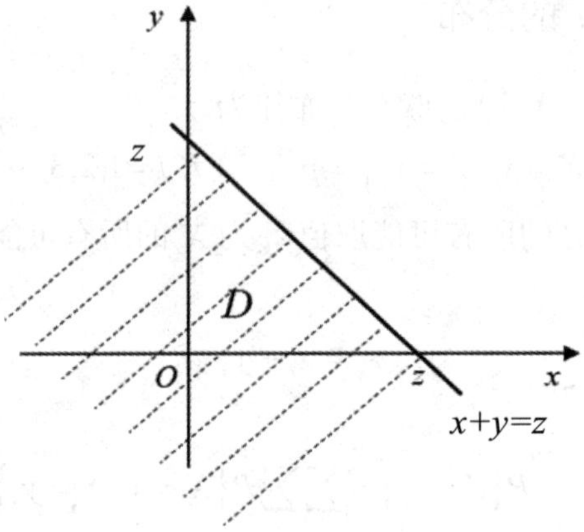

图 3-8

于是将（3-5-1）式的二重积分化为二次积分为

$$\iint\limits_{x+y\leqslant z} f(x,y)\mathrm{d}x\mathrm{d}y=\int_{-\infty}^{+\infty}\left[\int_{-\infty}^{z-y} f(x,y)\mathrm{d}x\right]\mathrm{d}y$$

即

$$F_Z(z)=\int_{-\infty}^{+\infty}\left[\int_{-\infty}^{z-y} f(x,y)\mathrm{d}x\right]\mathrm{d}y$$

而对于积分 $\int_{-\infty}^{z-y} f(x,y)\mathrm{d}x$，令 $x=t-y$ 作变量代换，得

$$\int_{-\infty}^{z-y} f(x,y)\mathrm{d}x=\int_{-\infty}^{z} f(t-y,y)\mathrm{d}(t-y)=\int_{-\infty}^{z} f(t-y,y)\mathrm{d}t$$

于是有

$$\begin{aligned}F_Z(z)&=\int_{-\infty}^{+\infty}\left[\int_{-\infty}^{z} f(t-y,y)\mathrm{d}t\right]\mathrm{d}y\\&=\int_{-\infty}^{z}\left[\int_{-\infty}^{+\infty} f(t-y,y)\mathrm{d}y\right]\mathrm{d}t \quad \text{（交换积分次序）}\end{aligned}$$

将 $F_Z(z)$ 对 z 求导，得到随机变量 $Z=X+Y$ 的概率密度为

$$f_Z(z)=\int_{-\infty}^{+\infty} f(z-y,y)\mathrm{d}y \tag{3-5-2}$$

由 X,Y 的对称性可知，$f_Z(z)$ 也可表示为

$$f_Z(z)=\int_{-\infty}^{+\infty} f(x,z-x)\mathrm{d}x \tag{3-5-3}$$

特别地，当随机变量 X 与 Y 相互独立时，$Z=X+Y$ 的概率密度可写为

$$f_Z(z)=\int_{-\infty}^{+\infty} f_X(z-y)\cdot f_Y(y)\mathrm{d}y \tag{3-5-4}$$

或者

$$f_Z(z)=\int_{-\infty}^{+\infty} f_X(x)\cdot f_Y(z-x)\mathrm{d}x \tag{3-5-5}$$

且将（3-5-4）式与（3-5-5）式称为卷积公式。

例 3.17　设二维随机变量 (X,Y) 的概率密度为

$$f(x,y)=\begin{cases}\mathrm{e}^{-x-y}, & x>0, y>0\\ 0, & \text{其他}\end{cases}$$

求 $Z=X+Y$ 的概率密度。

解　由（3-5-2）式可知，Z 的概率密度为

$$f_Z(z)=\int_{-\infty}^{+\infty} f(z-y,y)\mathrm{d}y$$

因为，当 $x>0, y>0$ 时，有 $f(x,y)=\mathrm{e}^{-x-y}$，所以当 $z-y>0, y>0$ 时，即 $z>y>0$，有

$$f(z-y,y)=\mathrm{e}^{-(z-y)-y}=\mathrm{e}^{-z}$$

因此

$$\begin{aligned} f_Z(z)&=\int_{-\infty}^{+\infty} f(z-y,y)\mathrm{d}y\\ &=\begin{cases}\int_0^z \mathrm{e}^{-z}\mathrm{d}y, & z>0\\ 0, & z\leqslant 0\end{cases}\\ &=\begin{cases} z\mathrm{e}^{-z}, & z>0\\ 0, & z\leqslant 0\end{cases}\end{aligned}$$

例 3.18　设二维随机变量 (X,Y) 在平面区域 $D: 0\leqslant x\leqslant 2,\ 0\leqslant y\leqslant 2$ 上服从均匀分布，求 $Z=X+Y$ 的概率密度。

解　因为平面区域 D 的面积为 $S_D=4$，且 (X,Y) 在 D 上服从均匀分布，所以 (X,Y) 的概率密度为

$$f(x,y)=\begin{cases}\dfrac{1}{4}, & (x,y)\in D\\ 0, & (x,y)\notin D\end{cases}$$

又因为 $0\leqslant x\leqslant 2,\ 0\leqslant y\leqslant 2$，所以 $0\leqslant z\leqslant 4$。

而 $0\leqslant y=z-x\leqslant 2$，得到 $z-2\leqslant x\leqslant z$，于是有

$$0\leqslant z\leqslant 4,\quad 0\leqslant x\leqslant 2,\quad z-2\leqslant x\leqslant z$$

其所形成的平面区域 G 如图 3-9 所示。

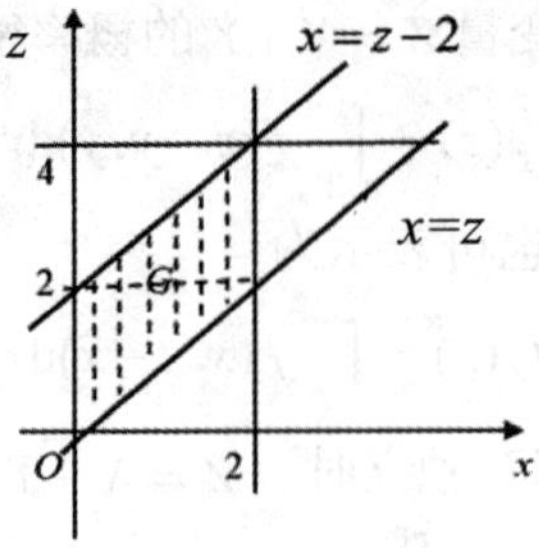

图 3-9

因此利用（3-5-3）式，有

$$f_Z(z)=\int_{-\infty}^{+\infty}f(x,z-x)\mathrm{d}x$$

$$=\begin{cases}\int_0^z\frac{1}{4}\mathrm{d}x, & 0\leqslant z\leqslant 2\\ \int_{z-2}^2\frac{1}{4}\mathrm{d}x, & 2<z\leqslant 4\\ 0, & 其他\end{cases}$$

$$=\begin{cases}\frac{1}{4}z, & 0\leqslant z\leqslant 2\\ 1-\frac{1}{4}z, & 2<z\leqslant 4\\ 0, & 其他\end{cases}$$

例 3.19 设 X 与 Y 是相互独立的随机变量，它们均服从 $N(0,1)$ 分布，求 $Z=X+Y$ 的概率密度。

解 由于 $X\sim N(0,1)$，$Y\sim N(0,1)$，因此它们的概率密度分别为

$$f_X(x)=\frac{1}{\sqrt{2\pi}}\mathrm{e}^{-\frac{x^2}{2}},\quad(-\infty<x<+\infty)$$

和

$$f_Y(y)=\frac{1}{\sqrt{2\pi}}\mathrm{e}^{-\frac{y^2}{2}},\quad(-\infty<y<+\infty)$$

由卷积公式（3-5-5）知

$$f_Z(z)=\int_{-\infty}^{+\infty}f_X(x)\cdot f_Y(z-x)\mathrm{d}x$$

$$=\frac{1}{2\pi}\int_{-\infty}^{+\infty}\mathrm{e}^{-\frac{x^2}{2}}\cdot\mathrm{e}^{-\frac{(z-x)^2}{2}}\mathrm{d}x$$

$$=\frac{1}{2\pi}\mathrm{e}^{-\frac{z^2}{4}}\cdot\int_{-\infty}^{+\infty}\mathrm{e}^{-(x-\frac{z}{2})^2}\mathrm{d}x$$

在 $\int_{-\infty}^{+\infty}\mathrm{e}^{-(x-\frac{z}{2})^2}\mathrm{d}x$ 中，作变量代换，令 $u=x-\frac{z}{2}$，得

$$\int_{-\infty}^{+\infty} e^{-(x-\frac{z}{2})^2} dx = \int_{-\infty}^{+\infty} e^{-u^2} d(u+\frac{z}{2})$$
$$= \int_{-\infty}^{+\infty} e^{-u^2} du = \sqrt{\pi}$$

因此所求概率密度为

$$f_Z(z) = \frac{1}{2\sqrt{\pi}} e^{\frac{z^2}{4}},\ (-\infty < z < +\infty)$$

即 $Z \sim N(0, 2)$ 。

一般地，若 $X \sim N(\mu_1, \sigma_1^2)$ ， $Y \sim N(\mu_2, \sigma_2^2)$ ，且 X 与 Y 相互独立，则

$$Z = X + Y \sim N(\mu_1 + \mu_2, \sigma_1^2 + \sigma_2^2)$$

当我们解决了 $Z = X + Y$ 的概率分布后，可以用类似的方法求 $Z = X - Y$ 的概率分布。例如，在例 3.16 中，已知 (X,Y) 的分布律，求 $Z = X - Y$ 的分布律，过程如下。

解　因为 X 的所有可能取值为：$-1, 0, 1$ ，Y 的所有可能取值为：$0, 1$ ，则随机变量 $Z = X - Y$ 的所有可能取值为：$-2, -1, 0, 1$ ，且

$$P\{Z=-2\} = P\{X=-1, Y=1\} = 0.3$$
$$P\{Z=-1\} = P\{X=-1, Y=0\} + P\{X=0, Y=1\} = 0.2 + 0.1 = 0.3$$
$$P\{Z=0\} = P\{X=0, Y=0\} + P\{X=1, Y=1\} = 0.15 + 0.15 = 0.3$$
$$P\{Z=1\} = P\{X=1, Y=0\} = 0.1$$

因此 $Z = X - Y$ 的分布律为

Z	-2	-1	0	1
p	0.3	0.3	0.3	0.1

而对于 (X,Y) 为连续型随机变量，求 $Z = X - Y$ 的概率密度，只要将公式(3-5-2)中 $z-y$ 改为 $z+y$ ，即函数

$$f_Z(z) = \int_{-\infty}^{+\infty} f(z+y, y) dy \tag{3-5-6}$$

为 $Z = X - Y$ 的概率密度。

例 3.20　设二维连续型随机变量 (X,Y) 的概率密度为

$$f(x,y) = \begin{cases} 3x, & 0<x<1,\ 0<y<x \\ 0, & \text{其他} \end{cases}$$

求 $Z = X - Y$ 的概率密度。

解　因为 $0<x<1,\ 0<y<x$ ，所以有 $0<z=x-y<1$ ；又因为 $0<x=z+y<1$ ，所以 $-z<y<1-z$ ，但是由于 $y>0$ ，因此有

$$0<z<1,\ 0<y<1-z$$

于是

$$f_Z(z) = \int_{-\infty}^{+\infty} f(z+y, y) dy$$

$$=\begin{cases}\int_0^{1-z} f(z+y,y)\mathrm{d}y, & 0<z<1\\ 0, & 其他\end{cases}$$

$$=\begin{cases}\int_0^{1-z} 3(z+y)\mathrm{d}y, & 0<z<1\\ 0, & 其他\end{cases}$$

$$=\begin{cases}\frac{3}{2}(1-z^2), & 0<z<1\\ 0, & 其他\end{cases}$$

二、$Z=XY$ 与 $Z=\frac{X}{Y}$ 的分布

对于 (X,Y) 为离散型随机变量，则 $Z=XY$ 与 $Z=\frac{X}{Y}$ 的分布律可仿照离散型随机变量 $Z=X+Y$ 的分布律的做法。下面我们介绍 (X,Y) 为连续型随机变量的情形。

设二维连续型随机变量 (X,Y) 的概率密度为 $f(x,y)$，则随机变量 $Z=XY$ 的分布函数为

$$F_Z(z)=P\{Z\leqslant z\}=P\{XY\leqslant z\}=\iint\limits_{xy\leqslant z} f(x,y)\mathrm{d}x\mathrm{d}y$$

此二重积分的积分区域 $D:xy\leqslant z$，如图 3-10 所示。

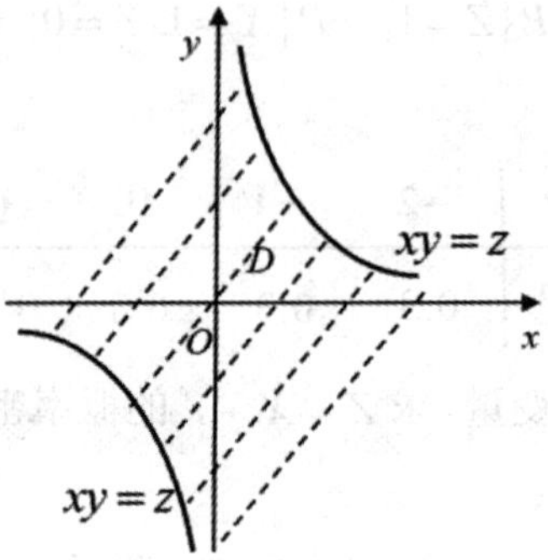

图 3-10

则将它化为二次积分有

$$F_Z(z)=\int_{-\infty}^{0}[\int_{\frac{z}{x}}^{+\infty} f(x,y)\mathrm{d}y]\mathrm{d}x+\int_0^{+\infty}[\int_{-\infty}^{\frac{z}{x}} f(x,y)\mathrm{d}y]\mathrm{d}x$$

$$\overset{令y=\frac{u}{x}}{=}\int_{-\infty}^{0}[\int_{z}^{-\infty} f(x,\frac{u}{x})\mathrm{d}\frac{u}{x}]\mathrm{d}x+\int_0^{+\infty}[\int_{-\infty}^{z} f(x,\frac{u}{x})\mathrm{d}\frac{u}{x}]\mathrm{d}x$$

$$=\int_{-\infty}^{0}[\frac{1}{x}\cdot\int_{z}^{-\infty} f(x,\frac{u}{x})\mathrm{d}u]\mathrm{d}x+\int_0^{+\infty}[\frac{1}{x}\cdot\int_{-\infty}^{z} f(x,\frac{u}{x})\mathrm{d}u]\mathrm{d}x$$

$$=\int_{-\infty}^{0}[-\frac{1}{x}\cdot\int_{-\infty}^{z} f(x,\frac{u}{x})\mathrm{d}u]\mathrm{d}x+\int_0^{+\infty}[\frac{1}{x}\cdot\int_{-\infty}^{z} f(x,\frac{u}{x})\mathrm{d}u]\mathrm{d}x$$

$$=\int_{-\infty}^{0}[\frac{1}{|x|}\cdot\int_{-\infty}^{z} f(x,\frac{u}{x})\mathrm{d}u]\mathrm{d}x+\int_0^{+\infty}[\frac{1}{|x|}\cdot\int_{-\infty}^{z} f(x,\frac{u}{x})\mathrm{d}u]\mathrm{d}x$$

$$= \int_{-\infty}^{+\infty} [\frac{1}{|x|} \cdot \int_{-\infty}^{z} f(x, \frac{u}{x}) \mathrm{d}u] \mathrm{d}x$$

$$= \int_{-\infty}^{z} [\int_{-\infty}^{+\infty} \frac{1}{|x|} \cdot f(x, \frac{u}{x}) \mathrm{d}x] \mathrm{d}u \quad \text{（交换积分次序）}$$

于是随机变量 $Z = XY$ 的概率密度为

$$f_Z(z) = F_Z'(z) = \int_{-\infty}^{+\infty} \frac{1}{|x|} \cdot f(x, \frac{z}{x}) \mathrm{d}x \tag{3-5-7}$$

同样地，也可得 $f_Z(z)$ 的关于 y 积分的公式

$$f_Z(z) = \int_{-\infty}^{+\infty} \frac{1}{|y|} \cdot f(\frac{z}{y}, y) \mathrm{d}y \tag{3-5-8}$$

若 X 与 Y 相互独立，则有

$$f_Z(z) = \int_{-\infty}^{+\infty} f_X(x) \cdot f_Y(\frac{z}{x}) \cdot \frac{1}{|x|} \mathrm{d}x \tag{3-5-9}$$

或者

$$f_Z(z) = \int_{-\infty}^{+\infty} f_X(\frac{z}{y}) \cdot f_Y(y) \cdot \frac{1}{|y|} \mathrm{d}y \tag{3-5-10}$$

例 3.21　设 X 与 Y 相互独立，且都在 $(0,1)$ 上服从均匀分布，求 $Z = XY$ 的概率密度。

解　因为 $X \sim U(0,1)$，$Y \sim U(0,1)$，所以 X 与 Y 的概率密度分别为

$$f_X(x) = \begin{cases} 1, & 0 < x < 1 \\ 0, & \text{其他} \end{cases}, \quad f_Y(y) = \begin{cases} 1, & 0 < y < 1 \\ 0, & \text{其他} \end{cases}$$

由于 X 与 Y 相互独立，因此 (X,Y) 的概率密度为

$$f(x,y) = f_X(x) \cdot f_Y(y) = \begin{cases} 1, & 0 < x < 1,\ 0 < y < 1 \\ 0, & \text{其他} \end{cases}$$

因为 $0 < x < 1,\ 0 < y < 1$，所以 $0 < z = xy < 1$；又因为 $0 < y = \dfrac{z}{x} < 1$，所以 $z < x < 1$，于是得到 $0 < z < 1,\ z < x < 1$，则由（3-5-7）式有

$$f_Z(z) = \int_{-\infty}^{+\infty} \frac{1}{|x|} \cdot f(x, \frac{z}{x}) \mathrm{d}x$$

$$= \begin{cases} \int_z^1 (\frac{1}{|x|} \times 1) \mathrm{d}x, & 0 < z < 1 \\ 0, & \text{其他} \end{cases}$$

$$= \begin{cases} \int_z^1 \frac{1}{x} \mathrm{d}x, & 0 < z < 1 \\ 0, & \text{其他} \end{cases}$$

$$= \begin{cases} -\ln z, & 0 < z < 1 \\ 0, & \text{其他} \end{cases}$$

类似地，若 (X,Y) 为连续型随机变量，其概率密度为 $f(x,y)$，则随机变量 $Z = \dfrac{X}{Y}$ 的概率密度为

$$f_Z(z)=\int_{-\infty}^{+\infty}|y|\cdot f(yz,\ y)\mathrm{d}y \tag{3-5-11}$$

若 X 与 Y 相互独立，则有

$$f_Z(z)=\int_{-\infty}^{+\infty}|y|\cdot f_X(yz)\cdot f_Y(y)\mathrm{d}y \tag{3-5-12}$$

例 3.22 设 X 与 Y 相互独立，且均服从 $N(0,1)$ 分布，求 $Z=\dfrac{X}{Y}$ 的概率密度。

解 因为 $X\sim N(0,1)$，$Y\sim N(0,1)$，所以 X 与 Y 的概率密度分别为

$$f_X(x)=\frac{1}{\sqrt{2\pi}}\mathrm{e}^{-\frac{x^2}{2}},\qquad(-\infty<x<+\infty)$$

$$f_Y(y)=\frac{1}{\sqrt{2\pi}}\mathrm{e}^{-\frac{y^2}{2}},\qquad(-\infty<y<+\infty)$$

由（3-5-12）式得 $Z=\dfrac{X}{Y}$ 的概率密度为

$$\begin{aligned}f_Z(z)&=\int_{-\infty}^{+\infty}|y|\cdot f_X(yz)\cdot f_Y(y)\pi y\\&=\int_{-\infty}^{+\infty}|y|\cdot\frac{1}{\sqrt{2\pi}}\mathrm{e}^{-\frac{(yz)^2}{2}}\cdot\frac{1}{\sqrt{2\pi}}\mathrm{e}^{-\frac{y^2}{2}}\mathrm{d}y\\&=\frac{1}{2\pi}\int_{-\infty}^{+\infty}|y|\cdot\mathrm{e}^{-\frac{y^2(1+z^2)}{2}}\mathrm{d}y\\&=\frac{1}{\pi}\int_0^{+\infty}y\cdot\mathrm{e}^{-\frac{y^2(1+z^2)}{2}}\mathrm{d}y\\&=\frac{1}{\pi(1+z^2)};\quad(-\infty<z<+\infty)\end{aligned}$$

三、$U=\max\{X,Y\}$ 与 $V=\min\{X,Y\}$ 的分布

设随机变量 X 与 Y 相互独立，且它们的分布函数分别为 $F_X(x)$ 与 $F_Y(y)$，下面求 $U=\max\{X,Y\}$ 与 $V=\min\{X,Y\}$ 的分布函数。

先求 $U=\max\{X,Y\}$ 的分布函数：因为

$$F_U(z)=P\{U\leqslant z\}=P\{\max(X,Y)\leqslant z\}=P\{X\leqslant z,\ Y\leqslant z\}$$

又因为 X 与 Y 相互独立，所以有

$$F_U(z)=P\{X\leqslant z\}\cdot P\{Y\leqslant z\}=F_X(z)\cdot F_Y(z) \tag{3-5-13}$$

用同样的方法再求 $V=\min\{X,Y\}$ 的分布函数，有

$$\begin{aligned}F_V(z)&=P\{V\leqslant z\}=P\{\min(X,Y)\leqslant z\}\\&=1-P\{\min(X,Y)>z\}\\&=1-P\{X>z,\ Y>z\}\\&=1-P\{X>z\}\cdot P\{Y>z\}\\&=1-[1-P\{X\leqslant z\}]\cdot[1-P\{Y\leqslant z\}]\end{aligned}$$

$$=1-[1-F_X(z)]\cdot[1-F_Y(z)] \tag{3-5-14}$$

以上结论容易推广到 n 个相互独立的随机变量的情况：设 $X_1, X_2, \cdots, X_n$ 是 n 个相互独立的随机变量，且它们的分布函数分别为 $F_{X_1}(x_1), F_{X_2}(x_2), \cdots, F_{X_n}(x_n)$，则 $U=\max\{X_1, X_2, \cdots, X_n\}$ 和 $V=\min\{X_1, X_2, \cdots, X_n\}$ 的分布函数分别为

$$F_U(z)=F_{X_1}(z)\cdot F_{X_2}(z)\cdots F_{X_n}(z)$$

$$F_V(z)=1-[1-F_{X_1}(z)]\cdot[1-F_{X_2}(z)]\cdots[1-F_{X_n}(z)]$$

特别地，当 $X_1, X_2, \cdots, X_n$ 相互独立且服从同一分布，且它们的分布函数为 $F(x)$，则随机变量 $U=\max\{X_1, X_2, \cdots, X_n\}$ 的分布函数为

$$F_U(z)=[F(z)]^n$$

随机变量 $V=\min\{X_1, X_2, \cdots, X_n\}$ 的分布函数为

$$F_V(z)=1-[1-F(z)]^n$$

例 3.23　设随机变量 X 在区间 $(0,1)$ 上服从均匀分布，Y 在区间 $(0,2)$ 上服从均匀分布，且 X 与 Y 相互独立，求：$U=\max\{X,Y\}$ 和 $V=\min\{X,Y\}$ 的概率密度。

解　因为 $X\sim U(0,1)$，$Y\sim U(0,2)$，所以 X 与 Y 的分布函数分别为

$$F_X(x)=\begin{cases}0, & x\leqslant 0\\ x, & 0<x<1\\ 1, & x\geqslant 1\end{cases},\qquad F_Y(y)=\begin{cases}0, & y\leqslant 0\\ \dfrac{y}{2}, & 0<y<2\\ 1, & y\geqslant 2\end{cases}$$

于是，随机变量 $U=\max\{X,Y\}$ 的分布函数为

$$F_U(z)=F_X(z)\cdot F_Y(z)=\begin{cases}0, & z\leqslant 0\\ \dfrac{z^2}{2}, & 0<z<1\\ \dfrac{z}{2}, & 1\leqslant z<2\\ 1, & z\geqslant 2\end{cases}$$

因此，概率密度为

$$f_U(z)=F_U'(z)=\begin{cases}z, & 0<z<1\\ \dfrac{1}{2}, & 1\leqslant z<2\\ 0, & \text{其他}\end{cases}$$

随机变量 $V=\min\{X,Y\}$ 的分布函数为

$$F_V(z)=1-[1-F_X(z)]\cdot[1-F_Y(z)]=\begin{cases}0, & z\leqslant 0\\ \dfrac{z}{3}(3-z), & 0<z<1\\ 1, & z\geqslant 1\end{cases}$$

因此，概率密度为

$$f_V(z)=F_V'(z)=\begin{cases}\dfrac{3}{2}-z, & 0<z<1\\ 0, & 其他\end{cases}$$

习题 3.5

1. 设二维离散型随机变量 (X,Y) 的分布律为

X \ Y	0	1
0	0.15	0.15
1	0.15	0.20
2	0.20	0.15

求：$Z=X+Y$ 和 $U=X-Y$ 的分布律。

2. 设二维连续型随机变量 (X,Y) 在矩形区域 $D:0\leqslant x\leqslant 2,\ 0\leqslant y\leqslant 1$ 上服从均匀分布，求：$Z=X+Y$ 的概率密度。

3. 设二维随机变量 (X,Y) 的概率密度为

$$f(x,y)=\begin{cases}\dfrac{(10-x)(10-y)}{2500}, & 0\leqslant x\leqslant 10,\ 0\leqslant y\leqslant 10\\ 0, & 其他\end{cases}$$

求：$Z=X+Y$ 的概率密度。

4. 设随机变量 X 与 Y 相互独立，且 X 在 $[0,1]$ 上服从均匀分布，Y 服从参数为 $\lambda=1$ 的指数分布，求：$Z=X+Y$ 的概率密度。

5. 设二维随机变量 (X,Y) 在由直线 $y=x, x=1, y=0$ 所围成的平面区域 D 上服从均匀分布，求下列随机变量的概率密度：

（1）$Z=X-Y$；（2）$U=XY$；（3）$V=\dfrac{X}{Y}$。

6. 设二维离散型随机变量 (X,Y) 的联合分布律为

X \ Y	0	1	2	3
0	0	0.02	0.02	0.03
1	0.03	0.03	0.04	0.03
2	0.05	0.06	0.06	0.05
3	0.07	0.07	0.06	0.07
4	0.09	0.08	0.07	0.07

求：$U=\max\{X,Y\}$ 和 $V=\min\{X,Y\}$ 的分布律。

7. 设随机变量 X 与 Y 相互独立，且服从参数 $\lambda=1$ 的指数分布，求：$U=\max\{X,Y\}$ 的分布函数和概率密度。

总复习题

一、填空题

1. 若二维离散型随机变量 (X,Y) 的分布律为

$X \backslash Y$	1	2
1	$\frac{1}{6}$	$\frac{1}{3}$
2	$\frac{1}{9}$	α
3	$\frac{1}{18}$	β

则 α,β 应满足的条件是__________；若 X 与 Y 相互独立，则 $\alpha=$__________，$\beta=$__________。

2. 从数 1,2,3,4 中任取一个数，记为 X；再从 $1,\cdots,X$ 中任取一个数，记为 Y，则 $P\{Y=2\}=$__________。

3. 设二维连续型随机变量 (X,Y) 的概率密度为

$$f(x,y)=\begin{cases}6x, & 0\leqslant x\leqslant y\leqslant 1\\ 0, & \text{其他}\end{cases}$$

则 $P\{X+Y\leqslant 1\}=$__________。

4. （1）设 $P\{X\geqslant 0,Y\geqslant 0\}=\frac{3}{7}$，且 $P\{X\geqslant 0\}=P\{Y\geqslant 0\}=\frac{4}{7}$，则 $P\{\max(X,Y)\geqslant 0\}=$__________；

（2）设 $P\{X\leqslant 0,Y\leqslant 0\}=\frac{1}{3}$，且 $P\{X>0\}=\frac{1}{2}$，$P\{Y>0\}=\frac{1}{3}$，则 $P\{\min(X,Y)\leqslant 0\}=$__________。

二、选择题

1. 已知随机变量 X,Y 的概率分布分别为

$$P\{X=0\}=P\{X=1\}=\frac{1}{2},\quad P\{Y=0\}=\frac{1}{4},\quad P\{Y=1\}=\frac{3}{4}$$

且 $P\{XY=1\}=\frac{1}{2}$，则 $P\{X=Y\}=$__________。

（A）$\frac{1}{4}$　　（B）$\frac{2}{4}$　　（C）$\frac{3}{4}$　　（D）1

2. 设随机变量 X 与 Y 相互独立，且其概率分布律分别为

$$P\{X=-1\}=\frac{1}{2}，\ P\{X=1\}=\frac{1}{2}，\ P\{Y=-1\}=\frac{1}{2}，\ P\{Y=1\}=\frac{1}{2}$$

则__________。

（A）$X=Y$　　（B）$P\{X=Y\}=0$　　（C）$P\{X=Y\}=\frac{1}{2}$　　（D）$P\{X=Y\}=1$

3. 关于事件 $\{X\leqslant a, Y\leqslant b\}$ 与事件 $\{X>a, Y>b\}$，则有__________。

（A）为对立事件　　（B）为互斥事件

（C）为相互独立事件　　（D）$P\{X\leqslant a, Y\leqslant b\}>P\{X>a, Y>b\}$

4. 已知二维连续型随机变量 (X,Y) 的概率密度为 $f(x,y)=g(x)\cdot h(y)$，其中 $g(x)\geqslant 0$，$h(y)\geqslant 0$，$a=\int_{-\infty}^{+\infty}g(x)\mathrm{d}x$，$b=\int_{-\infty}^{+\infty}h(y)\mathrm{d}y$ 存在且不等于零，则 X 与 Y 相互独立，它们的概率密度 $f_X(x)$ 与 $f_Y(y)$ 分别为__________。

（A）$f_X(x)=g(x)$，$f_Y(y)=h(y)$　　（B）$f_X(x)=ag(x)$，$f_Y(y)=bh(y)$

（C）$f_X(x)=bg(x)$，$f_Y(y)=ah(y)$　　（D）$f_X(x)=g(x)$，$f_Y(y)=abh(y)$

三、计算题

1. 设随机事件 A,B 满足 $P(A)=\frac{1}{4}$，$P(B|A)=P(A|B)=\frac{1}{2}$，令

$$X=\begin{cases}1, & 若A发生\\ 0, & 若A不发生\end{cases}，\quad Y=\begin{cases}1, & 若B发生\\ 0, & 若B不发生\end{cases}$$

求 (X,Y) 的分布律。

2. 已知随机变量 X 和 Y 的分布律分别为

X	-1	0	1
p	$\frac{1}{4}$	$\frac{1}{2}$	$\frac{1}{4}$

Y	0	1
p	$\frac{1}{2}$	$\frac{1}{2}$

且 $P\{XY=0\}=1$，求：

（1）(X,Y) 的分布律；

（2）X 与 Y 是否相互独立，为什么？

3. 设二维离散型随机变量只取 $(-1,-1)$，$(-1,0)$，$(1,-1)$，$(1,1)$ 四个值，且其相应的概率分别为 $\frac{1}{3},\frac{1}{4},\frac{1}{6},\frac{1}{4}$，求：

（1）(X,Y) 的分布律；

（2）关于 X 和关于 Y 的边缘分布律；

（3）在 $Y=1$ 的条件下，关于 X 的条件分布与在 $X=1$ 的条件下关于 Y 的条件分布。

4. 设二维随机变量 (X,Y) 在区域 $D=\{(x,y)|0\leqslant x\leqslant 3,\ 0\leqslant y\leqslant 1\}$ 上服从均匀分布，求 $P\{X^2+Y^2\leqslant 4\}$。

5. 设二维随机变量 (X,Y) 的概率密度为

$$f(x,y)=\begin{cases}1, & 0<x<1,\ 0<y<2x\\ 0, & \text{其他}\end{cases}$$

求：（1）关于 X 和关于 Y 的边缘概率密度 $f_X(x)$ 和 $f_Y(y)$；

（2）随机变量 $Z=2X-Y$ 的概率密度 $f_Z(z)$；

（3）$P\left\{Y\leqslant\frac{1}{2}\middle|X\leqslant\frac{1}{2}\right\}$。

6. 设二维离散型随机变量 (X,Y) 的概率分布律为

$X \backslash Y$	0	1
0	0.4	a
1	b	0.1

若事件 $\{X=0\}$ 和事件 $\{X+Y=1\}$ 相互独立，求常数 a,b。

7. 设二维随机变量 (X,Y) 的概率密度为

$$f(x,y)=\begin{cases}ky, & (x,y)\in D\\ 0, & (x,y)\notin D\end{cases}$$

其中区域 $D=\left\{(x,y)\middle|0<x<1,\ \ x^2<y<x\right\}$，求：常数 k 和 $P\left\{X<\frac{1}{2}\right\}$。

8. 设 X 与 Y 是两个相互独立且具有相同分布律的随机变量，已知 X 的分布律为

X	0	1
p	$\frac{1}{2}$	$\frac{1}{2}$

求：随机变量 $Z=\max(X,Y)$ 的分布律。

9. 设二维连续型随机变量 (X,Y) 的概率密度为

$$f(x,y)=\begin{cases}8xy, & 0\leqslant x\leqslant y,\ 0\leqslant y\leqslant 1\\ 0, & \text{其他}\end{cases}$$

问 X 与 Y 是否相互独立,为什么？

10. 设二维连续型随机变量 (X,Y) 的概率密度为

$$f(x,y)=\begin{cases}1, & 0\leqslant x\leqslant 1,\ 0\leqslant y\leqslant 2(1-x)\\ 0, & \text{其他}\end{cases}$$

求：（1）边缘概率密度 $f_X(x)$ 和 $f_Y(y)$；

（2）条件概率密度 $f_{X|Y}(x|y)$ 和 $f_{Y|X}(y|x)$。

第 4 章　随机变量的数字特征

在前面两章中，我们讨论了随机变量及其概率分布，利用了分布函数来完整地描述随机变量的统计规律。可是，在某些实际问题中，有时想要求出随机变量的分布函数并非易事，况且有时对随机变量的探讨只要了解某些特征即可。例如，评价一个地区居民的收入水平时，我们只要关注此地区的人均收入及贫富的分散程度即可；再如考察一个班级的学习成绩时，只要关注此班的平均成绩及高低分的分散程度。随机变量的这些特征与数值相对应，因此称之为随机变量的数字特征。本章将介绍随机变量的几个常用数字特征：数学期望、方差、协方差、相关系数和矩。

4.1　数学期望

一、数学期望的定义

在给出数学期望的定义之前，请先看下面一个实例。

例 4.1　在一次射击比赛中，甲组10人每人射击一次，成绩分布为：有2人各得7环，5人各得8环，2人各得9环，1人得10环；乙组10人每人射击一次，成绩分布为：有1人得7环，5人各得8环，4人各得9环。问哪组的射击成绩更好？

解　要评判甲乙两组的射击水平，就需要知道这两组的平均命中环数的成绩。设随机变量 X,Y 分别表示甲、乙两组的命中环数，则有

X	7	8	9	10
p	$\frac{2}{10}$	$\frac{5}{10}$	$\frac{2}{10}$	$\frac{1}{10}$

Y	7	8	9	10
p	$\frac{1}{10}$	$\frac{5}{10}$	$\frac{4}{10}$	0

于是甲组的平均成绩为

$$\frac{2}{10}\times7+\frac{5}{10}\times8+\frac{2}{10}\times9+\frac{1}{10}\times10=8.2 \text{（环）}$$

乙组的平均成绩为

$$\frac{1}{10}\times 7+\frac{5}{10}\times 8+\frac{4}{10}\times 9+0\times 10=8.3\ （环）$$

显然乙组的射击成绩要比甲组好一些。

由例 4.1 的问题解决方式，得到了离散型随机变量的“平均数”，它等于随机变量的所有可能取值与其相应的概率之积的和，也就是以概率为权数的加权平均值，我们称之为数学期望，于是就有如下定义。

定义 4.1　设离散型随机变量 X 的分布律为

$$P\{X=x_i\}=p_i,\quad (i=1,2,3,\cdots)$$

若级数 $\sum_{i=1} x_i\cdot p_i$ 绝对收敛，则称该级数为 X 的数学期望或均值，记作 $E(X)$，即

$$E(X)=\sum_{i=1} x_i\cdot p_i \tag{4-1-1}$$

例 4.2　一袋中装有 4 个球，球上分别标号为 $1, 1, 2, 3$，现从中有放回地任取 2 个球，设 X 表示两次取到球的标号的乘积，求 $E(X)$。

解　设 X_1 与 X_2 分别表示取到的第一个球和第二个球的标号，则 $X=X_1X_2$ 的所有可能取值为：$1, 2, 3, 4, 6, 9$，且

$$P\{X=1\}=P\{X_1=1,\ X_2=1\}=P\{X_1=1\}\cdot P\{X_2=1\}=\frac{2}{4}\times\frac{2}{4}=\frac{1}{4}$$

$$\begin{aligned}P\{X=2\}&=P\{X_1=1,\ X_2=2\}+P\{X_1=2,\ X_2=1\}\\&=P\{X_1=1\}\cdot P\{X_2=2\}+P\{X_1=2\}\cdot P\{X_2=1\}\\&=\frac{2}{4}\times\frac{1}{4}+\frac{1}{4}\times\frac{2}{4}=\frac{1}{4}\end{aligned}$$

$$\begin{aligned}P\{X=3\}&=P\{X_1=1,\ X_2=3\}+P\{X_1=3,\ X_2=1\}\\&=P\{X_1=1\}\cdot P\{X_2=3\}+P\{X_1=3\}\cdot P\{X_2=1\}\\&=\frac{2}{4}\times\frac{1}{4}+\frac{1}{4}\times\frac{2}{4}=\frac{1}{4}\end{aligned}$$

$$P\{X=4\}=P\{X_1=2,\ X_2=2\}=P\{X_1=2\}\cdot P\{X_2=2\}=\frac{1}{4}\times\frac{1}{4}=\frac{1}{16}$$

$$P\{X=6\}=P\{X_1=2,\ X_2=3\}+P\{X_1=3,\ X_2=2\}=\frac{1}{4}\times\frac{1}{4}+\frac{1}{4}\times\frac{1}{4}=\frac{1}{8}$$

$$P\{X=9\}=P\{X_1=3,\ X_2=3\}=P\{X_1=3\}\cdot P\{X_2=3\}=\frac{1}{4}\times\frac{1}{4}=\frac{1}{16}$$

即 X 的分布律为

X	1	2	3	4	6	9
p	$\frac{1}{4}$	$\frac{1}{4}$	$\frac{1}{4}$	$\frac{1}{16}$	$\frac{1}{8}$	$\frac{1}{16}$

则由（4-1-1）式可得

$$E(X)=1\times\frac{1}{4}+2\times\frac{1}{4}+3\times\frac{1}{4}+4\times\frac{1}{16}+6\times\frac{1}{8}+9\times\frac{1}{16}=\frac{49}{16}$$

例 4.3 据调查，某车站每天8:00—9:00，9:00—10:00点都有一辆客车到站，但到站的时刻是随机的，且两者到站时间相互独立，其规律为

到站时刻	8:10 9:10	8:30 9:30	8:50 9:50
概率	$\frac{1}{6}$	$\frac{3}{6}$	$\frac{2}{6}$

假设某旅客8:20到达车站，求他候车时间的数学期望。

解 设该旅客候车时间为X（单位：min），则X的所有可能取值为：10，30，50，70，90，且

$$P\{X=10\}=\frac{3}{6}，\ P\{X=30\}=\frac{2}{6}，\ P\{X=50\}=\frac{1}{6}\times\frac{1}{6}=\frac{1}{36}$$

$$P\{X=70\}=\frac{3}{6}\times\frac{1}{6}=\frac{3}{36}，\ P\{X=90\}=\frac{2}{6}\times\frac{1}{6}=\frac{2}{36}$$

（注意：如果$X=50$，即该旅客等候时间为50分钟，则他乘坐了9:10的车，这意味着8:00—9:00之间的这班车到站时间为8:10，而9:00—10:00之间这班车到达时间为9:10，于是$P\{X=50\}=\frac{1}{6}\times\frac{1}{6}=\frac{1}{36}$；同理可推出$X=70,\ X=90$时对应的概率值）。

于是随机变量X的分布律为

X	10	30	50	70	90
p	$\frac{3}{6}$	$\frac{2}{6}$	$\frac{1}{36}$	$\frac{3}{36}$	$\frac{2}{36}$

因此，由（4-1-1）式知

$$E(X)=10\times\frac{3}{6}+30\times\frac{2}{6}+50\times\frac{1}{36}+70\times\frac{3}{36}+90\times\frac{2}{36}\approx 27.22\ (\text{min})$$

1. 常见的离散型随机变量的数学期望

（1）0—1 分布

设随机变量X服从参数为p的0—1分布，则它的分布律为

$$P\{X=1\}=p，\ P\{X=0\}=1-p，(0<p<1)$$

则
$$E(X)=1\times p+0\times(1-p)=p$$

（2）二项分布

设随机变量X服从参数为n,p的二项分布，即$X\sim B(n,p)$，则它的分布律为

$$P\{X=k\}=C_n^k p^k(1-p)^{n-k}，(k=0,1,2,\cdots,n\text{ 且 }0<p<1)$$

则
$$E(X)=\sum_{k=0}^{n}k\cdot P\{X=k\}$$

$$
\begin{aligned}
&= \sum_{k=0}^{n} k \cdot C_n^k p^k (1-p)^{n-k} \\
&= \sum_{k=1}^{n} k \cdot C_n^k p^k (1-p)^{n-k} \\
&= \sum_{k=1}^{n} k \cdot \frac{n!}{k!(n-k)!} \cdot p^k (1-p)^{n-k} \\
&= np \sum_{k=1}^{n} \frac{(n-1)!}{(k-1)!(n-k)!} \cdot p^{k-1} \cdot (1-p)^{n-k} \\
&= np \sum_{k=1}^{n} C_{n-1}^{k-1} \cdot p^{k-1} \cdot (1-p)^{(n-1)-(k-1)} \\
&= np \sum_{i=0}^{n-1} C_{n-1}^{i} \cdot p^{i} \cdot (1-p)^{(n-1)-i} \quad (i=k-1) \\
&= np[p+(1-p)]^{n-1} = np
\end{aligned}
$$

（3）泊松分布

设随机变量 X 服从参数为 λ（$\lambda > 0$）的泊松分布，即 $X \sim P(\lambda)$，则它的分布律为

$$
P\{X=k\} = \frac{\lambda^k \cdot \mathrm{e}^{-\lambda}}{k!}, \quad (k=0, 1, 2, \cdots)
$$

则

$$
\begin{aligned}
E(X) &= \sum_{k=0}^{+\infty} k \cdot P\{X=k\} \\
&= \sum_{k=0}^{+\infty} k \cdot \frac{\lambda^k \mathrm{e}^{-\lambda}}{k!} \\
&= \sum_{k=1}^{+\infty} k \cdot \frac{\lambda^k \mathrm{e}^{-\lambda}}{k!} \\
&= \lambda \sum_{k=1}^{+\infty} \frac{\lambda^{k-1} \mathrm{e}^{-\lambda}}{(k-1)!} \\
&= \lambda \sum_{i=0}^{+\infty} \frac{\lambda^{i} \mathrm{e}^{-\lambda}}{i!} \quad (i=k-1) \\
&= \lambda \times 1 = \lambda
\end{aligned}
$$

类似于离散型随机变量的数学期望定义，下面给出连续型随机变量的数学期望定义。

定义 4.2　设连续型随机变量 X 的概率密度为 $f(x)$，若广义积分 $\int_{-\infty}^{+\infty} x f(x) \mathrm{d}x$ 绝对收敛，则称此积分值为 X 的数学期望，记作 $E(X)$，即

$$
E(X) = \int_{-\infty}^{+\infty} x f(x) \mathrm{d}x \tag{4-1-2}
$$

例 4.4　设连续型随机变量 X 的概率密度为

$$
f(x) = \begin{cases} \dfrac{2}{x^3}, & x \geqslant 1 \\ 0, & x < 1 \end{cases}
$$

求 X 的数学期望。

解 由（4-1-2）式知

$$E(X)=\int_{-\infty}^{+\infty}xf(x)\mathrm{d}x=\int_{1}^{+\infty}x\cdot\frac{2}{x^3}\mathrm{d}x=(-\frac{2}{x})\Big|_1^{+\infty}=2$$

2. 常见的连续型随机变量的数学期望

（1）均匀分布

设连续型随机变量 X 在 $[a,b]$ 上服从均匀分布，即 $X\sim U[a,b]$，则它的概率密度为

$$f(x)=\begin{cases}\dfrac{1}{b-a}, & x\in[a,b]\\ 0, & x\notin[a,b]\end{cases}$$

则
$$E(X)=\int_{-\infty}^{+\infty}xf(x)\mathrm{d}x=\int_{a}^{b}x\cdot\frac{1}{b-a}\mathrm{d}x=\frac{a+b}{2}$$

即数学期望位于 $[a,b]$ 的中点，这与均匀分布的特点相吻合。

（2）指数分布

设连续型随机变量 X 服从参数为 λ（$\lambda>0$）的指数分布，即 $X\sim E(\lambda)$，则它的概率密度为

$$f(x)=\begin{cases}\lambda\mathrm{e}^{-\lambda x}, & x>0\\ 0, & x\leqslant 0\end{cases}$$

则
$$\begin{aligned}E(X)&=\int_{-\infty}^{+\infty}xf(x)\mathrm{d}x\\&=\int_{0}^{+\infty}x\cdot(\lambda\mathrm{e}^{-\lambda x})\mathrm{d}x\\&=-\int_{0}^{+\infty}x\mathrm{d}\mathrm{e}^{-\lambda x}\\&=-x\mathrm{e}^{-\lambda x}\Big|_0^{+\infty}+\int_{0}^{+\infty}\mathrm{e}^{-\lambda x}\mathrm{d}x\\&=\int_{0}^{+\infty}\mathrm{e}^{-\lambda x}\mathrm{d}x\\&=-\frac{1}{\lambda}\mathrm{e}^{-\lambda x}\Big|_0^{+\infty}=\frac{1}{\lambda}\end{aligned}$$

（3）正态分布

设连续型随机变量 X 服从参数为 μ,σ^2 的正态分布，即 $X\sim N(\mu,\sigma^2)$，则它的概率密度为

$$f(x)=\frac{1}{\sqrt{2\pi}\sigma}\mathrm{e}^{-\frac{(x-\mu)^2}{2\sigma^2}}\qquad(-\infty<x<+\infty)$$

则
$$\begin{aligned}E(X)&=\int_{-\infty}^{+\infty}xf(x)\mathrm{d}x\\&=\int_{-\infty}^{+\infty}x\cdot\frac{1}{\sqrt{2\pi}\sigma}\mathrm{e}^{-\frac{(x-\mu)^2}{2\sigma^2}}\mathrm{d}x\\&=\frac{1}{\sqrt{2\pi}}\int_{-\infty}^{+\infty}(\mu+\sigma t)\cdot\mathrm{e}^{-\frac{t^2}{2}}\mathrm{d}t\qquad(令t=\frac{x-\mu}{\sigma})\end{aligned}$$

$$= \frac{\mu}{\sqrt{2\pi}} \int_{-\infty}^{+\infty} e^{-\frac{t^2}{2}} dt + \frac{\sigma}{\sqrt{2\pi}} \int_{-\infty}^{+\infty} t \cdot e^{-\frac{t^2}{2}} dt$$

因为 $$\int_{-\infty}^{+\infty} e^{-\frac{t^2}{2}} dt = \sqrt{2\pi}, \quad \int_{-\infty}^{+\infty} t e^{-\frac{t^2}{2}} dt = 0$$

所以 $$E(X) = \mu$$

说明　广义积分 $\int_{-\infty}^{+\infty} e^{-\frac{t^2}{2}} dt = \sqrt{2\pi}$ 的推导过程如下：

因为 $\varphi(x) = \frac{1}{\sqrt{2\pi}} e^{-\frac{x^2}{2}}$ 是标准正态分布 $N(0,1)$ 的概率密度，而根据概率密度的性质可知 $\int_{-\infty}^{+\infty} \varphi(x) dx = 1$，所以有

$$\int_{-\infty}^{+\infty} \varphi(x) dx = \int_{-\infty}^{+\infty} \frac{1}{\sqrt{2\pi}} e^{-\frac{x^2}{2}} dx = 1$$

则有 $$\int_{-\infty}^{+\infty} e^{-\frac{x^2}{2}} dx = \sqrt{2\pi}$$

即有 $$\int_{-\infty}^{+\infty} e^{-\frac{t^2}{2}} dt = \sqrt{2\pi}$$

二、随机变量函数的数学期望

若随机变量 X 的概率分布是已知的，如何求出关于 X 的函数 $Y = g(X)$ 的数学期望呢？方法之一就是先利用函数关系 $Y = g(X)$ 求出 Y 的概率分布，再利用数学期望的定义求出 $E(Y)$。但是对于有些函数 $Y = g(X)$ 来说，求出 Y 的概率分布并非易事，因此这种方法求 $E(Y)$ 就会变得复杂。下面的定理给出了一种更简洁的求法。

定理 4.1　设 Y 是随机变量 X 的函数 $Y = g(X)$（g 为连续函数）：

（1）若 X 是离散型随机变量，且它的分布律为

$$P\{X = x_i\} = p_i, \quad (i = 1, 2, \cdots)$$

如果级数 $\sum_{i=1}^{+\infty} g(x_i) \cdot p_i$ 绝对收敛，则有

$$E(Y) = E[g(X)] = \sum_{i=1}^{+\infty} g(x_i) \cdot p_i \tag{4-1-3}$$

（2）若 X 是连续型随机变量，且它的概率密度为 $f(x)$，如果积分 $\int_{-\infty}^{+\infty} g(x) \cdot f(x) dx$ 绝对收敛，则有

$$E(Y) = E[g(X)] = \int_{-\infty}^{+\infty} g(x) \cdot f(x) dx \tag{4-1-4}$$

此定理的重要意义在于，求 $E(Y)$ 时，不必求出 Y 的概率分布，而只需利用 X 的分布就可以了。另外，此定理的证明超出了本书的范围，这里就不予以证明了。

例 4.5 设离散型随机变量 X 的分布律为

X	-1	0	1	2
p	$\frac{1}{4}$	$\frac{1}{8}$	$\frac{1}{4}$	$\frac{3}{8}$

求 $E(X^2)$ 和 $E(2X+1)$。

解 由（4-1-3）式可知

$$E(X^2)=(-1)^2\times\frac{1}{4}+0^2\times\frac{1}{8}+1^2\times\frac{1}{4}+2^2\times\frac{3}{8}=2$$

$$E(2X+1)=[2\times(-1)+1]\times\frac{1}{4}+(2\times0+1)\times\frac{1}{8}+(2\times1+1)\times\frac{1}{4}+(2\times2+1)\times\frac{3}{8}=\frac{5}{2}$$

例 4.6 设 $X\sim U(0,\pi)$，求 $E(\sin X)$。

解 因为 $X\sim U(0,\pi)$，所以其概率密度为

$$f(x)=\begin{cases}\frac{1}{\pi}, & x\in(0,\pi)\\ 0, & x\notin(0,\pi)\end{cases}$$

则由（4-1-4）式可知

$$\begin{aligned}E(\sin X)&=\int_{-\infty}^{+\infty}\sin x\cdot f(x)\mathrm{d}x\\&=\int_0^{\pi}\sin x\cdot\frac{1}{\pi}\mathrm{d}x=\frac{2}{\pi}\end{aligned}$$

例 4.7 设随机变量 X 服从瑞利分布，其概率密度为

$$f(x)=\begin{cases}\frac{x}{\sigma^2}\cdot\mathrm{e}^{-\frac{x^2}{2\sigma^2}}, & x>0\\ 0, & x\leqslant 0\end{cases}$$

求 $E(\frac{1}{X})$。

解 由（4-1-4）式可知

$$\begin{aligned}E(\frac{1}{X})=\int_{-\infty}^{+\infty}\frac{1}{x}\cdot f(x)\mathrm{d}x&=\int_0^{+\infty}\frac{1}{x}\cdot\frac{x}{\sigma^2}\cdot\mathrm{e}^{-\frac{x^2}{2\sigma^2}}\mathrm{d}x\\&=\frac{1}{\sigma^2}\int_0^{+\infty}\mathrm{e}^{-\frac{x^2}{2\sigma^2}}\mathrm{d}x\\&=\frac{1}{2\sigma^2}\int_{-\infty}^{+\infty}\mathrm{e}^{-\frac{1}{2}(\frac{x}{\sigma})^2}\mathrm{d}x\\&=\frac{1}{2\sigma}\int_{-\infty}^{+\infty}\mathrm{e}^{-\frac{1}{2}(\frac{x}{\sigma})^2}\mathrm{d}(\frac{x}{\sigma})\\&\overset{令t=\frac{x}{\sigma}}{=}\frac{1}{2\sigma}\int_{-\infty}^{+\infty}\mathrm{e}^{-\frac{t^2}{2}}\mathrm{d}t\end{aligned}$$

$$=\frac{1}{2\sigma}\times\sqrt{2\pi}=\frac{\sqrt{2\pi}}{2\sigma}$$

定理 4.1 给出了一维随机变量 X 的函数 $Y=g(X)$ 的数学期望。我们可用类似的方法，给出二维随机变量 (X,Y) 的函数 $Z=g(X,Y)$ 的数学期望。

定理 4.2　设 Z 是二维随机变量 (X,Y) 的函数，$Z=g(X,Y)$（g 是连续函数）：

（1）若 (X,Y) 是离散型随机变量，且它的分布律为

$$P\{X=x_i, Y=y_j\}=p_{ij}，\quad (i,j=1,2,\cdots)$$

如果级数 $\sum\limits_{i=1}^{+\infty}\sum\limits_{j=1}^{+\infty}g(x_i,y_j)\cdot p_{ij}$ 绝对收敛，则有

$$E(Z)=E[g(X,Y)]=\sum_{i=1}^{+\infty}\sum_{j=1}^{+\infty}g(x_i,y_j)\cdot p_{ij} \tag{4-1-5}$$

（2）设 (X,Y) 为连续型随机变量，且它的概率密度为 $f(x,y)$；如果积分

$$\int_{-\infty}^{+\infty}\int_{-\infty}^{+\infty}g(x,y)\cdot f(x,y)\mathrm{d}x\mathrm{d}y$$

绝对收敛，则有

$$E(Z)=E[g(X,Y)]=\int_{-\infty}^{+\infty}\int_{-\infty}^{+\infty}g(x,y)\cdot f(x,y)\mathrm{d}x\mathrm{d}y \tag{4-1-6}$$

特别地，有

$$E(X)=\int_{-\infty}^{+\infty}\int_{-\infty}^{+\infty}xf(x,y)\mathrm{d}y\mathrm{d}x=\int_{-\infty}^{+\infty}xf_X(x)\mathrm{d}x \tag{4-1-7}$$

$$E(Y)=\int_{-\infty}^{+\infty}\int_{-\infty}^{+\infty}yf(x,y)\mathrm{d}x\mathrm{d}y=\int_{-\infty}^{+\infty}yf_Y(y)\mathrm{d}y \tag{4-1-8}$$

例 4.8　设二维连续型随机变量 (X,Y) 在平面区域 D 上服从均匀分布，其中 D 由 x 轴、y 轴及直线 $x+\frac{y}{2}=1$ 所围成的三角形区域（如图 4-1 所示），求 $E(X)$、$E(Y)$ 和 $E(XY)$。

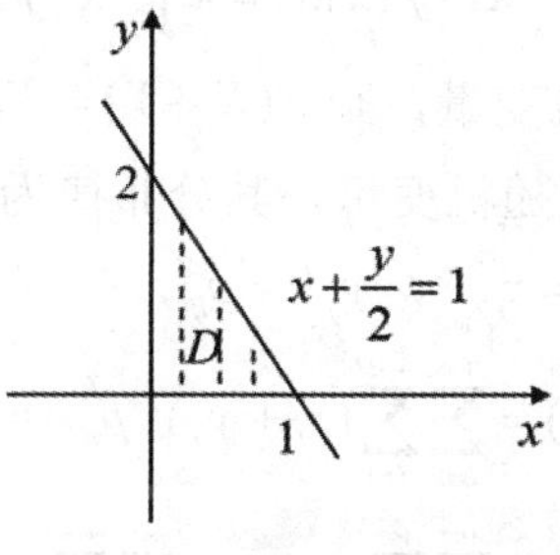

图 4-1

解　因为平面区域 D 的面积为 $S_D=\frac{1}{2}\times2\times1=1$，又因为 (X,Y) 在 D 上服从均匀分布，所以其概率密度为

$$f(x,y)=\begin{cases}1, & (x,y)\in D\\0, & (x,y)\notin D\end{cases}$$

因此，由（4-1-7）式可知

$$E(X)=\int_{-\infty}^{+\infty}\int_{-\infty}^{+\infty}xf(x,y)\mathrm{d}y\mathrm{d}x$$
$$=\iint_D x\mathrm{d}x\mathrm{d}y=\int_0^1 x\mathrm{d}x\int_0^{2(1-x)}\mathrm{d}y=\frac{1}{3}$$

由（4-1-8）式可知

$$E(Y)=\int_{-\infty}^{+\infty}\int_{-\infty}^{+\infty}yf(x,y)\mathrm{d}x\mathrm{d}y$$
$$=\iint_D y\mathrm{d}x\mathrm{d}y=\int_0^2 y\mathrm{d}y\int_0^{1-\frac{y}{2}}\mathrm{d}x=\frac{2}{3}$$

由（4-1-6）式可知

$$E(XY)=\int_{-\infty}^{+\infty}\int_{-\infty}^{+\infty}xy\cdot f(x,y)\mathrm{d}x\mathrm{d}y$$
$$=\iint_D xy\mathrm{d}x\mathrm{d}y=\int_0^1 x\mathrm{d}x\int_0^{2(1-x)}y\mathrm{d}y=\frac{1}{6}$$

三、数学期望的性质

性质 1　$E(C)=C$（C为常数）。

证明　将常数C看作离散型随机变量X只取一个可能的值，则$P\{X=C\}=1$，于是

$$E(C)=C\times 1=C$$

性质 2　设X为随机变量，k为常数，则$E(kX)=kE(X)$。

证明　若X为离散型随机变量，且它的分布律为$P\{X=x_i\}=p_i$，（$i=1,2,\cdots$），则

$$E(kX)=\sum_{i=1}^{+\infty}kx_i\cdot p_i=k\sum_{i=1}^{+\infty}x_i\cdot p_i=kE(X)$$

若X为连续型随机变量，且它的概率密度为$f(x)$，则

$$E(kX)=\int_{-\infty}^{+\infty}kx\cdot f(x)\mathrm{d}x=k\int_{-\infty}^{+\infty}x\cdot f(x)\mathrm{d}x=kE(X)$$

性质 3　设X和Y是两个随机变量，则$E(X+Y)=E(X)+E(Y)$。

证明　若(X,Y)为二维离散型随机变量，其分布律为

$$P\{X=x_i,Y=y_j\}=p_{ij}，（i,j=1,2,\cdots）$$

则

$$E(X+Y)=\sum_{i=1}^{+\infty}\sum_{j=1}^{+\infty}(x_i+y_j)\cdot p_{ij}$$
$$=\sum_{i=1}^{+\infty}\sum_{j=1}^{+\infty}x_i\cdot p_{ij}+\sum_{i=1}^{+\infty}\sum_{j=1}^{+\infty}y_j\cdot p_{ij}$$
$$=\sum_{i=1}^{+\infty}x_i\cdot\sum_{j=1}^{+\infty}p_{ij}+\sum_{j=1}^{+\infty}y_j\cdot\sum_{i=1}^{+\infty}p_{ij}$$
$$=\sum_{i=1}^{+\infty}x_i\cdot p_{i\cdot}+\sum_{j=1}^{+\infty}y_j\cdot p_{\cdot j}$$
$$=E(X)+E(Y)$$

若(X,Y)为二维连续型随机变量，其概率密度为$f(x,y)$，则

$$
\begin{aligned}
E(X+Y) &= \int_{-\infty}^{+\infty}\int_{-\infty}^{+\infty}(x+y)\cdot f(x,y)\mathrm{d}x\mathrm{d}y \\
&= \int_{-\infty}^{+\infty}\int_{-\infty}^{+\infty}x\cdot f(x,y)\mathrm{d}x\mathrm{d}y + \int_{-\infty}^{+\infty}\int_{-\infty}^{+\infty}y\cdot f(x,y)\mathrm{d}x\mathrm{d}y \\
&= \int_{-\infty}^{+\infty}x\cdot[\int_{-\infty}^{+\infty}f(x,y)\mathrm{d}y]\mathrm{d}x + \int_{-\infty}^{+\infty}y\cdot[\int_{-\infty}^{+\infty}f(x,y)\mathrm{d}x]\mathrm{d}y \\
&= \int_{-\infty}^{+\infty}x\cdot f_X(x)\mathrm{d}x + \int_{-\infty}^{+\infty}y\cdot f_Y(y)\mathrm{d}y \\
&= E(X)+E(Y)
\end{aligned}
$$

这一性质可以推广到有限个的情形：

设 $X_1, X_2,\cdots,X_m$ 是 m 个随机变量，则

$$E(X_1+X_2+\cdots+X_m)=E(X_1)+E(X_2)+\cdots+E(X_m)$$

性质 4　设 X 和 Y 是两个相互独立的随机变量，则 $E(XY)=E(X)\cdot E(Y)$。

证明　若 (X,Y) 为二维离散型随机变量，其分布律为

$$P\{X=x_i, Y=y_j\}=p_{ij}，（i, j=1,2,\cdots）$$

因为 X 和 Y 相互独立，所以有

$$P\{X=x_i, Y=y_j\}=P\{X=x_i\}\cdot P\{Y=y_j\}$$

则

$$
\begin{aligned}
E(XY) &= \sum_{i=1}^{+\infty}\sum_{j=1}^{+\infty}(x_i y_j)\cdot P\{X=x_i, Y=y_j\} \\
&= \sum_{i=1}^{+\infty}\sum_{j=1}^{+\infty}(x_i y_j)\cdot P\{X=x_i\}\cdot P\{Y=y_j\} \\
&= \sum_{i=1}^{+\infty}x_i\cdot P\{X=x_i\}\cdot\sum_{j=1}^{+\infty}y_j\cdot P\{Y=y_j\} \\
&= E(X)\cdot E(Y)
\end{aligned}
$$

若 (X,Y) 为二维连续型随机变量，其概率密度为 $f(x,y)$，因为 X 和 Y 相互独立，所以有

$$f(x,y)=f_X(x)\cdot f_Y(y)$$

则

$$
\begin{aligned}
E(XY) &= \int_{-\infty}^{+\infty}\int_{-\infty}^{+\infty}xy\cdot f(x,y)\mathrm{d}x\mathrm{d}y \\
&= \int_{-\infty}^{+\infty}x\mathrm{d}x\int_{-\infty}^{+\infty}yf(x,y)\mathrm{d}y \\
&= \int_{-\infty}^{+\infty}x\mathrm{d}x\int_{-\infty}^{+\infty}yf_X(x)\cdot f_Y(y)\mathrm{d}y \\
&= \int_{-\infty}^{+\infty}x\cdot f_X(x)\mathrm{d}x\cdot\int_{-\infty}^{+\infty}y\cdot f_Y(y)\mathrm{d}y \\
&= E(X)\cdot E(Y)
\end{aligned}
$$

这一性质可以推广到有限个的情形：

设 $X_1, X_2,\cdots,X_m$ 是 m 个相互独立的随机变量，则

$$E(X_1\cdot X_2\cdots X_m)=E(X_1)\cdot E(X_2)\cdots E(X_m)$$

利用数学期望的性质，可以简便地求出二项分布的数学期望。

例 4.9 设 $X \sim B(n,p)$，求 $E(X)$。

解 在 n 重伯努利试验中，事件 A 在每次试验中发生的概率为 $P(A)=p$ （$0<p<1$）。

令
$$X_i=\begin{cases}1, & 第i次试验中A发生\\0, & 第i次试验中A不发生\end{cases}$$

则 X_i 服从参数为 p 的 $0-1$ 分布，且 $E(X_i)=p$ （$i=1,2,\cdots,n$）。

设随机变量 X 为 n 重伯努利试验中事件 A 发生的次数，则

$$X=X_1+X_2+\cdots+X_n\text{，且 }X\sim B(n,p)$$

因此
$$\begin{aligned}E(X)&=E(X_1+X_2+\cdots+X_n)\\&=E(X_1)+E(X_2)+\cdots+E(X_n)\\&=np\end{aligned}$$

例 4.10 一民航送客车载有20位旅客自机场开出，旅客有10个车站可以下车。如到达一个车站没有旅客下车就不停车，用 X 表示停车的次数，求 $E(X)$。

解 令随机变量 $X_i=\begin{cases}1, & 第i站有人下车\\0, & 第i站无人下车\end{cases}$ （$i=1,2,\cdots,10$），则有

$$X=X_1+X_2+\cdots+X_{10}$$

因为任一旅客在第 i 站不下车的概率为 $\frac{9}{10}$，所以这20位旅客在第 i 站都不下车的概率为 $(\frac{9}{10})^{20}$，在第 i 站下车的概率为 $1-(\frac{9}{10})^{20}$，即有

$$P\{X_i=0\}=(\frac{9}{10})^{20}\text{，}P\{X_i=1\}=1-(\frac{9}{10})^{20}$$

因此有
$$E(X_i)=1-(\frac{9}{10})^{20}$$

则
$$\begin{aligned}E(X)&=E(X_1+X_2+\cdots+X_{10})\\&=E(X_1)+E(X_2)+\cdots+E(X_{10})\\&=10\times[1-(\frac{9}{10})^{20}]=8.784\text{（次）}\end{aligned}$$

例 4.11 设 X 和 Y 相互独立，且它们的概率密度分别为

$$f_X(x)=\begin{cases}2x, & 0\leqslant x\leqslant 1\\0, & 其他\end{cases}\text{，}f_Y(y)=\begin{cases}\dfrac{y^2}{9}, & 0\leqslant y\leqslant 3\\0, & 其他\end{cases}$$

求 $E(XY)$。

解
$$\begin{aligned}E(XY)=E(X)\cdot E(Y)&=\int_{-\infty}^{+\infty}x\cdot f_X(x)\mathrm{d}x\cdot\int_{-\infty}^{+\infty}y\cdot f_Y(y)\mathrm{d}y\\&=\int_0^1 x\cdot(2x)\mathrm{d}x\cdot\int_0^3 y\cdot\frac{y^2}{9}\mathrm{d}y=\frac{3}{2}\end{aligned}$$

习题 4.1

1. 设离散型随机变量 X 的分布律为

X	-4	6	10
p	0.2	0.3	0.5

求：（1）$E(X)$；（2）$E(X^2)$；（3）$E(3X^2+5)$。

2. 已知甲乙两箱中装有同种产品，其中甲箱中装有3件合格品和3件次品，乙箱中只装有3件合格品。现从甲箱中任取3件产品放入乙箱中，求乙箱中次品数 X 的数学期望。

3. 设连续型随机变量 X 的概率密度为

$$f(x)=\begin{cases} x, & 0\leqslant x\leqslant 1 \\ 3-x, & 1<x\leqslant 2 \\ 0, & \text{其他} \end{cases}$$

求 $E(X)$。

4. 设连续型随机变量 X 在 $[0,\frac{\pi}{2}]$ 上服从均匀分布，求 $E(\frac{\pi}{4}X^2)$ 和 $E(\sin X)$。

5. 设随机变量 X 服从参数为 $\lambda=1$ 的指数分布，且 $Y=X+\mathrm{e}^{-2X}$，求 $E(Y)$。

6. 设二维连续型随机变量 (X,Y) 的概率密度为

$$f(x,y)=\begin{cases} x+y, & 0\leqslant x\leqslant 1, 0\leqslant y\leqslant 1 \\ 0, & \text{其他} \end{cases}$$

求 $E(XY)$。

7. 设二维连续型随机变量 (X,Y) 的概率密度为

$$f(x,y)=\begin{cases} 12y^2, & 0\leqslant y\leqslant x,\ 0\leqslant x\leqslant 1 \\ 0, & \text{其他} \end{cases}$$

求 $E(X)$ 和 $E(Y)$。

8. 连掷骰子100次，求点数之和的数学期望。

4.2　方差

数学期望描述了随机变量取值的平均水平，它是随机变量的一个重要数字特征。但有时仅知道数学期望是不够的，例如：甲乙两工人每天生产相同数量的同种类型产品，用 X,Y 分别表示甲乙两人某天生产的次品数，经统计有如下数据

X	0	1	2	3
p	0.2	0.3	0.3	0.2

Y	0	1	2	3
p	0.1	0.4	0.4	0.1

试比较他们的技术水平高低？

显然有$E(X)=E(Y)=1.5$，可见从两人生产的平均次品数的角度是分不出技术水平高低的，因此还需要用别的方式来衡量。而这种衡量方式通常可采用：次品数X与平均次品数$E(X)$的偏离程度来描述。若偏离程度小，则表示生产技术比较稳定。那么用什么量去度量这个偏离程度呢？这就是本节要解决的问题。

一、方差的定义

定义 4.3 设随机变量X的数学期望为$E(X)$，则称$X-E(X)$为X的离差。

因为

$$E[X-E(X)]=E(X)-E(E(X))=E(X)-E(X)=0$$

所以用离差的数学期望来表示偏离程度是不行的。若用离差绝对值的数学期望$E(|X-E(X)|)$来表示偏离程度，又会因为带有绝对值符号而导致计算不便，因此我们可以选用离差的平方的数学期望$E[X-E(X)]^2$来度量X与其均值$E(X)$之间的偏离程度，这就是方差。

定义 4.4 设X是一个随机变量，如果$E[X-E(X)]^2$存在，则称$E[X-E(X)]^2$为X的方差，记作$D(X)$或$Var(X)$，即

$$D(X)=E[X-E(X)]^2 \tag{4-2-1}$$

将$\sqrt{D(X)}$称为X的标准差或均方差，记作$\sigma(X)$。

由定义 4.4 可知，方差是个非负数，它反映了随机变量的取值与其数学期望的偏离程度。若随机变量X的取值比较集中，则$D(X)$较小；若X的取值比较分散，则$D(X)$较大，因此方差$D(X)$是描述随机变量X的分散程度的量。

按定义，方差实际上就是随机变量X的函数$g(x)=[X-E(X)]^2$的数学期望，因此计算方差$D(X)$的方法如下。

（1）若X为离散型随机变量，且它的分布律为

$$P\{X=x_i\}=p_i，（i=1,2,\cdots）$$

则

$$D(X)=\sum_{i=1}^{+\infty}[x_i-E(X)]^2\cdot p_i \tag{4-2-2}$$

（2）若X为连续型随机变量，且它的概率密度为$f(x)$，则

$$D(X)=\int_{-\infty}^{+\infty}[x-E(X)]^2\cdot f(x)\mathrm{d}x \tag{4-2-3}$$

但是，根据数学期望的性质可得方差的另一种计算方法

$$\begin{aligned}D(X)&=E[X-E(X)]^2\\&=E\left\{X^2-2X\cdot E(X)+[E(X)]^2\right\}\\&=E(X^2)-2E(X)\cdot E(X)+[E(X)]^2\\&=E(X^2)-[E(X)]^2\end{aligned}$$

于是方差的计算公式

$$D(X)=E(X^2)-[E(X)]^2 \tag{4-2-4}$$

例 4.12　设有甲乙两种棉花，从中各抽取等量的样品进行检验，用 X,Y 分别表示甲乙两种棉花的纤维长度（单位：mm），检验结果如下。

X	28	29	30	31	32
p	0.1	0.15	0.5	0.15	0.1

Y	28	29	30	31	32
p	0.13	0.17	0.4	0.17	0.13

求 $D(X)$ 和 $D(Y)$，并评定它们的质量。

解　因为

$$E(X)=28\times0.1+29\times0.15+30\times0.5+31\times0.15+32\times0.1=30$$
$$E(Y)=28\times0.13+29\times0.17+30\times0.4+31\times0.17+32\times0.13=30$$

所以由（4-2-2）式得到

$$D(X)=(28-30)^2\times0.1+(29-30)^2\times0.15+(30-30)^2\times0.5$$
$$+(31-30)^2\times0.15+(32-30)^2\times0.1=1.1$$
$$D(Y)=(28-30)^2\times0.13+(29-30)^2\times0.17+(30-30)^2\times0.4$$
$$+(31-30)^2\times0.17+(32-30)^2\times0.13=1.38$$

显然有 $D(X)<D(Y)$，即甲种棉花纤维长度的方差小，这说明其纤维比较均匀，因此甲种棉花质量较好。

例 4.13　掷一枚均匀的骰子，用 X 表示出现的点数，求 $D(X)$。

解　因为 X 的分布律为

$$P\{X=k\}=\frac{1}{6},\quad (k=1,2,3,4,5,6)$$

所以

$$E(X)=\sum_{k=1}^{6}k\cdot\frac{1}{6}=\frac{7}{2}$$
$$E(X^2)=\sum_{k=1}^{6}k_2\cdot\frac{1}{6}=\frac{91}{6}$$

因此由（4-2-4）式得到

$$D(X)=E(X^2)-[E(X)]^2=\frac{91}{6}-(\frac{7}{2})^2=\frac{35}{12}$$

例 4.14　设连续型随机变量 X 的概率密度为

$$f(x)=\begin{cases}6x(1-x), & 0\leqslant x\leqslant1\\ 0, & 其他\end{cases}$$

求 $D(X)$。

解　因为

$$E(X)=\int_{-\infty}^{+\infty}xf(x)\mathrm{d}x=\int_0^1x\cdot6x(1-x)\mathrm{d}x=\frac{1}{2}$$
$$E(X^2)=\int_{-\infty}^{+\infty}x^2f(x)\mathrm{d}x=\int_0^1x^2\cdot6x(1-x)\mathrm{d}x=\frac{3}{10}$$

所以 $$D(X)=E(X^2)-[E(X)]^2=\frac{3}{10}-(\frac{1}{2})^2=\frac{1}{20}$$

二、方差的性质

性质 1 $D(C)=0$，（C为常数）。

证明 $D(C)=E(C^2)-[E(C)]^2=C^2-C^2=0$。

性质 2 $D(CX)=C^2D(X)$，$D(X+C)=D(X)$（C为常数）。

证明
$$\begin{aligned}D(CX)&=E(CX)^2-[E(CX)]^2\\&=C^2E(X)^2-[C\cdot E(X)]^2\\&=C^2\left\{E(X)^2-[E(X)]^2\right\}\\&=C^2D(X)\end{aligned}$$

$$D(X+C)=E[(X+C)-E(X+C)]^2=E[X-E(X)]^2=D(X)$$

性质 3 设X,Y为两个随机变量，则有

$$D(X\pm Y)=D(X)+D(Y)\pm 2E\left\{[X-E(X)][Y-E(Y)]\right\}$$

特别地，若X,Y相互独立，则有

$$D(X\pm Y)=D(X)+D(Y)$$

证明
$$\begin{aligned}D(X\pm Y)&=E[(X\pm Y)-E(X\pm Y)]^2\\&=E\left\{[X-E(X)]\pm[Y-E(Y)]\right\}^2\\&=E[X-E(X)]^2\pm 2E\left\{[X-E(X)][Y-E(Y)]\right\}+E[Y-E(Y)]^2\\&=D(X)+D(Y)\pm 2E\left\{[X-E(X)][Y-E(Y)]\right\}\end{aligned}$$

特别地，若X,Y相互独立，则$X-E(X)$与$Y-E(Y)$也相互独立，于是由数学期望的性质可知

$$\begin{aligned}E\left\{[X-E(X)][Y-E(Y)]\right\}&=E[X-E(X)]\cdot E[Y-E(Y)]\\&=\left\{E(X)-E[E(X)]\right\}\cdot\left\{E(Y)-E[E(Y)]\right\}\\&=[E(X)-E(X)]\cdot[E(Y)-E(Y)]=0\end{aligned}$$

因此有 $$D(X\pm Y)=D(X)+D(Y)$$

推广 设$X_1,X_2,\cdots,X_m$相互独立，则

$$D(X_1\pm X_2\pm\cdots\pm X_m)=D(X_1)+D(X_2)+\cdots+D(X_m)$$

例 4.15 设随机变量(X,Y)在区域$D:0<x<1,|y|<x$内服从均匀分布，求随机变量$Z=2X+1$的方差。

解 因为区域D的面积为1，所以X的边缘概率密度为

$$f_X(x)=\begin{cases}\int_{-x}^{x}\mathrm{d}y, & 0<x<1\\0, & 其他\end{cases}=\begin{cases}2x, & 0<x<1\\0, & 其他\end{cases}$$

于是
$$E(X)=\int_{-\infty}^{+\infty} x f(x)\mathrm{d}x=\int_0^1 2x^2\mathrm{d}x=\frac{2}{3}$$
$$E(X^2)=\int_{-\infty}^{+\infty} x^2 f(x)\mathrm{d}x=\int_0^1 2x^3\mathrm{d}x=\frac{1}{2}$$
故
$$D(X)=E(X^2)-[E(X)]^2=\frac{1}{18}$$
因此有
$$D(Z)=D(2X+1)=4D(X)=\frac{2}{9}$$

三、几种常见的随机变量的方差

1. 0—1 分布

设随机变量 X 服从参数为 p（$0<p<1$）的 0—1 分布，其分布律为
$$P\{X=1\}=p\text{，}\quad P\{X=0\}=1-p$$
因为
$$E(X)=1\times p+0\times(1-p)=p$$
$$E(X^2)=1^2\times p+0^2\times(1-p)=p$$
所以
$$D(X)=E(X^2)-[E(X)]^2=p(1-p)$$

2. 二项分布

设随机变量 X 服从参数为 n,p 的二项分布，即 $X\sim B(n,p)$，此时 X 可以看成 n 个相互独立、且服从同一的 0—1 分布的随机变量 X_i（$i=1,2,\cdots,n$）之和，即
$$X=X_1+X_2+\cdots+X_n$$
因为
$$D(X_1)=D(X_2)=\cdots=D(X_n)=p(1-p)$$
所以
$$\begin{aligned}D(X)&=D(X_1+X_2+\cdots+X_n)\\&=D(X_1)+D(X_2)+\cdots+D(X_n)\\&=np(1-p)\end{aligned}$$

3. 泊松分布

设随机变量 X 服从参数为 λ 的泊松分布，即 $X\sim P(\lambda)$，其分布律为
$$P\{X=k\}=\frac{\lambda^k\cdot \mathrm{e}^{-\lambda}}{k!}\quad（k=1,2,3,\cdots）$$
我们已知 $E(X)=\lambda$，而
$$\begin{aligned}E(X^2)&=E[X(X-1)+X]\\&=E[X(X-1)]+E(X)\\&=\sum_{k=0}^{+\infty}k(k-1)\cdot\frac{\lambda^k\mathrm{e}^{-\lambda}}{k!}+\lambda\\&=\lambda^2\mathrm{e}^{-\lambda}\sum_{k=2}^{+\infty}\frac{\lambda^{k-2}}{(k-2)!}+\lambda\end{aligned}$$

$$=\lambda^2\mathrm{e}^{-\lambda}\cdot\mathrm{e}^{\lambda}+\lambda$$
$$=\lambda^2+\lambda$$

因此有
$$D(X)=E(X^2)-[E(X)]^2=\lambda^2+\lambda-\lambda^2=\lambda$$

由此可见，泊松分布的数学期望和方差相等，都等于参数λ。因而，只要知道泊松分布的数学期望或方差就能确定它的分布了。

4. 均匀分布

设随机变量X在$[a,b]$上服从均匀分布，即$X\sim U[a,b]$，它的概率密度为

$$f(x)=\begin{cases}\dfrac{1}{b-a}, & x\in[a,b]\\ 0, & x\notin[a,b]\end{cases}$$

我们已知$E(X)=\dfrac{b-a}{2}$，而

$$E(X^2)=\int_{-\infty}^{+\infty}x^2\cdot f(x)\mathrm{d}x=\int_a^b x^2\cdot\frac{1}{b-a}\mathrm{d}x=\frac{1}{3}(a^2+ab+b^2)$$

则
$$D(X)=E(X^2)-[E(X)]^2=\frac{1}{3}(a^2+ab+b^2)-(\frac{a+b}{2})^2=\frac{(b-a)^2}{12}$$

5. 指数分布

设随机变量X服从参数为λ的指数分布，即$X\sim E(\lambda)$，它的概率密度为

$$f(x)=\begin{cases}\lambda\mathrm{e}^{-\lambda x}, & x>0\\ 0, & x\leqslant 0\end{cases}$$

我们已知$E(X)=\dfrac{1}{\lambda}$，而

$$\begin{aligned}E(X^2)&=\int_{-\infty}^{+\infty}x^2\cdot f(x)\mathrm{d}x\\&=\int_0^{+\infty}x^2\cdot\lambda\mathrm{e}^{-\lambda x}\mathrm{d}x\\&=-\int_0^{+\infty}x^2\cdot\mathrm{e}^{-\lambda x}\mathrm{d}(-\lambda x)=-\int_0^{+\infty}x^2\mathrm{d}\mathrm{e}^{-\lambda x}\\&=-x^2\mathrm{e}^{-\lambda x}\Big|_0^{+\infty}+2\int_0^{+\infty}x\mathrm{e}^{-\lambda x}\mathrm{d}x\\&=-\frac{2}{\lambda}\int_0^{+\infty}x\mathrm{d}\mathrm{e}^{-\lambda x}\\&=-\frac{2}{\lambda}(x\mathrm{e}^{-\lambda x}\Big|_0^{+\infty}-\int_0^{+\infty}\mathrm{e}^{-\lambda x}\mathrm{d}x)=\frac{2}{\lambda^2}\end{aligned}$$

则
$$D(X)=E(X^2)-[E(X)]^2=\frac{2}{\lambda^2}-\frac{1}{\lambda^2}=\frac{1}{\lambda^2}$$

6. 正态分布

设随机变量X服从参数为μ,σ^2的正态分布，即$X\sim N(\mu,\sigma^2)$，它的概率密度为

$$f(x)=\frac{1}{\sqrt{2\pi}\sigma}\mathrm{e}^{-\frac{(x-\mu)^2}{2\sigma^2}}\quad(-\infty<x<+\infty)$$

我们已知$E(X)=\mu$，而

$$
\begin{aligned}
E(X^2)&=\int_{-\infty}^{+\infty}x^2\cdot f(x)\mathrm{d}x\\
&=\int_{-\infty}^{+\infty}x^2\cdot\frac{1}{\sqrt{2\pi}\sigma}\mathrm{e}^{-\frac{(x-\mu)^2}{2\sigma^2}}\mathrm{d}x\\
&=\frac{1}{\sqrt{2\pi}}\int_{-\infty}^{+\infty}\frac{x^2}{\sigma}\cdot\mathrm{e}^{-\frac{1}{2}\cdot(\frac{x-\mu}{\sigma})^2}\mathrm{d}x\\
&=\frac{1}{\sqrt{2\pi}}\int_{-\infty}^{+\infty}\frac{(t\sigma+\mu)^2}{\sigma}\cdot\mathrm{e}^{\frac{t^2}{2}}\mathrm{d}(t\sigma+\mu)\\
&=\frac{1}{\sqrt{2\pi}}\int_{-\infty}^{+\infty}(\sigma^2t^2+2\sigma\mu t+\mu^2)\cdot\mathrm{e}^{-\frac{t^2}{2}}\mathrm{d}t\\
&=\frac{\sigma^2}{\sqrt{2\pi}}\int_{-\infty}^{+\infty}t^2\cdot\mathrm{e}^{-\frac{t^2}{2}}\mathrm{d}t+\frac{2\sigma\mu}{\sqrt{2\pi}}\int_{-\infty}^{+\infty}t\cdot\mathrm{e}^{-\frac{t^2}{2}}\mathrm{d}t+\frac{\mu^2}{\sqrt{2\pi}}\int_{-\infty}^{+\infty}\mathrm{e}^{-\frac{t^2}{2}}\mathrm{d}t\\
&=\frac{2\sigma^2}{\sqrt{2\pi}}\int_{0}^{+\infty}t^2\cdot\mathrm{e}^{-\frac{t^2}{2}}\mathrm{d}t+0+\frac{\mu^2}{\sqrt{2\pi}}\times\sqrt{2\pi}\\
&=-\frac{2\sigma^2}{\sqrt{2\pi}}\int_{0}^{+\infty}t\cdot\mathrm{e}^{-\frac{t^2}{2}}\mathrm{d}(-\frac{t^2}{2})+\mu^2\\
&=-\frac{2\sigma^2}{\sqrt{2\pi}}\int_{0}^{+\infty}t\mathrm{d}\mathrm{e}^{-\frac{t^2}{2}}+\mu^2\\
&=-\frac{2\sigma^2}{\sqrt{2\pi}}(t\mathrm{e}^{-\frac{t^2}{2}}\Big|_0^{+\infty}-\int_{0}^{+\infty}\mathrm{e}^{-\frac{t^2}{2}}\mathrm{d}t)+\mu^2\\
&=\frac{2\sigma^2}{\sqrt{2\pi}}\int_{0}^{+\infty}\mathrm{e}^{-\frac{t^2}{2}}\mathrm{d}t+\mu^2\\
&=\frac{2\sigma^2}{\sqrt{2\pi}}\times\frac{\sqrt{2\pi}}{2}+\mu^2=\sigma^2+\mu^2
\end{aligned}
$$

则

$$D(X)=E(X^2)-[E(X)]^2=\sigma^2+\mu^2-\mu^2=\sigma^2$$

由此可见，正态分布中两个参数μ和σ^2分别是它的数学期望和方差，因而正态分布可由它的数学期望和方差所决定。

例 4.16　设随机变量X的概率密度为

$$f(x)=\begin{cases}\dfrac{1}{2}\cos\dfrac{x}{2}, & 0\leqslant x\leqslant\pi\\ 0, & \text{其他}\end{cases}$$

对X独立地重复观察6次，用Y表示观察值大于$\dfrac{\pi}{3}$的次数，求Y^2的数学期望。

解　因为

$$P\left\{Y>\frac{\pi}{3}\right\}=\int_{\frac{\pi}{3}}^{\pi}\frac{1}{2}\cos\frac{x}{2}\mathrm{d}x=\frac{1}{2},$$

所以$Y\sim B(6,\dfrac{1}{2})$，从而有

$$E(Y)=6\times\frac{1}{2}=3\ ,\quad D(Y)=6\times\frac{1}{2}\times(1-\frac{1}{2})=\frac{3}{2}$$

因此有
$$E(Y^2)=D(Y)+[E(Y)]^2=\frac{3}{2}+9=\frac{21}{2}$$

习题 4.2

1. 设离散型随机变量 X 的分布律为

X	-1	0	1	2
p	$\frac{1}{8}$	$\frac{1}{2}$	$\frac{1}{8}$	$\frac{1}{4}$

求 $D(X)$ 和 $D(2X+3)$。

2. 设随机变量 X 在 $[-1,2]$ 上服从均匀分布，且随机变量

$$Y=\begin{cases}1, & x>0\\ 0, & x=0\\ -1, & x<0\end{cases}$$

求 $D(Y)$。

3. 设随机变量 X 的概率密度为

$$f(x)=\begin{cases}1+x, & -1\leqslant x\leqslant 0\\ 1-x, & 0<x<1\\ 0, & 其他\end{cases}$$

求 $D(X)$。

4. 设 X 表示 10 次独立重复射击命中目标的次数，且每次命中的概率为 0.4，求 $E(X^2)$。

4.3 协方差与相关系数

对于二维随机变量 (X,Y)，数学期望 $E(X)$ 和 $E(Y)$ 反映的只是 X 和 Y 各自的平均值，而方差 $D(X)$ 和 $D(Y)$ 反映的也只是 X 和 Y 各自与平均值的偏离程度，它们都没有反映出 X 与 Y 之间的相互关系。下面我们讨论描述两个随机变量 X 和 Y 之间的相关性的数字特征：协方差与相关系数。

一、协方差

定义 4.5 设 (X,Y) 为二维随机变量，则将

$$E\{[X-E(X)][Y-E(Y)]\}$$

称为 X 与 Y 的协方差，记作 $\mathrm{cov}(X,Y)$，即

$$\mathrm{cov}(X,Y)=E\{[X-E(X)][Y-E(Y)]\}$$

由于
$$\begin{aligned}\mathrm{cov}(X,Y)&=E\{[X-E(X)][Y-E(Y)]\}\\&=E[XY-YE(X)-XE(Y)+E(X)E(Y)]\\&=E(XY)-E[YE(X)]-E[XE(Y)]+E[E(X)E(Y)]\\&=E(XY)-E(Y)E(X)-E(X)E(Y)+E(X)E(Y)\\&=E(XY)-E(X)E(Y)\end{aligned}$$

因此得到了协方差的常用计算公式为

$$\mathrm{cov}(X,Y)=E(XY)-E(X)\cdot E(Y) \tag{4-3-1}$$

协方差具有如下性质。

性质 1　$\mathrm{cov}(X,X)=D(X)$；

证明　$\mathrm{cov}(X,X)=E(X^2)-[E(X)]^2=D(X)$。

性质 2　$\mathrm{cov}(X,Y)=\mathrm{cov}(Y,X)$；

证明　$\mathrm{cov}(X,Y)=E(XY)-E(X)\cdot E(Y)=E(YX)-E(Y)\cdot E(X)=\mathrm{cov}(Y,X)$。

性质 3　$\mathrm{cov}(X,C)=0$（C为常数）；

证明　$\mathrm{cov}(X,C)=E(CX)-E(X)\cdot E(C)=CE(X)-CE(X)=0$。

性质 4　$\mathrm{cov}(aX,bY)=ab\cdot\mathrm{cov}(X,Y)$；

证明
$$\begin{aligned}\mathrm{cov}(aX,bY)&=E(aX\cdot bY)-E(aX)\cdot E(bY)\\&=ab\cdot E(XY)-ab\cdot E(X)\cdot E(Y)\\&=ab\cdot[E(XY)-E(X)\cdot E(Y)]\\&=ab\cdot\mathrm{cov}(X,Y)\text{。}\end{aligned}$$

性质 5　$\mathrm{cov}(X_1+X_2,Y)=\mathrm{cov}(X_1,Y)+\mathrm{cov}(X_2,Y)$；

证明
$$\begin{aligned}\mathrm{cov}(X_1+X_2,Y)&=E[(X_1+X_2)Y]-E(X_1+X_2)\cdot E(Y)\\&=E(X_1Y+X_2Y)-[E(X_1)+E(X_2)]\cdot E(Y)\\&=E(X_1Y)+E(X_2Y)-E(X_1)\cdot E(Y)-E(X_2)\cdot E(Y)\\&=[E(X_1Y)-E(X_1)\cdot E(Y)]+[E(X_2Y)-E(X_2)\cdot E(Y)]\\&=\mathrm{cov}(X_1,Y)+\mathrm{cov}(X_2,Y)\text{。}\end{aligned}$$

性质 6　若 X 与 Y 相互独立，则 $\mathrm{cov}(X,Y)=0$；

证明　由方差的性质可知，对于任意两个随机变量 X 与 Y 有

$$\begin{aligned}D(X\pm Y)&=D(X)+D(Y)\pm 2E\{[X-E(X)][Y-E(Y)]\}\\&=D(X)+D(Y)\pm 2\,\mathrm{cov}(X,Y)\end{aligned}$$

因为 X 与 Y 相互独立，所以

$$D(X\pm Y)=D(X)+D(Y)$$

于是 $\mathrm{cov}(X,Y)=0$。

二、相关系数

定义 4.6 设(X,Y)为二维随机变量，则将

$$\rho_{XY}=\frac{\operatorname{cov}(X,Y)}{\sqrt{D(X)}\cdot\sqrt{D(Y)}}$$

称为 X 与 Y 相关系数。

协方差反映了随机变量 X 与 Y 之间的相互关系，但其数值受 X 与 Y 本身的数值大小的影响很大。例如当 X 和 Y 所取的数值各自增大到 k 倍时，其协方差

$$\operatorname{cov}(kX,kY)=k^2\operatorname{cov}(X,Y)$$

却增大到 k^2 倍。而为了消除这种影响，我们引进了相关系数 ρ_{XY}，它是将随机变量 X 和 Y 经过标准化之后的协方差。

设 X,Y 是两个随机变量，现按正态分布时的标准化方法将 X,Y 进行标准化处理，得到新的随机变量

$$X^*=\frac{X-E(X)}{\sqrt{D(X)}},\ Y^*=\frac{Y-E(Y)}{\sqrt{D(Y)}}$$

于是

$$E(X^*)=E(\frac{X-E(X)}{\sqrt{D(X)}})=\frac{1}{\sqrt{D(X)}}E[X-E(X)]$$
$$=\frac{1}{\sqrt{D(X)}}[E(X)-E(X)]=0$$

同理可得 $E(Y^*)=0$，因此有

$$\begin{aligned}\operatorname{cov}(X^*,Y^*)&=E(X^*Y^*)-E(X^*)\cdot E(Y^*)\\&=E(X^*Y^*)\\&=E[\frac{X-E(X)}{\sqrt{D(X)}}\cdot\frac{Y-E(Y)}{\sqrt{D(Y)}}]\\&=\frac{1}{\sqrt{D(X)}\cdot\sqrt{D(Y)}}E[(X-E(X))\cdot(Y-E(Y))]\\&=\frac{\operatorname{cov}(X,Y)}{\sqrt{D(X)}\cdot\sqrt{D(Y)}}=\rho_{XY}\end{aligned}$$

相关系数具有如下性质。

性质 1 $|\rho_{XY}|\leqslant 1$。

证明 对于任意实数 t，有

$$\begin{aligned}D(Y-tX)&=E(Y-tX)^2-[E(Y-tX)]^2\\&=E(Y^2-2tXY+t^2X^2)-[E(Y)-tE(X)]^2\\&=E(Y^2)-2tE(XY)+t^2E(X^2)-[E(Y)]^2-t^2[E(X)]^2+2tE(X)E(Y)\\&=t^2\left\{E(X^2)-[E(X)]^2\right\}-2t\left\{E(XY)-E(X)E(Y)\right\}+\left\{E(Y^2)-[E(Y)]^2\right\}\\&=D(X)\cdot t^2-2t\cdot\operatorname{cov}(X,Y)+D(Y)\end{aligned}$$

$$= D(X)\cdot[t-\frac{\mathrm{cov}(X,Y)}{D(X)}]^2 + D(Y) - \frac{[\mathrm{cov}(X,Y)]^2}{D(X)}$$

令 $t=\frac{\mathrm{cov}(X,Y)}{D(X)}=b$，则有

$$\begin{aligned} D(Y-tX) &= D(Y)-\frac{[\mathrm{cov}(X,Y)]^2}{D(X)} \\ &= D(Y)\cdot\left\{1-\frac{[\mathrm{cov}(X,Y)]^2}{D(X)\cdot D(Y)}\right\} \\ &= D(Y)\cdot(1-\rho_{XY}^2) \end{aligned}$$

因为方差不能为负，所以 $1-\rho_{XY}^2\geqslant 0$，则有 $\rho_{XY}^2\leqslant 1$，即有

$$|\rho_{XY}|\leqslant 1$$

性质 2　如果 X 与 Y 相互独立，则 $\rho_{XY}=0$，此时称 X,Y 不相关。

证明　因为 X 与 Y 相互独立，所以有

$$\mathrm{cov}(X,Y)=0$$

于是有

$$\rho_{XY}=\frac{\mathrm{cov}(X,Y)}{\sqrt{D(X)}\cdot\sqrt{D(Y)}}=0$$

注意　若 X 与 Y 相互独立，则 X 与 Y 一定不相关；反之却不一定成立，即若 X 与 Y 不相关，则 X 与 Y 不一定相互独立。

例如，设 $X\sim N(0,1)$，且 $Y=X^2$，于是有

$$E(X)=0,\ E(Y)=E(X^2)=1,\ E(XY)=E(X^3)=0$$

因此有

$$\mathrm{cov}(X,Y)=E(XY)-E(X)E(Y)=0$$

从而 $\rho_{XY}=0$，即 X,Y 不相关；但由于 $Y=X^2$，可见 X 与 Y 之间是有函数关系的，因而 X 与 Y 之间不独立。

性质 3　$|\rho_{XY}|=1$ 的充要条件是存在常数 a,b，使得 $P\{Y=aX+b\}=1$。

证明　略。

性质 3 表明，当 $|\rho_{XY}|=1$ 时，X 与 Y 以概率 1 存在着线性关系，于是 ρ_{XY} 是描述 X,Y 之间线性关系的紧密程度的量。当 $|\rho_{XY}|$ 越大时，说明 X 与 Y 的线性相关程度越好；当 $|\rho_{XY}|$ 越小时，说明 X 与 Y 的线性相关程度越差。

例 4.17　设二维随机变量 (X,Y) 的分布律为

X \ Y	-1	0	1	2
1	0	$\frac{3}{8}$	$\frac{3}{8}$	0
2	$\frac{1}{8}$	0	0	$\frac{1}{8}$

求 $\mathrm{cov}(X,Y)$ 和 ρ_{XY}。

解 关于 X 的边缘分布律为

X	1	2
p	$\frac{3}{4}$	$\frac{1}{4}$

关于 Y 的边缘分布律为

Y	-1	0	1	2
p	$\frac{1}{8}$	$\frac{3}{8}$	$\frac{3}{8}$	$\frac{1}{8}$

则
$$E(X)=1\times\frac{3}{4}+2\times\frac{1}{4}=\frac{5}{4}$$

$$E(Y)=-1\times\frac{1}{8}+0\times\frac{3}{8}+1\times\frac{3}{8}+2\times\frac{1}{8}=\frac{1}{2}$$

$$E(XY)=1\times(-1)\times 0+1\times 0\times\frac{3}{8}+1\times 1\times\frac{3}{8}+1\times 2\times 0+2\times(-1)\times\frac{1}{8}+2\times 0\times 0+2\times 1\times 0+2\times 2\times\frac{1}{8}=\frac{5}{8}$$

因此有
$$\operatorname{cov}(X,Y)=E(XY)-E(X)E(Y)=\frac{5}{8}-\frac{5}{4}\times\frac{1}{2}=0$$

$$\rho_{XY}=\frac{\operatorname{cov}(X,Y)}{\sqrt{D(X)}\cdot\sqrt{D(Y)}}=0$$

例 4.18 设二维连续型随机变量 (X,Y) 的概率密度为
$$f(x,y)=\begin{cases}2-x-y, & 0<x<1,\ 0<y<1\\ 0, & \text{其他}\end{cases}$$

求 $\operatorname{cov}(X,Y)$ 和 ρ_{XY}。

解 关于 X 的边缘概率密度为
$$f_X(x)=\begin{cases}\int_{-\infty}^{+\infty}f(x,y)\mathrm{d}y, & 0<x<1\\ 0, & \text{其他}\end{cases}$$
$$=\begin{cases}\int_0^1(2-x-y)\mathrm{d}y, & 0<x<1\\ 0, & \text{其他}\end{cases}$$
$$=\begin{cases}\frac{3}{2}-x, & 0<x<1\\ 0, & \text{其他}\end{cases}$$

同理，关于 Y 的边缘概率密度为
$$f_Y(y)=\begin{cases}\int_{-\infty}^{+\infty}f(x,y)\mathrm{d}x, & 0<y<1\\ 0, & \text{其他}\end{cases}$$

$$=\begin{cases}\int_0^1(2-x-y)\mathrm{d}x, & 0<y<1\\ 0, & 其他\end{cases}$$

$$=\begin{cases}\frac{3}{2}-y, & 0<y<1\\ 0, & 其他\end{cases}$$

因此
$$E(X)=\int_{-\infty}^{+\infty}x\cdot f_X(x)\mathrm{d}x=\int_0^1 x\cdot(\frac{3}{2}-x)\mathrm{d}x=\frac{5}{12}$$

$$E(Y)=\int_{-\infty}^{+\infty}y\cdot f_Y(y)\mathrm{d}y=\int_0^1 y\cdot(\frac{3}{2}-y)\mathrm{d}y=\frac{5}{12}$$

$$E(XY)=\int_{-\infty}^{+\infty}\int_{-\infty}^{+\infty}xy\cdot f(x,y)\mathrm{d}x\mathrm{d}y=\int_0^1[\int_0^1 xy\cdot(2-x-y)\mathrm{d}y]\mathrm{d}x=\frac{1}{6}$$

于是有
$$\mathrm{cov}(X,Y)=E(XY)-E(X)E(Y)=\frac{1}{6}-\frac{5}{12}\times\frac{5}{12}=-\frac{1}{144}$$

又因为
$$E(X^2)=\int_{-\infty}^{+\infty}x^2\cdot f_X(x)\mathrm{d}x=\int_0^1 x^2\cdot(\frac{3}{2}-x)\mathrm{d}x=\frac{1}{4}$$

$$E(Y^2)=\int_{-\infty}^{+\infty}y^2\cdot f_Y(y)\mathrm{d}y=\int_0^1 y^2\cdot(\frac{3}{2}-y)\mathrm{d}y=\frac{1}{4}$$

所以
$$D(X)=E(X^2)-[E(X)]^2=\frac{1}{4}-(\frac{5}{12})^2=\frac{11}{144}$$

$$D(Y)=E(Y^2)-[E(Y)]^2=\frac{1}{4}-(\frac{5}{12})^2=\frac{11}{144}$$

于是有
$$\rho_{XY}=\frac{\mathrm{cov}(X,Y)}{\sqrt{D(X)}\cdot\sqrt{D(Y)}}=-\frac{1}{11}$$

例 4.19　设随机变量 $X\sim N(1,\ 3^2)$，$Y\sim N(0,\ 4^2)$，且 $\rho_{XY}=-\frac{1}{2}$，而随机变量 $Z=\frac{X}{3}+\frac{Y}{2}$，求 $E(Z),\ D(Z)$ 和 ρ_{XZ}。

解　因为 $X\sim N(1,\ 3^2)$，所以 $E(X)=1,\ D(X)=3^2$；又因为 $Y\sim N(0,\ 4^2)$，所以 $E(Y)=0,\ D(Y)=4^2$，于是有

$$E(Z)=E(\frac{X}{3}+\frac{Y}{2})=\frac{1}{3}E(X)+\frac{1}{2}E(Y)=\frac{1}{3}\times1+\frac{1}{2}\times0=\frac{1}{3}$$

$$D(Z)=D(\frac{X}{3}+\frac{Y}{2})=\frac{1}{9}D(X)+\frac{1}{4}D(Y)+2\times\frac{1}{3}\times\frac{1}{2}\mathrm{cov}(X,Y)$$

$$=\frac{1}{9}D(X)+\frac{1}{4}D(Y)+\frac{1}{3}\rho_{XY}\sqrt{D(X)D(Y)}$$

$$=\frac{1}{9}\times3^2+\frac{1}{4}\times4^2+\frac{1}{3}\times(-\frac{1}{2})\times\sqrt{3^2\times4^2}=3$$

而
$$\mathrm{cov}(X,Z)=\mathrm{cov}(X,\ \frac{X}{3}+\frac{Y}{2})$$

$$=\mathrm{cov}(X,\ \frac{X}{3})+\mathrm{cov}(X,\ \frac{Y}{2})$$

$$=\frac{1}{3}\text{cov}(X,\ X)+\frac{1}{2}\text{cov}(X,Y)$$

$$=\frac{1}{3}D(X)+\frac{1}{2}\rho_{XY}\cdot\sqrt{D(X)D(Y)}$$

$$=\frac{1}{3}\times 3^2+\frac{1}{2}\times(-\frac{1}{2})\times 3\times 4=0$$

因此
$$\rho_{XZ}=\frac{\text{cov}(X,Z)}{\sqrt{D(X)}\cdot\sqrt{D(Z)}}=0$$

习题 4.3

1. 设二维随机变量(X,Y)的分布律为

X \ Y	0	1	2
0	0.1	0	0.2
1	0	0.1	0.2
2	0.2	0	0.2

求$\text{cov}(X,Y)$和ρ_{XY}。

2. 设二维连续型随机变量(X,Y)的概率密度为

$$f(x,y)=\begin{cases}\frac{1}{8}(x+y), & 0\leqslant x\leqslant 2,\ 0\leqslant y\leqslant 2\\ 0, & \text{其他}\end{cases}$$

求$\text{cov}(X,Y)$和ρ_{XY}。

3. 对于随机变量X和Y，有$D(X)=1$，$D(Y)=3$，$\text{cov}(X,Y)=2$，求$\text{cov}(3X+2Y-1,X-Y)$。

4. 设随机变量$X\sim N(\mu,\sigma^2)$，$Y\sim N(\mu,\sigma^2)$，且X和Y相互独立，求随机变量$Z_1=\alpha X+\beta Y$和$Z_2=\alpha X-\beta Y$的相关系数$\rho_{Z_1Z_2}$。

5. 设$D(X)=1, D(Y)=4, \rho_{XY}=0.5$，求$D(4X-Y)$。

4.4 矩与协方差矩阵

前面所讲的数学期望$E(X)$、方差$D(X)$及协方差$\text{cov}(X,Y)$都是随机变量最常用的数字特征，它们都是特殊的矩，而矩是更广泛的数字特征。

定义 4.7 设X,Y是随机变量。

（1）若 $E(X^k)$（$k=1,2,3,\cdots$）存在，则称它为 X 的 k 阶原点矩，简称 k 阶矩；

（2）若 $E[X-E(X)]^k$（$k=1,2,3,\cdots$）存在，则称它为 X 的 k 阶中心矩；

（3）若 $E(X^kY^l)$（$k,l=1,2,3,\cdots$）存在，则称它为 X 和 Y 的 $k+l$ 阶混合原点矩；

（4）若 $E\left\{[X-E(X)]^k[Y-E(Y)]^l\right\}$（$k,l=1,2,3,\cdots$）存在，则称它为 X 和 Y 的 $k+l$ 阶混合中心矩。

显然，由定义 4.7 可知，数学期望 $E(X)$ 是 X 的一阶原点矩；方差 $D(X)$ 是 X 的二阶中心矩；协方差 $\mathrm{cov}(X,Y)$ 是 X 和 Y 的二阶混合中心矩。

下面介绍 n 维随机变量的协方差矩阵，先从简单的二维随机变量 (X,Y) 引入。

设二维随机变量 (X,Y) 的四个二阶中心矩都存在，分别记为

$$c_{11}=E[X-E(X)]^2$$
$$c_{12}=E\left\{[X-E(X)][Y-E(Y)]\right\}$$
$$c_{21}=E\left\{[Y-E(Y)][X-E(X)]\right\}$$
$$c_{22}=E[Y-E(Y)]^2$$

将它们排成矩阵的形式有

$$\begin{pmatrix} c_{11} & c_{12} \\ c_{21} & c_{22} \end{pmatrix}$$

则称此矩阵为 (X,Y) 的协方差矩阵。

由于
$$c_{11}=E[X-E(X)]^2=D(X)$$
$$c_{22}=E[Y-E(Y)]^2=D(Y)$$
$$c_{12}=E\left\{[X-E(X)][Y-E(Y)]\right\}=\mathrm{cov}(X,Y)$$
$$c_{21}=E\left\{[Y-E(Y)][X-E(X)]\right\}=\mathrm{cov}(Y,X)$$

且 $\mathrm{cov}(X,Y)=\mathrm{cov}(Y,X)$，因此 (X,Y) 的协方差矩阵可表示为

$$\begin{pmatrix} D(X) & \mathrm{cov}(X,Y) \\ \mathrm{cov}(X,Y) & D(Y) \end{pmatrix}$$

下面将二维随机变量的协方差矩阵进行推广。

定义 4.8　设 n 维随机变量 $(X_1,X_2,\cdots,X_n)$ 的二阶中心矩

$$c_{ij}=\mathrm{cov}(X_i,X_j)=E\left\{[X_i-E(X_i)][X_j-E(X_j)]\right\}\quad (i,j=1,2,\cdots)$$

都存在，则称矩阵

$$C=\begin{pmatrix} c_{11} & c_{12} & \cdots & c_{1n} \\ c_{21} & c_{22} & \cdots & c_{2n} \\ \cdots & \cdots & \cdots & \cdots \\ c_{n1} & c_{n2} & \cdots & c_{nn} \end{pmatrix}$$

为 $(X_1,X_2,\cdots,X_n)$ 的协方差矩阵。

注意　在协方差矩阵 C 中有 $c_{ij}=c_{ji}$（$i\neq j$），且 $c_{ii}=D(X_i)$（$i=1,2,\cdots$），因此 C 为对称矩阵，且可写为

$$C=\begin{pmatrix} D(X_1) & \mathrm{cov}(X_1,X_2) & \cdots & \mathrm{cov}(X_1,X_n) \\ \mathrm{cov}(X_1,X_2) & D(X_2) & \cdots & \mathrm{cov}(X_2,X_n) \\ \cdots & \cdots & \cdots & \cdots \\ \mathrm{cov}(X_1,X_n) & \mathrm{cov}(X_2,X_n) & \cdots & D(X_n) \end{pmatrix}$$

协方差矩阵给出了n维随机变量的全部方差及协方差，因此当研究n维随机变量的分布不易处理时，协方差矩阵就显得尤为重要了。

总复习题

一、填空题

1. 设随机变量X与Y相互独立，且$D(X)=4,\ D(Y)=2$，则$D(2X-Y)=$________。

2. 设随机变量X和Y的相关系数为0.8，且随机变量$Z=X+0.5$，则Y与Z的相关系数$\rho_{YZ}=$__________。

3. 设随机变量X与Y有$E(X)=2,\ E(X^2)=20,\ E(Y)=3,\ E(Y^2)=34,\ \rho_{XY}=\dfrac{1}{2}$，则$D(X-2Y)=$__________。

4. 设随机变量X与Y的方差都为1，且$\rho_{XY}=\dfrac{1}{4}$，则随机变量$U=X+Y$与$V=X-2Y$的协方差为__________。

5. 将一枚硬币连掷n次，用X和Y分别表示正面朝上和反面朝上的次数，则$\rho_{XY}=$___。

6. 一大批产品中有5%为一等品，从中任取20件，设X表示其中一等品的件数，则$E(X^2)=$__________。

二、选择题

1. 设随机变量X与Y满足$D(X+Y)=D(X-Y)$，则一定有_________。

（A）X与Y相互独立　　（B）X与Y不相关

（C）$D(Y)=0$　　（D）$D(X)\cdot D(Y)=0$

2. 设随机变量X有$E(X)=\mu,\ D(X)=\sigma^2$（$\mu,\sigma^2>0$为常数），则对于任意实数C，有__________。

（A）$E(X-C)^2=E(X^2)-C^2$　　（B）$E(X-C)^2=E(X-\mu)^2$

（C）$E(X-C)^2<E(X-\mu)^2$　　（D）$E(X-C)^2\geqslant E(X-\mu)^2$

3. 若对于任意两个随机变量X与Y，有$E(X)\cdot E(Y)=E(XY)$，则下列成立的是_____。

（A）$D(XY)=D(X)\cdot D(Y)$　　（B）$D(X+Y)=D(X)+D(Y)$

（C）X与Y相互独立　　（D）X与Y不相互独立

4. 设随机变量X与Y相互独立且服从同一分布，则随机变量$U=X+Y$与$V=X-Y$

有__________。

（A）不相互独立　　（B）相互独立

（C）相关系数为0　　（D）相关系数不为0

三、计算题

1. 设随机变量 X 的概率密度为

$$f(x)=\begin{cases}ax^2+bx+c, & 0<x<1\\ 0, & \text{其他}\end{cases}$$

且 $E(X)=0.5,\ D(X)=0.15$，求常数 a,b,c 的值。

2. 设随机变量 X 的概率密度为

$$f(x)=\frac{1}{2}\mathrm{e}^{-|x|}，(-\infty<x<+\infty)$$

求 $E(X),\ D(X)$ 和 $\mathrm{cov}(X,|X|)$。

3. 设公共汽车起点站于每小时的10分钟、30分钟、50分钟发车，若乘客不知发车的时间，且在每小时内任一时刻到达车站是随机的，求乘客到车站等车时间的数学期望。

4. 设二维离散型随机变量 (X,Y) 的分布律为

X \ Y	-1	0	1
0	0.2	0.2	0.2
1	0.1	0.2	0.1

求：（1）$E(X),\ E(Y),\ D(X),\ D(Y)$；（2）$D(X+Y)$；（3）$\rho_{XY}$；（4）$X$ 与 Y 相互独立吗？

5. 设二维随机变量 (X,Y) 在区域 $D=\{(x,y)|0<x<1,\ \ 0<y<3x\}$ 上服从均匀分布，且随机变量 $Z=2X-Y$。求：（1）$E(Z),\ D(Z)$；（2）$\mathrm{cov}(X,Z-1)$；（3）ρ_{XZ}。

第 5 章　大数定律与中心极限定理

5.1　大数定律

概率论是研究随机现象的统计规律性的科学，而这种统计规律性往往需要在相同条件下进行大量的重复试验才能体现出来。我们知道，一个随机事件 A 在某次试验中可能发生也可能不发生，但在大量重复试验中它发生的频率具有稳定性，即当试验次数 n 增大时，事件 A 发生的频率接近于某一常数（即事件 A 的概率）。另外，人们通过实践发现大量的观测值的平均值也具有稳定性。那么，这些稳定性该如何从数学上进行描述和论证呢？这就是本节要讨论的大数定律。

在给出大数定律之前，我们先学习一个重要的不等式——切比雪夫不等式。

一、切比雪夫（Chebyshev）不等式

定理 5.1（切比雪夫不等式）　设随机变量 X 具有数学期望 $E(X)$ 和方差 $D(X)$，则对于任意正数 ε，都有不等式

$$P\{|X-E(X)|\geqslant\varepsilon\}\leqslant\frac{D(X)}{\varepsilon^2} \tag{5-1-1}$$

成立。

证明　（1）若 X 为离散型随机变量，则事件 $\{|X-E(X)|\geqslant\varepsilon\}$ 表示随机变量 X 取得满足不等式 $|x_i-E(X)|\geqslant\varepsilon$ 的一切可能值 x_i；设事件 $\{X=x_i\}$ 的概率为 $p(x_i)$，则根据概率的加法法则，有

$$P\{|X-E(X)|\geqslant\varepsilon\}=\sum_{|x_i-E(X)|\geqslant\varepsilon}p(x_i)$$

这里的和式表示对所有满足不等式 $|x_i-E(X)|\geqslant\varepsilon$ 的 x_i 的求和。

因为 $|x_i-E(X)|\geqslant\varepsilon$，即 $[x_i-E(X)]^2\geqslant\varepsilon^2$，所以

$$\frac{[x_i-E(X)]^2}{\varepsilon^2}\geqslant 1$$

又因为 $p(x_i)\geqslant 0$，所以

$$\frac{[x_i-E(X)]^2}{\varepsilon^2}\cdot p(x_i)\geqslant p(x_i)$$

于是有

$$P\{|X-E(X)|\geqslant\varepsilon\}\leqslant\sum_{|x_i-E(X)|\geqslant\varepsilon}\frac{[x_i-E(X)]^2}{\varepsilon^2}\cdot p(x_i)$$
$$=\frac{1}{\varepsilon^2}\sum_{|x_i-E(X)|\geqslant\varepsilon}[x_i-E(X)]^2\cdot p(x_i)$$
$$\leqslant\frac{1}{\varepsilon^2}\sum_i[x_i-E(X)]^2\cdot p(x_i)$$

这里的和式$\sum_i[x_i-E(X)]^2\cdot p(x_i)$表示对 X 的所有可能值的求和，它也是方差$D(X)$的表达式，即

$$D(X)=\sum_i[x_i-E(X)]^2\cdot p(x_i)$$

因此有

$$P\{|X-E(X)|\geqslant\varepsilon\}\leqslant\frac{D(X)}{\varepsilon^2}$$

即 X 为离散型随机变量时，不等式（5-1-1）成立。

（2）若 X 为连续型随机变量，它的概率密度为$f(x)$，则事件$\{|X-E(X)|\geqslant\varepsilon\}$表示 X 的取值落在区间$(E(X)-\varepsilon,E(X)+\varepsilon)$之外，于是有

$$P\{|X-E(X)|\geqslant\varepsilon\}=\int_{|x-E(X)|\geqslant\varepsilon}f(x)\mathrm{d}x$$

由于$|x-E(X)|\geqslant\varepsilon$，即$[x-E(X)]^2\geqslant\varepsilon^2$，因此

$$\frac{[x-E(X)]^2}{\varepsilon^2}\geqslant 1$$

于是有

$$\frac{[x-E(X)]^2}{\varepsilon^2}\cdot f(x)\geqslant f(x)$$

从而有

$$P\{|X-E(X)|\geqslant\varepsilon\}=\int_{|x-E(X)|\geqslant\varepsilon}f(x)\mathrm{d}x$$
$$\leqslant\int_{|x-E(X)|\geqslant\varepsilon}\frac{[x-E(X)]^2}{\varepsilon^2}\cdot f(x)\mathrm{d}x$$
$$=\frac{1}{\varepsilon^2}\int_{|x-E(X)|\geqslant\varepsilon}[x-E(X)]^2\cdot f(x)\mathrm{d}x$$
$$\leqslant\frac{1}{\varepsilon^2}\int_{-\infty}^{+\infty}[x-E(X)]^2\cdot f(x)\mathrm{d}x$$

而$\int_{-\infty}^{+\infty}[x-E(X)]^2\cdot f(x)\mathrm{d}x$就是连续型随机变量 X 的方差$D(X)$，于是有

$$P\{|X-E(X)|\geqslant\varepsilon\}\leqslant\frac{D(X)}{\varepsilon^2}$$

即 X 为连续型随机变量时，不等式（5-1-1）也成立。

切比雪夫不等式 $P\{|X-E(X)|\geqslant\varepsilon\}\leqslant\dfrac{D(X)}{\varepsilon^2}$ 的等价式为

$$P\{|X-E(X)|<\varepsilon\}\geqslant 1-\frac{D(X)}{\varepsilon^2} \qquad (5\text{-}1\text{-}2)$$

由式（5-1-2）可以看出，当方差 $D(X)$ 越小时，则事件 $\{|X-E(X)|<\varepsilon\}$ 的概率越大，这说明 X 在 $E(X)$ 附近的取值的概率也就越大，即随机变量 X 的取值集中在平均值 $E(X)$ 的附近，这就进一步说明了方差的概率含义，即它刻画了随机变量取值的离散程度。

例 5.1 已知正常男性成人血液中，单位白细胞数（单位：个/ml）平均为 7300，标准差为 700，利用切比雪夫不等式估计单位白细胞在 $5200\sim9400$ 之间的概率。

解 设 X 表示血液中单位白细胞数，依据题意有 $E(X)=7300, \sqrt{D(X)}=700$，于是由切比雪夫不等式式（5-1-2）得到

$$\begin{aligned}P\{5200<X<9400\}&=P\{5200-7300<X-7300<9400-7300\}\\&=P\{-2100<X-7300<2100\}\\&=P\{|X-7300|<2100\}\\&\geqslant 1-\frac{700^2}{2100^2}\\&=1-(\frac{1}{3})^2=\frac{8}{9}\end{aligned}$$

例 5.2 生产灯泡的合格率为 0.6，试估计 10 000 个灯泡中合格灯泡数在 $5800\sim6200$ 之间的概率。

解 设 X 表示合格灯泡数，则它服从参数 $n=10\,000,\ p=0.6$ 的二项分布，即 $X\sim B(10\,000,\ 0.6)$。如要准确计算，应按如下公式进行

$$P\{5800<X<6200\}=\sum_{k=5801}^{6199}C_{10000}^{k}\times(0.6)^k\times(0.4)^{10000-k}$$

这显然比较麻烦！

下面可用切比雪夫不等式估计。

因为

$$E(X)=np=10\,000\times0.6=6000$$

$$D(X)=np(1-p)=10\,000\times0.6\times0.4=2400$$

所以

$$\begin{aligned}P\{5800<X<6200\}&=P\{5800-6000<X-6000<6200-6000\}\\&=P\{-200<X-6000<200\}\\&=P\{|X-6000|<200\}\\&\geqslant 1-\frac{2400}{200^2}=0.94\end{aligned}$$

虽然利用切比雪夫不等式不能求出某个事件的概率，但可以求出一个估计值，这在实际问题中也是很有用的处理方式。

二、大数定律

为了引出大数定律，首先介绍随机变量序列的依概率收敛的定义及其性质。

定义 5.1　设 $X_1, X_2, \cdots, X_n, \cdots$ 是一个随机变量序列，a 为一个常数，若对于任意正数 ε，有

$$\lim_{n\to\infty} P\{|x_n - a| < \varepsilon\} = 1，\text{或} \lim_{n\to\infty} P\{|x_n - a| \geqslant \varepsilon\} = 0$$

则称序列 $X_1, X_2, \cdots, X_n, \cdots$ 依概率收敛于 a，记作

$$X_n \xrightarrow{P} a，\quad (n\to\infty)$$

此定义表明：随机变量序列 $\{X_n\}$ 的取值稳定在常数 a 附近的概率极限为1。

依概率收敛的序列还具有如下性质：

定理 5.2　设 $X_n \xrightarrow{P} a$，$Y_n \xrightarrow{P} b$（$n\to\infty$），且函数 $g(x,y)$ 在点 (a,b) 的连续，则

$$g(X_n, Y_n) \xrightarrow{P} g(a,b)\ (n\to\infty)$$

证明　略。

下面给出大数定律，由于大数定律的形式有多种，在此只给出几个简单的、常用的大数定律。

定理 5.3（伯努利大数定律）　设 n_A 表示 n 重伯努利试验中事件 A 发生的次数，p 是事件 A 在每次试验中发生的概率，则对任意 $\varepsilon > 0$，有

$$\lim_{n\to\infty} P\left\{\left|\frac{n_A}{n} - p\right| < \varepsilon\right\} = 1，\text{或} \lim_{n\to\infty} P\left\{\left|\frac{n_A}{n} - p\right| \geqslant \varepsilon\right\} = 0$$

证明　引进随机变量

$$X_i = \begin{cases} 0，\text{若在第}i\text{次试验中}A\text{不发生} \\ 1，\text{若在第}i\text{次试验中}A\text{发生} \end{cases}，\quad (i = 1, 2, \cdots, n)$$

则 $n_A = X_1 + X_2 + \cdots + X_n$；显然 $X_1, X_2, \cdots, X_n$ 相互独立，且 X_i 服从 $0-1$ 分布，于是

$$E(X_i) = p,\ D(X_i) = p(1-p),\ (i = 1, 2, \cdots, n)$$

则

$$E(n_A) = np,\ D(n_A) = np(1-p)$$

由数学期望和方差的性质，有

$$E(\frac{n_A}{n}) = p, \qquad D(\frac{n_A}{n}) = \frac{1}{n^2} D(n_A) = \frac{p(1-p)}{n}$$

于是 $\forall \varepsilon > 0$，由切比雪夫不等式有

$$\lim_{n\to\infty} P\left\{\left|\frac{n_A}{n} - p\right| \geqslant \varepsilon\right\} = \lim_{n\to\infty} P\left\{\left|\frac{n_A}{n} - E(\frac{n_A}{n})\right| \geqslant \varepsilon\right\} \leqslant \frac{D(\frac{n_A}{n})}{\varepsilon^2}$$

即

$$0 \leqslant \lim_{n\to\infty} P\left\{\left|\frac{n_A}{n}-p\right| \geqslant \varepsilon\right\} \leqslant \frac{1}{\varepsilon^2}\cdot\frac{p(1-p)}{n}$$

而

$$\lim_{n\to\infty} 0 = 0,\quad \lim_{n\to\infty}\frac{1}{\varepsilon^2}\cdot\frac{p(1-p)}{n} = 0$$

则由极限的夹逼准则可知

$$\lim_{n\to\infty} P\left\{\left|\frac{n_A}{n}-p\right| \geqslant \varepsilon\right\} = 0$$

因此

$$\begin{aligned}\lim_{n\to\infty} P\left\{\left|\frac{n_A}{n}-p\right| < \varepsilon\right\} &= \lim_{n\to\infty}\left[1 - P\left\{\left|\frac{n_A}{n}-p\right| \geqslant \varepsilon\right\}\right] \\ &= 1 - \lim_{n\to\infty} P\left\{\left|\frac{n_A}{n}-p\right| \geqslant \varepsilon\right\} \\ &= 1\end{aligned}$$

伯努利大数定律告诉我们：事件 A 发生的频率 $\frac{n_A}{n}$ 依概率收敛于事件 A 的概率 p，即

$$\frac{n_A}{n} \xrightarrow{P} p，（n\to\infty）$$

这就用严格的数学形式证明了频率的稳定性，即当 n 很大时，事件 A 的频率 $\frac{n_A}{n}$ 与其概率 p 之间有较大偏差的可能性很小，于是在实际应用中，当试验次数 n 很大时，可用事件 A 发生的频率来代替其发生的概率。

定理 5.4（切比雪夫大数定律） 设 $X_1, X_2, \cdots, X_n, \cdots$ 是一个相互独立的随机变量序列，若 $E(X_i)$ 和 $D(X_i)$（$i=1,2,\cdots$）都存在，且存在常数 $a>0$，使得 $D(X_i)\leqslant a$（$i=1,2,\cdots$），则对任意 $\varepsilon>0$，有

$$\lim_{n\to\infty} P\left\{\left|\frac{1}{n}\sum_{i=1}^n X_i - \frac{1}{n}\sum_{i=1}^n E(X_i)\right| < \varepsilon\right\} = 1$$

或

$$\lim_{n\to\infty} P\left\{\left|\frac{1}{n}\sum_{i=1}^n X_i - \frac{1}{n}\sum_{i=1}^n E(X_i)\right| \geqslant \varepsilon\right\} = 0$$

证明 因为 $X_1, X_2, \cdots, X_n$ 相互独立，所以有

$$D(\frac{1}{n}\sum_{i=1}^n X_i) = \frac{1}{n^2}D(\sum_{i=1}^n X_i) = \frac{1}{n^2}\sum_{i=1}^n D(X_i) \leqslant \frac{1}{n^2}\times na = \frac{a}{n}$$

于是由切比雪夫不等式有

$$P\left\{\left|\frac{1}{n}\sum_{i=1}^n X_i - \frac{1}{n}\sum_{i=1}^n E(X_i)\right| < \varepsilon\right\} \geqslant 1 - \frac{D(\frac{1}{n}\sum_{i=1}^n X_i)}{\varepsilon^2} \geqslant 1 - \frac{a}{\varepsilon^2\cdot n}$$

又因为概率值不超过1，即

$$P\left\{\left|\frac{1}{n}\sum_{i=1}^{n}X_i-\frac{1}{n}\sum_{i=1}^{n}E(X_i)\right|<\varepsilon\right\}\leqslant 1$$

所以

$$1-\frac{a}{\varepsilon^2\cdot n}\leqslant P\left\{\left|\frac{1}{n}\sum_{i=1}^{n}X_i-\frac{1}{n}\sum_{i=1}^{n}E(X_i)\right|<\varepsilon\right\}\leqslant 1$$

而

$$\lim_{n\to\infty}(1-\frac{a}{\varepsilon^2\cdot n})=1,\ \lim_{n\to\infty}1=1$$

因此由极限的夹逼准则可知

$$\lim_{n\to\infty}P\left\{\left|\frac{1}{n}\sum_{i=1}^{n}X_i-\frac{1}{n}\sum_{i=1}^{n}E(X_i)\right|<\varepsilon\right\}=1$$

于是有

$$\lim_{n\to\infty}P\left\{\left|\frac{1}{n}\sum_{i=1}^{n}X_i-\frac{1}{n}\sum_{i=1}^{n}E(X_i)\right|\geqslant\varepsilon\right\}=0$$

切比雪夫大数定律告诉我们：当n充分大时，n个相互独立的随机变量的平均值$\frac{1}{n}\sum_{i=1}^{n}X_i$较紧密地聚集在它的数学期望$\frac{1}{n}\sum_{i=1}^{n}E(X_i)$的附近，这就从理论上论证了独立随机变量的平均值是具有稳定性的。

在切比雪夫大数定律中，如果随机变量序列$X_1,X_2,\cdots,X_n,\cdots$相互独立，且具有相同的数学期望和方差，则可得到切比雪夫大数定律的一种特殊情况。

推论　设$X_1,X_2,\cdots,X_n,\cdots$是相互独立的随机变量序列，且具有相同的数学期望和方差

$$E(X_i)=\mu,\ D(X_i)=\sigma^2,\ (i=1,2,\cdots)$$

则对于任意$\varepsilon>0$，有

$$\lim_{n\to\infty}P\left\{\left|\frac{1}{n}\sum_{i=1}^{n}X_i-\mu\right|<\varepsilon\right\}=1$$

或

$$\lim_{n\to\infty}P\left\{\left|\frac{1}{n}\sum_{i=1}^{n}X_i-\mu\right|\geqslant\varepsilon\right\}=0$$

在切比雪夫大数定律及其推论中，要求随机变量的方差存在，但这个条件并不是必要的。下面给出独立且同分布的随机变量序列的大数定律。

定理 5.5（辛钦大数定律）　设$X_1,X_2,\cdots,X_n,\cdots$是相互独立且同分布的随机变量序列，它们的数学期望$E(X_i)=\mu$（$i=1,2,\cdots$）存在，则对任意$\varepsilon>0$，有

$$\lim_{n\to\infty}P\left\{\left|\frac{1}{n}\sum_{i=1}^{n}X_i-\mu\right|<\varepsilon\right\}=1$$

或

$$\lim_{n\to\infty}P\left\{\left|\frac{1}{n}\sum_{i=1}^{n}X_i-\mu\right|\geqslant\varepsilon\right\}=0$$

证明　略。

辛钦大数定律告诉我们：当n足够大时，随机变量在n次试验中的观测值的算术平均值$\bar{X}=\frac{1}{n}\sum_{i=1}^{n}X_i$依概率收敛于它的数学期望。因此当随机变量的数学期望未知时，可以选择一些与该变量独立且同分布的随机变量，用它们的算术平均值作为数学期望的估计值，并且选取的随机变量个数越多，这种估计程度越好，这就为后面的数理统计中参数估计提供了理论依据。

5.2 中心极限定理

在客观实际中有许多随机变量，它们是由大量的相互独立的随机因素综合影响而形成的，但其中每一个因素在总的影响中所起的作用是很微小的。这种随机变量的准确分布很难求得，但它们往往近似服从正态分布。这种现象就是中心极限定理的客观背景，用来描述在一定条件下，一系列随机变量之和的概率分布的极限定理，称为中心极限定理。

下面主要介绍两个最常用的中心极限定理及其在实际问题中的应用。

定理 5.6（独立同分布中心极限定理） 设随机变量$X_1,X_2,\cdots,X_n,\cdots$相互独立，服从同一分布，且

$$E(X_i)=\mu,\ D(X_i)=\sigma^2,\ (i=1,2,\cdots)$$

则随机变量之和$\sum_{i=1}^{n}X_i$的标准化变量

$$Y_n=\frac{\sum_{i=1}^{n}X_i-E(\sum_{i=1}^{n}X_i)}{\sqrt{D(\sum_{i=1}^{n}X_i)}}=\frac{\sum_{i=1}^{n}X_i-n\mu}{\sqrt{n}\cdot\sigma}$$

的分布函数$F_n(y)$对于任意实数y满足

$$\begin{aligned}\lim_{n\to\infty}F_n(y)&=\lim_{n\to\infty}P\left\{\frac{\sum_{i=1}^{n}X_i-n\mu}{\sqrt{n}\cdot\sigma}\leqslant y\right\}\\&=\frac{1}{\sqrt{2\pi}}\int_{-\infty}^{y}\mathrm{e}^{-\frac{t^2}{2}}\mathrm{d}t\\&=\Phi(y)\end{aligned}$$

证明 略。

此定理表明：均值为μ、方差为$\sigma^2>0$的独立同分布的随机变量$X_1,X_2,\cdots,X_n$的和$\sum_{i=1}^{n}X_i$的标准化变量$Y_n=\frac{\sum_{i=1}^{n}X_i-n\mu}{\sqrt{n}\cdot\sigma}$，当$n$充分大时，近似服从标准正态分布，即

$$Y_n \overset{\text{近似}}{\sim} N(0,1)$$

由此可知，当n充分大时，有

$$\sum_{i=1}^{n} X_i \overset{\text{近似}}{\sim} N(n\mu,\ n\sigma^2)$$

$$\overline{X} = \frac{1}{n}\sum_{i=1}^{n} X_i \overset{\text{近似}}{\sim} N(\mu,\ \frac{\sigma^2}{n})$$

例 5.3　军事演习中对目标进行100次的独立轰炸，每次命中目标的炮弹数为一个随机变量，均值为2，方差为1.69，求在100次轰炸中有180颗到220颗炸弹命中目标的概率。

解　设X_i表示第i次轰炸命中目标的炮弹数（$i=1,2,\cdots,100$），则

$$E(X_i)=2,\ D(X_i)=1.69=1.3^2$$

因为$X_1,X_2,\cdots,X_{100}$相互独立且同分布，则由定理 5.6 得到

$$\begin{aligned}
P\left\{180 \leqslant \sum_{i=1}^{100} X_i \leqslant 220\right\} &= P\left\{180-200 \leqslant \sum_{i=1}^{100} X_i - 200 \leqslant 220-200\right\} \\
&= P\left\{-20 \leqslant \sum_{i=1}^{100} X_i - 200 \leqslant 20\right\} \\
&= P\left\{\frac{-20}{\sqrt{100}\times 1.3} \leqslant \frac{\sum_{i=1}^{100} X_i - 200}{\sqrt{100}\times 1.3} \leqslant \frac{20}{\sqrt{100}\times 1.3}\right\} \\
&= P\left\{\frac{-20}{13} \leqslant \frac{\sum_{i=1}^{100} X_i - 200}{\sqrt{100}\times 1.3} \leqslant \frac{20}{13}\right\} \\
&\approx \Phi(\frac{20}{13}) - \Phi(-\frac{20}{13}) \\
&= 2\Phi(\frac{20}{13}) - 1 \\
&\approx 0.8764
\end{aligned}$$

例 5.4　电子秤在工作时，遵从四舍五入原则。为了简便，现对小数点后面第一位进行舍入运算，则误差X可以认为在区间$[-0.5,\ 0.5]$上服从均匀分布。如果现在统计100次售货情况，求平均误差落在区间$[-\frac{1}{100},\ \frac{1}{100}]$上的概率。

解　用X_i表示第i次售货的误差（$i=1,2,\cdots,100$），则$X_1,X_2,\cdots,X_{100}$相互独立，且都在$[-0.5,\ 0.5]$上服从均匀分布，此时有

$$E(X_i)=\frac{-0.5+0.5}{2}=0,\ D(X_i)=\frac{[0.5-(-0.5)]^2}{12}=\frac{1}{12};\quad (i=1,2,\cdots,100)$$

由定理 5.6 有

$$Y_n = \frac{\sum_{i=1}^{100} X_i - 100 \times 0}{\sqrt{100 \times \frac{1}{12}}} = \frac{\sqrt{3}}{5} \sum_{i=1}^{100} X_i \overset{\text{近似}}{\sim} N(0,\ 1)$$

于是平均误差 $\overline{X} = \frac{1}{100} \sum_{i=1}^{100} X_i$ 落在 $[-\frac{1}{100},\ \frac{1}{100}]$ 上的概率为

$$\begin{aligned} P\left\{-\frac{1}{100} < \overline{X} < \frac{1}{100}\right\} &= P\left\{-\frac{1}{100} \leqslant \frac{1}{100} \sum_{i=1}^{100} X_i \leqslant \frac{1}{100}\right\} \\ &= P\left\{-1 \leqslant \sum_{i=1}^{100} X_i \leqslant 1\right\} \\ &= P\left\{-\frac{\sqrt{3}}{5} \leqslant \frac{\sqrt{3}}{5} \sum_{i=1}^{100} X_i \leqslant \frac{\sqrt{3}}{5}\right\} \\ &\approx \Phi(\frac{\sqrt{3}}{5}) - \Phi(-\frac{\sqrt{3}}{5}) \\ &= 2\Phi(\frac{\sqrt{3}}{5}) - 1 \\ &\approx 0.2736 \end{aligned}$$

独立同分布的中心极限定理对 $X_1, X_2, \cdots, X_n$ 的分布无限制，只要求它们相互独立，且均值、方差有限即可。下面介绍此定理的一种特殊情形——棣莫佛-拉普拉斯定理，它是历史上最早的中心极限定理，由棣莫佛提出，拉普拉斯推广，以此来命名的。

定理 5.7（棣莫佛-拉普拉斯定理） 设随机变量 $X_1, X_2, \cdots, X_n$ 相互独立，且都服从参数为 p 的 0—1 分布，则对于任意实数 x，有

$$\lim_{n \to \infty} P\left\{\frac{\sum_{i=1}^{n} X_i - np}{\sqrt{np(1-p)}} \leqslant x\right\} = \Phi(x)$$

在此定理中，$X_1, X_2, \cdots, X_n$ 相互独立且都服从参数为 p 的 0—1 分布，则 $X = \sum_{i=1}^{n} X_i$ 服从参数为 n, p 的二项分布，即

$$X = \sum_{i=1}^{n} X_i \sim B(n, p)$$

因此有关二项分布的概率计算，当 n 充分大时，可以通过关于 $\Phi(x)$ 的计算来解决。

例 5.5 据统计，男孩的出生率为 51.5%，现问 10 000 名初生婴儿中男孩数在 $5100 \sim 5300$ 之间的概率。

解 设 X 表示 10 000 名初生婴儿中的男孩数，则 $X \sim B(10\,000, 0.515)$，于是

$$E(X) = np = 10\,000 \times 0.515 = 5150$$

$$D(X) = np(1-p) = 10\,000 \times 0.515 \times 0.485 = 2497.75$$

因此

$$
\begin{aligned}
P\{5100 \leqslant X \leqslant 5300\} &= P\{5100-5150 \leqslant X-5150 \leqslant 5300-5150\} \\
&= P\{-50 \leqslant X-5150 \leqslant 150\} \\
&= P\left\{-\frac{50}{\sqrt{2497.75}} \leqslant \frac{X-5150}{\sqrt{2497.75}} \leqslant \frac{150}{\sqrt{2497.75}}\right\} \\
&\approx \Phi\left(\frac{150}{\sqrt{2497.75}}\right) - \Phi\left(-\frac{50}{\sqrt{2497.75}}\right) \\
&\approx 0.84
\end{aligned}
$$

总复习题

1. 设随机变量 X 的数学期望为 $E(X)=100$，方差 $D(X)=10$，试由切比雪夫不等式估计 $P\{80<X<120\}$。

2. 用机器包装食盐，每袋净重为随机变量，规定每袋重量为500克，标准差为10克，且一箱中装有100袋，试估计一箱机装食盐中净重在49 750～50 250克之间的概率。

3. 设某电站供电网有 10 000 盏电灯，夜晚每一盏灯开灯的概率都为0.8，且假设开、关时间彼此独立，试估计夜晚同时开灯的灯数在7800～8200盏之间的概率。

4. 有一盒同型号的螺丝钉100个，已知每个螺丝钉的质量是一个随机变量，均值为100克，标准差为10克，求这一盒螺丝钉质量超过10.2千克的概率。

5. 计算机在进行加法计算时，把每个加数取整来计算（按四舍五入取为最接近它的整数）。设所有取整误差是相互独立的随机变量，且都服从区间[−0.5, 0.5]上的均匀分布，求1200个数相加时，误差总和的绝对值不超过10的概率。

6. 设随机变量 $X_1,X_2,\cdots,X_n$ 相互独立，则由独立同分布中心极限定理知，当 n 充分大时，$X=\sum_{i=1}^{n} X_i$ 近似服从正态分布，只要 $X_1,X_2,\cdots,X_n$ ________。

（A）有相同的数学期望　　（B）有相同的方差

（C）服从同一指数分布　　（D）服从同一离散分布

7. 已知某厂生产的产品一等品的概率为0.8，现取 10 000 件该产品，问一等品数在7940件到8040件之间的概率。

第 6 章　数理统计的基本概念

概率论是数理统计的理论基础，数理统计是概率论的重要应用。数理统计是以概率论的理论为基础，通过试验所得数据来研究随机现象的一门数学分支，应用广泛，内容丰富。我们仅介绍其有关参数估计与参数假设检验等基本内容。

6.1　随机样本

一、总体与个体

定义 6.1　在数理统计中，将所研究对象的全体称为总体，其中每个对象称为个体。

由于通常关注的是研究对象的某些数量指标，因此也称这些数量指标取值的全体为总体，其中每个元素称为个体。总体中所包含的个体的个数称为总体的容量，容量为有限的称为有限总体，容量为无限的称为无限总体。

例如，检验灯泡厂生产的灯泡寿命：全体灯泡寿命数值构成总体，每个灯泡的寿命数值为一个个体。

又如，调查科师大男生身高情况：全体男生身高数值构成总体，每个男生身高数值就是一个个体。

灯泡的寿命检验是一个破坏性试验，即当得知一个灯泡寿命时，该灯泡的使用价值也就消失了，因此，不可能抽检每个灯泡。

可以逐一测量科师大每个男生的身高，但工作量大，而我们仅需对学校男生身高情况有个大致了解，因此，不必要抽测每个男生。

一般做法是从总体中随机地抽取若干个体（灯泡、男生），测试其所需数据（寿命、身高)，最后对所得数据通过整理加工和分析来推断总体（这批灯泡寿命、男生身高）的分布情况，从而了解整体情况。

我们所研究的总体的某项数量指标 X 是一个随机变量，其取值在客观上有一定的分布。因此，对总体的研究，就是对相应的随机变量 X 的研究。

今后，我们称 X 的分布函数和数字特征分别为总体的分布函数和数字特征，并不再区分总体与相应的随机变量 X，对总体的称呼：总体，总体 X 与总体 F 。

二、样本与样本值

数理统计的基本任务就是通过对从总体中抽取的一部分个体（称为总体的样本）进行观察，根据所记录的数据（样本值）经整理与加工，以推断总体的某些性质。

“从总体中抽取一个个体”就是对总体进行一次观察（试验），并记录其数据结果。

在相同条件下对总体 X 进行 n 次独立、重复的观察，将 n 次试验结果依次记为 $X_1,X_2,\cdots,X_n$，则称之为来自总体 X 的容量为 n 的一个简单随机样本；n 次试验完成后，所得样本的一组观察值 $x_1,x_2,\cdots,x_n$ 称为样本值。

定义 6.2　设总体 X 的分布函数为 $F(x)$，若 $X_1,X_2,\cdots,X_n$ 是相互独立且具有相同分布函数 F 的 n 个随机变量，则称之为来自总体 F（分布函数 F，总体 X）的容量为 n 的（简单随机）样本，其观察值 $x_1,x_2,\cdots,x_n$ 称为样本值。

显然，若 X 的分布函数为 $F(x)$，则 $X_1,X_2,\cdots,X_n$ 的联合分布函数为

$$F(x_1,x_2,\cdots,x_n)\overset{\text{独立}}{=}\prod_{i=1}^{n}F(x_i)$$

特别地，若 X 的概率密度为 $f(x)$，则 $X_1,X_2,\cdots,X_n$ 的联合概率密度为

$$f(x_1,x_2,\cdots,x_n)=\prod_{i=1}^{n}f(x_i)$$

若 X 的概率分布为 $p(x)$，则 $X_1,X_2,\cdots,X_n$ 的联合概率分布为

$$p(x_1,x_2,\cdots,x_n)=\prod_{i=1}^{n}p(x_i)$$

三、数理统计的基本任务

样本来自总体，必然携带有反映总体性质的各种信息。数理统计的基本任务就是通过对样本的研究来对总体的未知参数或分布类型作出估计，对有关总体的假设作出推断。后面介绍的内容仅限于有关总体参数的估计与推断，称为参数估计与参数假设检验。

习题 6.1

1. 为了解某专业本科毕业生的就业情况，我们调查了某地区 50 名 2016 年毕业的该专业本科毕业生的实习期满后的月薪情况，试问：(1) 什么是总体与个体？(2) 什么是样本？(3) 样本容量是多少？

2. 设总体 $X\sim N(\mu,\sigma^2)$，$X_1,X_2,\cdots,X_n$ 是来自总体 X 的一个容量为 n 的样本，试写出 $X_1,X_2,\cdots,X_n$ 的联合概率密度函数。

3. 设总体 $X\sim U(a,b)$，$X_1,X_2,\cdots,X_n$ 是来自总体 X 的一个容量为 n 的样本，试写出 $X_1,X_2,\cdots,X_n$ 的联合概率密度函数。

6.2 抽样分布

一、统计量

在实际应用中，人们对总体X的分布是毫无所知的，借助于总体X的样本$X_1,X_2,\cdots,X_n$，对总体X的未知分布进行合理的推断，这类问题统称为统计推断问题。

样本是进行统计推断的依据。但在实际应用时，一般不是直接使用样本本身，而是对样本进行整理和加工，即针对具体问题构造适当的函数——统计量，利用这些函数来进行统计推断，揭示总体的统计特性。

定义 6.3 设$X_1,X_2,\cdots,X_n$是来自总体X的样本，$x_1,x_2,\cdots,x_n$为其样本值，则称不含任何未知参数的连续函数$g(X_1,X_2,\cdots,X_n)$为统计量，相应的实数$g(x_1,x_2,\cdots,x_n)$称为其观察值。

例如，若$(X_1,X_2,\cdots,X_n)$为取自总体$X\sim N(\mu,\sigma^2)$的一个样本，其中μ,σ^2未知，依据定义 6.3，可知$\sum_{i=1}^{n}X_i^2$是统计量，而$\sum_{i=1}^{n}X_i^2-n\mu$和$\frac{1}{\sigma}\sum_{i=1}^{n}X_i^2$不是统计量。

1. 常用的统计量

设$(X_1,X_2,\cdots,X_n)$为来自总体X的一个样本，相应的（$x_1,x_2,\cdots,x_n$）为一次抽取的样本观察值。

（1） **样本均值**：$\bar{X}=\frac{1}{n}\sum_{i=1}^{n}X_i$。

（2） **样本方差**：$S^2=\frac{1}{n-1}\sum_{i=1}^{n}(X_i-\bar{X})^2$，其中$\bar{X}$是样本均值。

（3） **样本标准差**：$S=\sqrt{S^2}=\sqrt{\frac{1}{n-1}\sum_{i=1}^{n}(X_i-\bar{X})^2}$。

（4） **k阶样本原点矩**：$A_k=\frac{1}{n}\sum_{i=1}^{n}X_i^k\ (k=1,2,\cdots)$；当$k=1$时，为样本均值。

（5） **k阶样本中心矩**：$B_k=\frac{1}{n}\sum_{i=1}^{n}(X_i-\bar{X})^k\ \ (k=1,2,\cdots)$；当$k=2$时，为样本观察值的二阶中心矩，记作$S_n^2=B_2=\frac{1}{n}\sum_{i=1}^{n}(X_i-\bar{X})^2$。

通过运算可得以下结果：

① $S^2=\frac{1}{n-1}\left(\sum_{i=1}^{n}X_i^2-n\bar{X}^2\right)$；

② $S^2=\frac{n}{n-1}S_n{}^2$。

2. 统计量的观察值

（1）　$\overline{x}=\frac{1}{n}\sum_{i=1}^{n}x_i$；

（2）　$S^2=\frac{1}{n-1}\sum_{i=1}^{n}(x_i-\overline{x})^2$　；

（3）　$S=\sqrt{S^2}=\sqrt{\frac{1}{n-1}\sum_{i=1}^{n}(x_i-\overline{x})^2}$　；

（4）　$a_k=\frac{1}{n}\sum_{i=1}^{n}x_i^k \quad (k=1,2,\cdots)$；

（5）　$b_k=\frac{1}{n}\sum_{i=1}^{n}(x_i-\overline{x})^k \quad (k=1,2,\cdots)$。

重要结论：样本矩（的连续函数）依概率收敛于总体矩（的连续函数）。
总体 *k* 阶（原点）矩：$E(X^k)=\mu_k \quad (k=1,2,\cdots)$；
总体的期望就是其一阶矩：$E(X)=\mu_1$；
总体的方差：$D(X)=E(X^2)-[E(X)]^2=\mu_2-\mu_1^2$。

【补充知识】

（1）$\Gamma-$函数。

$$\Gamma(x)=\int_0^{+\infty}\mathrm{e}^{-t}t^{x-1}\mathrm{d}t(x>0)$$

其性质有

$$\Gamma(x+1)=x\Gamma(x),\quad \Gamma(n+1)=n!$$

$$\Gamma(2)=\Gamma(1)=1,\qquad \Gamma(\frac{1}{2})=\sqrt{\pi}$$

相关重要积分

$$\int_0^{+\infty}\mathrm{e}^{-t^2}t^x\mathrm{d}t=\frac{1}{2}\Gamma(\frac{1+x}{2}),\ (x>-1)$$

$$\int_0^{+\infty}\mathrm{e}^{-t^2}\mathrm{d}t=\frac{1}{2}\Gamma(\frac{1}{2})=\frac{\sqrt{\pi}}{2}$$

（2）$\Gamma-$分布。

如果连续型随机变量 X 的概率密度为

$$f(x)=\begin{cases}\frac{\beta^\alpha}{\Gamma(\alpha)}x^{\alpha-1}\mathrm{e}^{-\beta x}, & x>0\\ 0, & x\leqslant 0\end{cases},\ (\alpha>0,\beta>0)$$

则称 X 服从 $\Gamma-$分布，记为 $X\sim\Gamma(\alpha,\beta)$。

特例：$\Gamma(1,\beta)$ 是参数为 β 的指数分布。

（3）分位点。

定义 6.4　设随机变量 X 的密度为 $f(x)$，若对任意给定的 $\alpha(0<\alpha<1)$，存在实数 $x_\alpha\in R$，

满足

$$p\{X > X_a\} = \alpha$$

则称 x_α 为该分布的上侧分位点，如图 6-1 所示。

若对任意给定的 $\beta(0<\beta<1)$，存在实数 $x_\beta \in R$，满足

$$p\{X \leqslant y_\beta\} = 1-\beta$$

则称 y_β 为该分布的下侧分位点。

由定义 6.4 可知，$x_a = y_{1-a}$，$y_\beta = x_{1-\beta}$ 仅取上侧或下侧分位点时，称取单侧分位点。

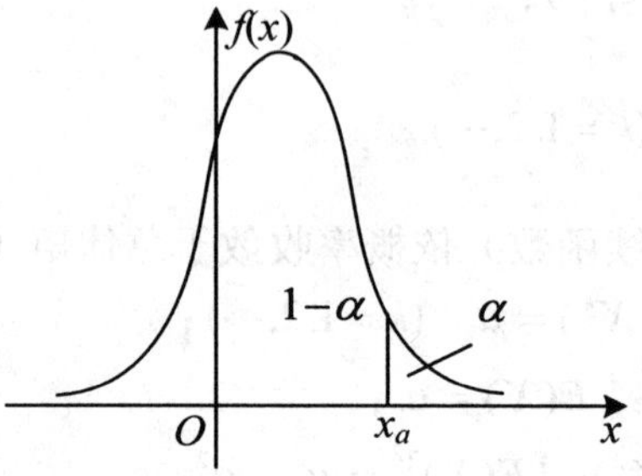

图 6-1

设随机变量 X 的密度 $f(x)$ 为偶函数，若对任意给定的 $\alpha(0<\alpha<1)$，存在实数 $x_{a/2} \in R$，满足

$$p\{|X| > x_{a/2}\} = \alpha$$

则称 $x_{a/2}$ 为该分布的 α 双侧分位点，如图 6-2 所示。

若 $X \sim N(0,1)$，存在 $u_a \in R$，使

$$p\{U > u_a\} = \alpha$$

则 u_α 就是标准正态分布的单侧分位点，如图 6-3 所示。

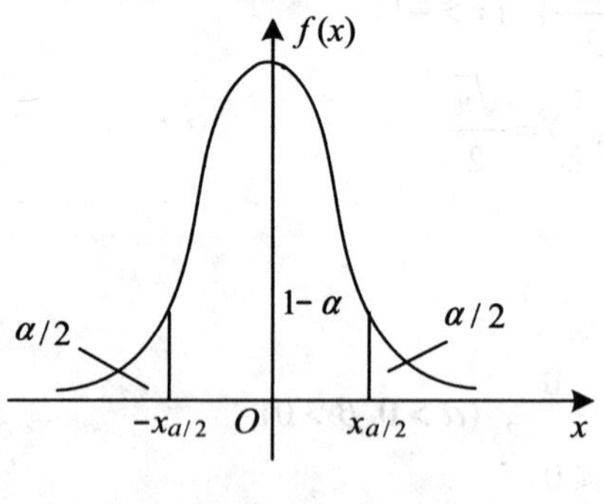

图 6-2

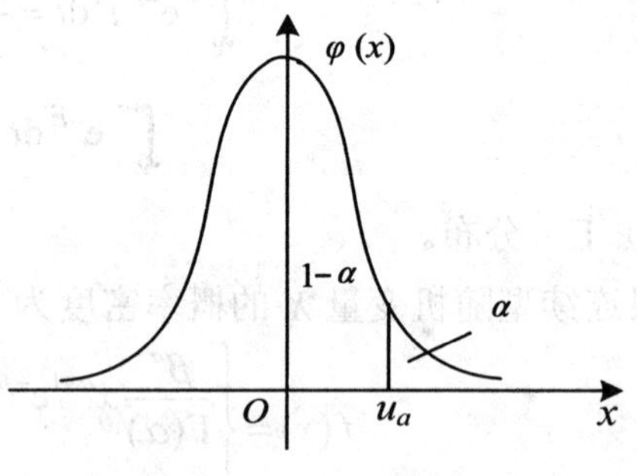

图 6-3

由于 $$\alpha = p\{U > u_\alpha\} = 1 - p\{U \leqslant u_\alpha\} = 1 - \Phi(u_\alpha)$$

则得 $$\Phi(u_\alpha) = 1-\alpha$$

即要查 u_α 的值，对应标准正态分布表中的概率为 $1-\alpha$。

例如，当$\alpha=0.005$时，$1-\alpha=0.995$，在表中函数值中找到最接近0.995的值：0.9949与0.9951，它们对应的u_α值分别为2.57与2.58，故可取其算术平均值为上侧0.005分位点

$$u_{0.005}=2.575$$

二、抽样分布的分类

统计量是样本的函数，因此也是一个随机变量，统计量的分布称为抽样分布。由于实践中很多统计推断是基于正态分布假设的，我们介绍三个在数理统计中常用的来自正态总体的统计量的分布，即统计中的“三大抽样分布”。

1. χ^2分布（卡方分布）

定义 6.5　设$(X_1,X_2,\cdots,X_n)$为来自总体$X\sim N(0,1)$的一个样本，则称

$$\chi^2=\sum_{i=1}^{n}X_i^2$$

为χ^2统计量，且服从自由度为n的χ^2分布，记作$\chi^2\sim\chi^2(n)$。自由度n是指独立随机变量的个数。

χ^2统计量的概率密度函数为

$$f_n(x)=\begin{cases}\dfrac{1}{2^{n/2}\Gamma(n/2)}x^{\frac{n}{2}-1}\mathrm{e}^{-\frac{x}{2}}, & x>0\\ 0, & x\leqslant 0\end{cases} \tag{6-2-1}$$

其中$\Gamma(n/2)$是函数$\Gamma(\alpha)=\int_0^{+\infty}\mathrm{e}^{-t}t^{\alpha-1}\mathrm{d}t$在$x=n/2$的值。

图 6-4 所示为χ^2分布密度函数$f_n(x)$的曲线，由图 6-4 可见，$f_n(x)$的图形还与自由度n有关，由中心极限定理可知χ^2分布的极限分布是正态分布。

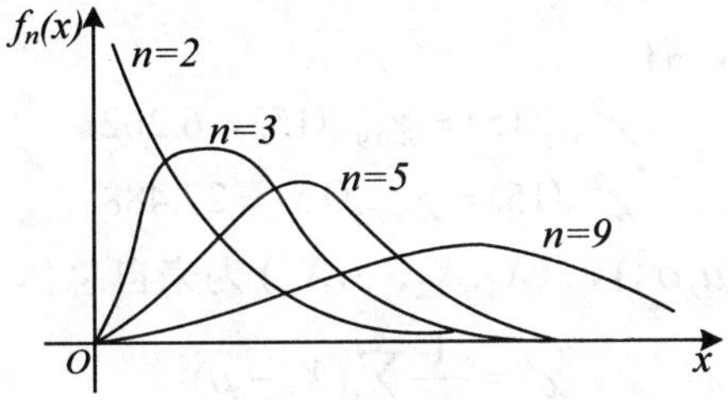

图 6-4

χ^2分布具有如下性质。

性质 1（可加性）　若$\chi_1^2\sim\chi^2(n_1)$，$\chi_2^2\sim\chi^2(n_2)$，且χ_1^2与χ_2^2相互独立，则

$$\chi_1^2+\chi_2^2\sim\chi^2(n_1+n_2)$$

性质 2　若$\chi^2\sim\chi^2(n)$，则

$$E(\chi^2)=n,\ D(\chi^2)=2n$$

证明 由 $X_i \sim N(0,1)$ 得

$$E(X_i^2)=D(X_i)=1$$

$$D(X_i^2)=E(X_i^4)-\left[E(X_i^2)\right]^2=3-1=2，\quad（i=1,2,\cdots,n）$$

从而得

$$E(\chi^2)=E(\sum_{i=1}^{n}X_i^{2})=\sum_{i=1}^{n}E(X_i^{2})=n$$

$$D(\chi^2)=D(\sum_{i=1}^{n}X_i^{2})=\sum_{i=1}^{n}D(X_i^{2})=2n$$

当随机变量 $\chi^2 \sim \chi^2(n)$ 时，则满足

$$p\{\chi^2>\chi_\alpha^2(n)\}=\alpha,\quad (0<\alpha<1)$$

的 $\chi_\alpha^2(n)$ 为 χ^2 分布的上侧 α 分位点(或单侧 α 分位点)，如图 6-5 所示。

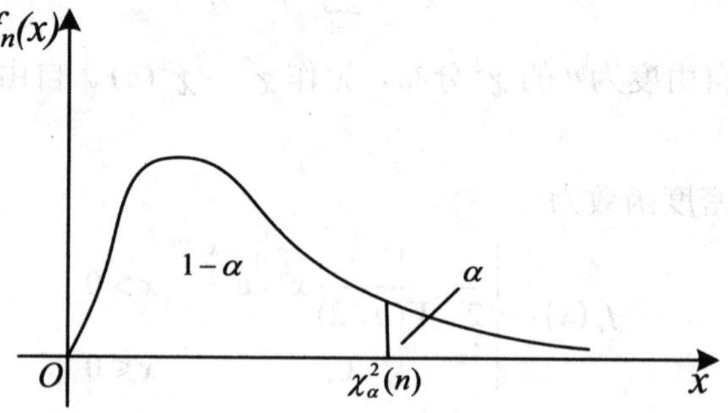

图 6-5

例如，查附表 C 可得：$\chi_{0.9}^2(12)=6.304$，$\chi_{0.995}^2(10)=2.156$；

双侧分位点：$\chi_{1-\alpha/2}^2(n),\chi_{\alpha/2}^2(n)$；

如查表可得 $\alpha=0.05$ 时，有

$$\chi_{1-\alpha/2}^2(15)=\chi_{0.975}^2(15)=6.262$$

$$\chi_{\alpha/2}^2(15)=\chi_{0.025}^2(15)=27.488$$

例 6.1 设总体 $X\sim N(\mu,\sigma^2)$，$(X_1,X_2,\cdots,X_n)$ 为来自总体 X 的—个样本，求

$$\chi^2=\frac{1}{\sigma^2}\sum_{i=1}^{n}(X_i-\mu)^2$$

的分布。

解 令 $Y_i=\dfrac{X_i-\mu}{\sigma}$，则 $Y_i\sim N(0,1)$，$i=1,2,\cdots,n$，且 $Y_1, Y_2,\cdots,Y_n$ 相互独立，由 χ^2 分布定义 6.5 可得

$$\chi^2=\frac{1}{\sigma^2}\sum_{i=1}^{n}(X_i-\mu)^2=\sum_{i=1}^{n}(\frac{X_i-\mu}{\sigma})^2=\sum_{i=1}^{n}Y_i^2\sim\chi^2(n)$$

2. t 分布

定义 6.6 设 $X \sim N(0,1)$, $Y \sim \chi^2(n)$，且 X 与 Y 独立，则称随机变量

$$T = \frac{X}{\sqrt{Y/n}}$$

服从自由度为 n 的 t 分布，记为 $T \sim t(n)$。

随机变量 T 的概率密度函数为

$$h(t) = \frac{\Gamma[(n+1)/2]}{\sqrt{n\pi}\Gamma(n/2)}\left(1+\frac{t^2}{n}\right)^{-\frac{n+1}{2}}; \ (-\infty < t < +\infty) \qquad (6\text{-}2\text{-}2)$$

在图 6-6 中可以看到，t 分布的密度函数为偶函数，且以标准正态概率密度为其极限 $(n \to \infty)$。

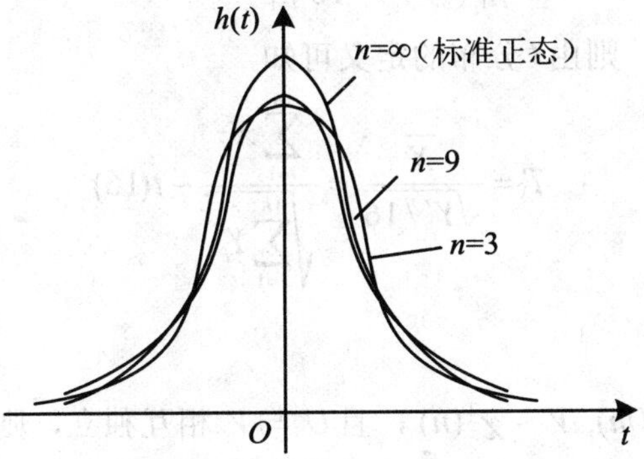

图 6-6

当随机变量 $T \sim t(n)$ 时，则满足

$$p\{T > t_\alpha(n)\} = \alpha$$

的 $t_\alpha(n)$ 为 t 分布的上侧 α 分位点（或单侧 α 分位点），如图 6-7 所示。

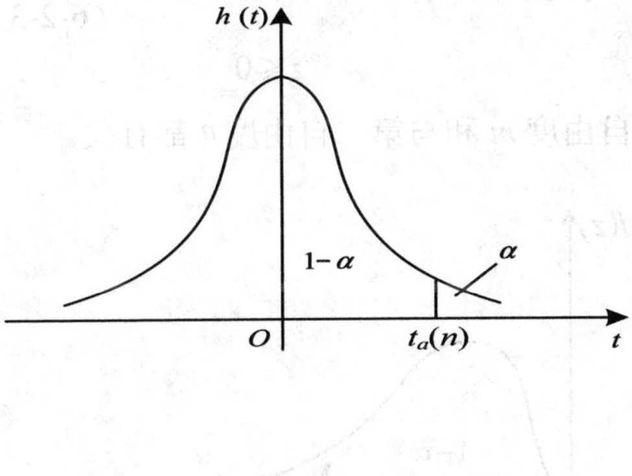

图 6-7

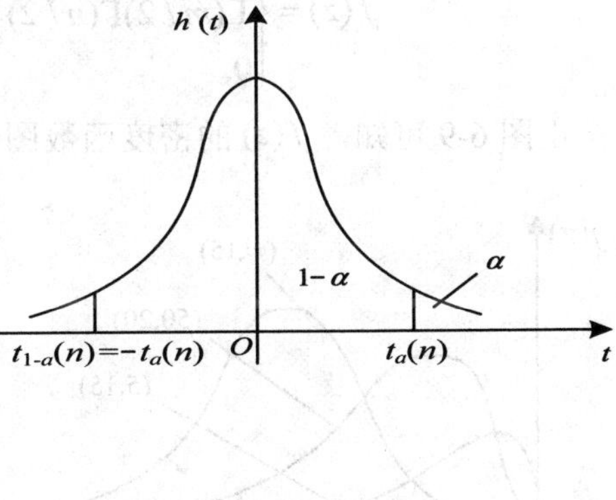

图 6-8

利用 t 分布的对称性，可得 t 分布的双侧 α 分位点，如图 6-8 所示。

$$t_{1-\alpha}(n) = -t_\alpha(n)$$

例如，查附表 D 可得：$t_{0.025}(8)=2.3060$，　$t_{0.95}(10)=-t_{0.05}(10)=-1.8125$ 。

例 6.2　设总体 X 和 Y 相互独立，且都服从 $N(0,4^2)$，而 $(X_1,X_2,\cdots,X_{16})$ 和 $(Y_1,Y_2,\cdots,Y_{16})$ 分别来自总体 X 和 Y；令

$$T=\frac{X_1+X_2+\cdots+X_{16}}{\sqrt{Y_1^2+Y_2^2+\cdots+Y_{16}^2}}$$

求 T 的分布。

解　设　$\overline{X}=\dfrac{1}{16}\sum\limits_{i=1}^{16}X_i\sim N(0,1)$，$\dfrac{Y_i}{4}\sim N(0,1)$，（$i=1,2,\cdots,16$）

所以

$$Y'=\sum_{i=1}^{16}\left(\frac{Y_i}{4}\right)^2=\frac{1}{16}\sum_{i=1}^{16}\left(Y_i\right)^2\sim\chi^2(16)$$

又因为 $\overline{X}$ 与 Y' 相互独立，则由 t 分布的定义可知

$$T=\frac{\overline{X}}{\sqrt{Y'/16}}=\frac{\sum\limits_{i=1}^{16}X_i}{\sqrt{\sum\limits_{i=1}^{16}Y_i^2}}\sim t(16)$$

3. *F* 分布

定义 6.7　设 $U\sim\chi^2(m)$, $V\sim\chi^2(n)$，且 U 与 V 相互独立，则称随机变量

$$F=\frac{U/m}{V/n}$$

服从第一自由度为 m，第二自由度为 n 的 F 分布，记为 $F\sim F(m,n)$。

随机变量 F 的概率密度函数为

$$f(z)=\begin{cases}\dfrac{\Gamma[(m+n)/2]}{\Gamma(m/2)\Gamma(n/2)}(m/n)^{\frac{m}{2}}z^{\frac{m}{2}-1}[1+(mz/n)]^{-\frac{m+n}{2}}, & z>0\\ 0, & z\leqslant 0\end{cases}\qquad(6\text{-}2\text{-}3)$$

由图 6-9 可知，$f(z)$ 的密度函数图形与第一自由度 m 和与第二自由度 n 都有关。

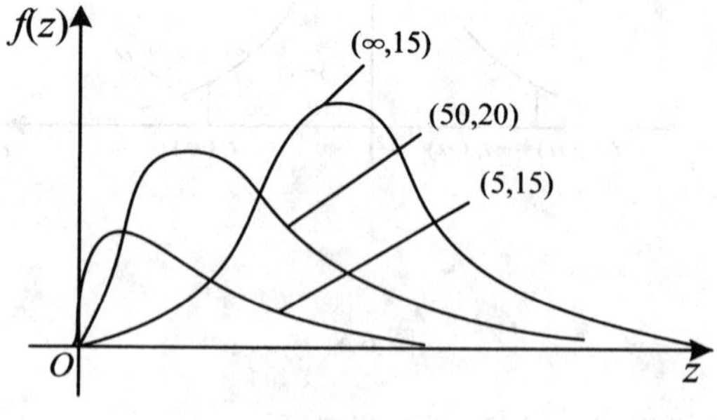

图 6-9

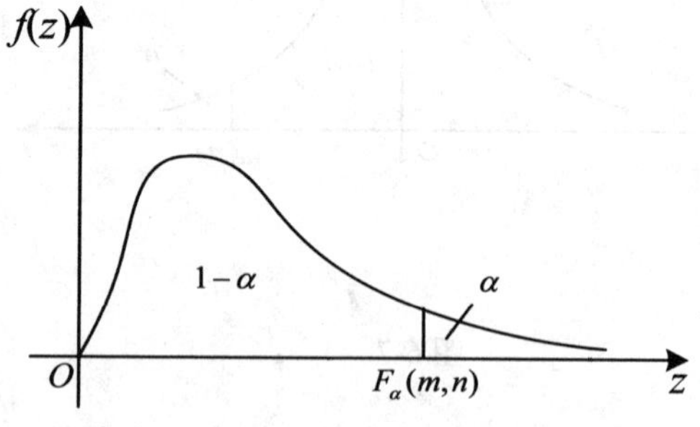

图 6-10

由定义 6.7 可知，F 分布有如下性质。

性质 1 若 $F \sim F(m,n)$，则 $\frac{1}{F} \sim F(n,m)$。

当随机变量 $F \sim F(m,n)$ 时，则满足

$$p\{F > F_{\alpha}(m,n)\} = \alpha$$

的 $F_{\alpha}(m,n)$ 为 F 分布的上侧 α 分位点（或单侧分位点），如图 6-10 所示。

F 分布的分位点有以下性质。

性质 2 $F_{1-\alpha}(m,n) = \frac{1}{F_{\alpha}(n,m)}$。

证明 设 $F \sim F(m,n)$，由分位点定义

$$\begin{aligned}1-\alpha &= p\left\{F > F_{1-\alpha}(m,n)\right\} \\ &= p\left\{\frac{1}{F} \leqslant \frac{1}{F_{1-\alpha}(m,n)}\right\} \\ &= 1 - p\left\{\frac{1}{F} > \frac{1}{F_{1-\alpha}(m,n)}\right\} \\ &= 1 - p\left\{\frac{1}{F} \geqslant \frac{1}{F_{1-\alpha}(m,n)}\right\}\end{aligned}$$

于是得到

$$p\left\{\frac{1}{F} \geqslant \frac{1}{F_{1-\alpha}(m,n)}\right\} = \alpha$$

由于 $\frac{1}{F} \sim F(n,m)$，则由分位点定义有

$$\frac{1}{F_{1-a}(m,n)} = F_{a}(n,m)$$

得证。

例如：$F_{0.95}(16,10) = \frac{1}{F_{0.05}(10,16)} = \frac{1}{2.49} = 0.4016$。

例 6.3 已知 $X \sim t(n)$，证明 $X^2 \sim F(1,n)$。

证明 因为 $X \sim t(n)$，所以由 t 分布定义知：存在两个相互独立的随机变量 $Y \sim N(0,1),\ Z \sim \chi^2(n)$，使得

$$X = \frac{Y}{\sqrt{Z/n}}$$

由 Y, Z 的相互独立可得：Y^2 与 Z 也相互独立。

由 χ^2 分布定义知

$$Y^2 \sim \chi^2(1),\ Z \sim \chi^2(n)$$

再由 F 分布定义得

$$X^2 = \frac{Y^2}{Z/n} \sim F(1,n)$$

三、样本均值与样本方差的分布

设总体 X 有均值与方差：$E(X)=\mu$，$D(X)=\sigma^2$，$X_1,X_2,\cdots,X_n$ 是来自 X（无论 X 服从何种分布）的一个样本，则总有

$$E(\bar{X})=\mu, D(\bar{X})=\frac{\sigma^2}{n}$$

特别地，当 $X\sim N(\mu,\sigma^2)$ 时，样本均值 $\bar{X}\sim N(\mu,\frac{\sigma^2}{n})$。

对于单正态总体 $N(\mu,\sigma^2)$ 的样本均值 $\bar{X}=\frac{1}{n}\sum_{i=1}^{n}X_i$ 和样本方差 $S^2=\frac{1}{n-1}\sum_{i=1}^{n}(X_i-\bar{X})^2$，则有如下定理。

定理 6.1 设 $(X_1,X_2,\cdots,X_n)$ 为来自总体 $N(\mu,\sigma^2)$ 的一个样本，则有以下关系：

（1）$\bar{X}\sim N(\mu,\frac{\sigma^2}{n})$；

（2）$\frac{(n-1)S^2}{\sigma^2}\sim\chi^2(n-1)$；

（3）$\frac{\bar{X}-\mu}{S/\sqrt{n}}\sim t(n-1)$；

（4）样本均值 $\bar{X}$ 与样本方差 S^2 相互独立。

注意：$\frac{(n-1)S^2}{\sigma^2}=\sum_{i=1}^{n}(\frac{X_i-\bar{X}}{\sigma})^2\sim\chi^2(n-1)$，而

$$\sum_{i=1}^{n}(\frac{X_i-\mu}{\sigma})^2\sim\chi^2(n)$$

证明定理 6.1 前，先补充一个引理。

引理 已知 $X_1,X_2,\cdots,X_n$ 相互独立，且服从同一的分布 $X_i\sim N(0,1)$，若作正交变换

$$Y=\begin{pmatrix}Y_1\\Y_2\\\vdots\\Y_n\end{pmatrix}=C\begin{pmatrix}X_1\\X_2\\\vdots\\X_n\end{pmatrix}=CX$$

其中 $C=(c_{ij})_{n\times n}$，并且 $C^TC=CC^T=E$，则：

（1）$Y_1,Y_2,\cdots,Y_n$ 相互独立并且服从同一的分布 $Y_i\sim N(0,1)$；

（2）Y_1 与 $g(Y_2,Y_3,\cdots,Y_n)=\sum_{i=2}^{n}Y_i^2$ 相互独立。

此引理的证明过程略去，下面证明定理 6.1。

证明 令
$$Y_i=\frac{X_i-\mu}{\sigma}，（i=1,2,\cdots,n）$$

则 $Y_1,Y_2,\cdots,Y_n$ 相互独立，且服从同一的分布 $Y_i \sim N(0,1)$，作正交变换

$$Z=\begin{pmatrix} Z_1 \\ Z_2 \\ \vdots \\ Z_n \end{pmatrix}=C\begin{pmatrix} Y_1 \\ Y_2 \\ \vdots \\ Y_n \end{pmatrix}$$

其中

$$C=\begin{pmatrix} \frac{1}{\sqrt{n}} & \cdots & \frac{1}{\sqrt{n}} \\ C_{21} & \cdots & C_{2n} \\ \vdots & \cdots & \vdots \\ C_{n1} & \cdots & C_{nn} \end{pmatrix}_{n\times n},\quad C^TC=CC^T=E$$

且有

$$Z_1=\frac{1}{\sqrt{n}}(Y_1+Y_2+\cdots+Y_n)=\frac{1}{\sqrt{n}}\sum_{i=1}^{n}Y_i=\sqrt{n}\overline{Y}$$

由引理可知，$Z_1,Z_2,\cdots,Z_n$ 相互独立，且服从同一的分布 $Z_i \sim N(0,1)$，以及 Z_1 与 $\sum\limits_{i=2}^{n}Z_i^2$ 是相互独立的。

（1）由

$$\begin{aligned}\frac{\overline{X}-\mu}{\sigma/\sqrt{n}}&=\frac{\frac{1}{n}\left[(X_1+X_2+\cdots+X_n)-n\mu\right]}{\sigma/\sqrt{n}}\\&=\sqrt{n}\cdot\frac{1}{n}\left[(\frac{X_1-\mu}{\sigma})+\cdots+(\frac{X_n-\mu}{\sigma})\right]\\&=\frac{1}{\sqrt{n}}\sum_{i=1}^{n}Y_i=Z_1\sim N(0,1)\end{aligned}$$

得

$$\overline{X}\sim N(\mu,\frac{\sigma^2}{n})$$

（2）由

$$\begin{aligned}\frac{(n-1)S^2}{\sigma^2}&=\sum_{i=1}^{n}\left[(\frac{X_i-\mu}{\sigma})-(\frac{\overline{X}-\mu}{\sigma})\right]^2=\sum_{i=1}^{n}(Y_i-\overline{Y})^2\\&=\sum_{i=1}^{n}Y_i^2-n\overline{Y}^2=\sum_{i=1}^{n}Z_i^2-Z_1^2=\sum_{i=2}^{n}Z_i^2\end{aligned}$$

又 $Z_i \sim N(0,1)$，得

$$\frac{(n-1)S^2}{\sigma^2}\sim\chi^2(n-1)$$

（3）　因为

$$\frac{\overline{X}-\mu}{\sigma/\sqrt{n}}\sim N(0,1),\frac{(n-1)S^2}{\sigma^2}\sim\chi^2(n-1)$$

且两者相互独立，由定义 6.6 可知

$$T=\frac{\dfrac{\overline{X}-\mu}{\sigma/\sqrt{n}}}{\sqrt{\dfrac{(n-1)S^2/\sigma^2}{n-1}}}=\frac{\overline{X}-\mu}{S/\sqrt{n}}\sim t(n-1)$$

（4）由于 $Z_1=\dfrac{\overline{X}-\mu}{\sigma/\sqrt{n}}$ 与 $\dfrac{(n-1)S^2}{\sigma^2}=\sum\limits_{i=2}^{n}Z_i^2$ 是相互独立的，因此，得到 $\overline{X}$ 与 $\dfrac{(n-1)S^2}{\sigma^2}$ 也是相互独立的。

对于双正态总体 $N(\mu_1,\sigma_1^2),N(\mu_2,\sigma_2^2)$ 的均值与方差有如下定理。

定理 6.2 设 $(X_1,X_2,\cdots,X_m)$ 与 $(Y_1,Y_2,\cdots,Y_n)$ 为来自总体 $N(\mu_1,\sigma_1^2),N(\mu_2,\sigma_2^2)$ 的样本，且两样本之间相互独立，记

$$S_1^2=\frac{1}{m-1}\sum_{i=1}^{m}(X_i-\overline{X})^2,\quad S_2^2=\frac{1}{n-1}\sum_{i=1}^{n}(X_i-\overline{X})^2$$

则

（1）$F=\dfrac{S_1^2}{S_2^2}\cdot\dfrac{\sigma_2^2}{\sigma_1^2}\sim F(m-1,n-1)$；

（2）若 $\sigma_1^2=\sigma_2^2=\sigma^2$，则

$$T=\frac{\overline{X}-\overline{Y}-(\mu_1-\mu_2)}{S_W\sqrt{\dfrac{1}{m}+\dfrac{1}{n}}}\sim t(m+n-2)$$

其中

$$S_W^2=\frac{(m-1)S_1^2+(n-1)S_2^2}{m+n-2}$$

（3）$\overline{X}\pm\overline{Y}\sim N(\mu_1\pm\mu_2,\dfrac{\sigma_1^2}{m}+\dfrac{\sigma_2^2}{n})$；

即

$$\frac{(\overline{X}\pm\overline{Y})-(\mu_1\pm\mu_2)}{\sqrt{\dfrac{\sigma_1^2}{m}+\dfrac{\sigma_2^2}{n}}}\sim N(0,1)$$

证明 （1）由已知条件得 $\dfrac{(m-1)S_1^2}{\sigma_1^2}$ 与 $\dfrac{(n-1)S_2^2}{\sigma_2^2}$ 相互独立，并且

$$\frac{(m-1)S_1^2}{\sigma_1^2}\sim\chi^2(m-1),\quad \frac{(n-1)S_2^2}{\sigma_2^2}\sim\chi^2(n-1)$$

从而由定义 6.7 知

$$F=\frac{\dfrac{(m-1)S_1^2}{\sigma_1^2}\Big/(m-1)}{\dfrac{(n-1)S_2^2}{\sigma_2^2}\Big/(n-1)}=\frac{S_1^2}{S_2^2}\cdot\frac{\sigma_2^2}{\sigma_1^2}\sim F(m-1,n-1)$$

（2）由定理 6.1（1）知

$$\overline{X}-\overline{Y}\sim N\left(\mu_1-\mu_2,(\frac{1}{m}+\frac{1}{n})\sigma^2\right)$$

故

$$Q=\frac{\overline{X}-\overline{Y}-(\mu_1-\mu_2)}{\sqrt{\frac{1}{m}+\frac{1}{n}}\sigma}\sim N(0,1)$$

又由定理 6.1（2）以及 χ^2 分布的可加性，得

$$R=\frac{(m-1)S_1^2+(n-1)S_2^2}{\sigma^2}\sim\chi^2(m+n-2)$$

最后根据定理 6.1（4）知，Q 与 R 相互独立，从而由定义 6.6 得

$$T=\frac{Q}{\sqrt{R/(m+n-2)}}=\frac{\overline{X}-\overline{Y}-(\mu_1-\mu_2)}{\sqrt{\frac{1}{m}+\frac{1}{n}}S_W}\sim t(m+n-2)$$

例 6.4　在正态总体 $N(12, 4)$ 中随机抽取容量为 5 的样本 X_1,X_2,X_3,X_4,X_5，试求：

（1）样本均值与总体均值之差的绝对值大于 1 的概率；

（2）$p\{\max\limits_{1\leqslant i\leqslant 5}(X_i)>15\}$；

（3）$p\{\min\limits_{1\leqslant i\leqslant 5}(X_i)<10\}$。

解　正态总体样本均值的分布如下。

（1）　因为 $X_k\sim N(12,4)$，$(k=1,2,3,4,5)$，所以 $\overline{X}\sim N(12,0.8)$，于是

$$\begin{aligned}p\{|\overline{X}-12|>1\}&=1-p\{|\overline{X}-12|\leqslant 1\}\\&=1-p\{11\leqslant\overline{X}\leqslant 13\}\\&=1-\left[\Phi\left(\frac{13-12}{\sqrt{0.8}}\right)-\Phi\left(\frac{11-12}{\sqrt{0.8}}\right)\right]\\&=2[1-0.8686]=0.2628\end{aligned}$$

（2）

$$\begin{aligned}p\{\max_{1\leqslant k\leqslant 5}(X_k)>15\}&=1-p\{\max_{1\leqslant k\leqslant 5}(X_k)\leqslant 15\}\\&=1-\prod_{k=1}^{5}p\{X_k\leqslant 15\}\\&=1-\prod_{k=1}^{5}\Phi\left(\frac{15-12}{2}\right)\\&=1-[\Phi(1.5)]^5=1-0.9332^5\\&=0.2923\end{aligned}$$

（3）

$$\begin{aligned}p\{\min_{1\leqslant k\leqslant 5}(X_k)<10\}&=1-p\{\min_{1\leqslant k\leqslant 5}(X_k)\geqslant 10\}\\&=1-\prod_{k=1}^{5}p\{X_k\geqslant 10\}=1-\prod_{k=1}^{5}[1-p\{X_k<10\}]\\&=1-\left[1-\Phi\left(\frac{10-12}{2}\right)\right]^5=1-[1-\Phi(-1)]^5\\&=1-[\Phi(1)]^5=1-0.8413^5\end{aligned}$$

$$= 0.5785$$

例 6.5 设在总体 $N(\mu,\sigma^2)$ 中抽取一容量为 16 的样本，其中 μ,σ^2 均为未知。

（1）求概率 $P\{S^2/\sigma^2 \leqslant 2.041\}$;

（2）求方差 $D(S^2)$。

解 由 χ^2 分布及其数字特征，知

$$\frac{15S^2}{\sigma^2} \sim \chi^2(15)$$

于是，由 χ^2 分布数字特征知

$$D\left(\frac{(n-1)S^2}{\sigma^2}\right) = 2(n-1)$$

（1）
$$\begin{aligned} P\{\frac{S^2}{\sigma^2} \leqslant 2.041\} &= P\{\frac{15S^2}{\sigma^2} \leqslant 30.615\} \\ &= 1 - p\{\chi_\alpha^2(15) > 30.615\} \\ &= 1 - 0.01 = 0.99 \end{aligned}$$

（2）因为
$$D\left(\frac{(n-1)S^2}{\sigma^2}\right) = \frac{(n-1)^2}{\sigma^4} D(S^2) = 2(n-1)$$

所以

$$D(S^2) = \frac{2\sigma^4}{n-1}$$

例 6.6 设总体 $X \sim N(0,\sigma^2)$，X_1, X_2 为总体 X 的一个样本，试求 $Y = \dfrac{(X_1+X_2)^2}{(X_1-X_2)^2}$ 服从什么分布？并求概率 $P\{(X_1+X_2)^2/(X_1-X_2)^2 < 4\}$。

解 因为 X_1+X_2 和 X_1-X_2 均服从 $N(0,2\sigma^2)$，所以

$$(X_1+X_2)/\sqrt{2}\sigma \sim N(0,1),\ (X_1-X_2)/\sqrt{2}\sigma \sim N(0,1)$$

则

$$[(X_1+X_2)/\sqrt{2}\sigma]^2 \sim \chi^2(1),\ [(X_1-X_2)/\sqrt{2}\sigma]^2 \sim \chi^2(1)$$

由 F 分布定义，知

$$Y = \frac{[(X_1+X_2)/\sqrt{2}\sigma]^2}{[(X_1-X_2)/\sqrt{2}\sigma]^2} = \frac{(X_1+X_2)^2}{(X_1-X_2)^2} \sim F(1,1)$$

而 Y 的密度函数为

$$f(y) = \begin{cases} 1/[\pi(1+y)y^{1/2}], & y > 0 \\ 0, & y \leqslant 0 \end{cases}$$

所以

$$P\{(X_1+X_2)^2/(X_1-X_2)^2 < 4\} = \int_0^4 1/[\pi(1+y)y^{1/2}]\mathrm{d}y \approx 0.70$$

习题 6.2

1. 为调查土壤中的营养成分，随机采取土壤样品 8 个，测得其重量（单位：g）分别为

230 ， 243 ， 185 ， 240 ， 228 ， 196 ， 246 ， 200

试求样本均值、样本方差与均方差。

2. 设某厂加工的齿轮轴的直径 X 服从正态分布 $N(20,0.05^2)$ ，现从这种齿轮轴中任取 36 个检验，试问样本均值 $\overline{X}$ 落在区间 (19.98, 20.02) 的概率是多少？

3. 已知某种纱的单纱强力服从正态分布 $N(240,20^2)$ ：

（1）现从这种纱中随机抽取容量为100 的一个样本，试问样本均值与总体均值之差的绝对值大于 5 的概率是多少？

（2）若独立进行两次抽样，容量分别为36 与 64 ，试问这两个样本均值的差的绝对值大于10 的概率是多少？

4. 在总体 $N(\mu,\sigma^2)$ 中抽取一个容量为16 的样本，分别对下列两种情况求样本均值与总体均值的差的绝对值小于 2 的概率。

（1）已知 $\sigma^2=25$ ；

（2）σ^2 未知，但已知样本方差 $s^2=20.8$ 。

5. 设总体 X 服从正态分布 $N(\mu,\sigma^2)$ ，σ^2 已知，从该总体中随机抽取一个容量为 $n=40$ 的样本 $X_1,X_2,\cdots,X_{40}$ ，试求 $P\left\{0.5\sigma^2<\frac{1}{n}\sum_{i=1}^{n}(X_i-\overline{X})^2<1.453\sigma^2\right\}$ 。

6. 设 $X_1,X_2,\cdots,X_{n_1},X_{n_1+1},\cdots,X_{n_1+n_2}$ 为来自正态总体 $N(0,\sigma^2)$ 的容量为 n_1+n_2 的样本，试求下列统计量的分布：

（1）$Y=\dfrac{\sqrt{n_2}\sum\limits_{i=1}^{n_1}X_i}{\sqrt{n_1}\sqrt{\sum\limits_{j=n_1+1}^{n_1+n_2}X_j^2}}$ ；　（2）$Z=\dfrac{n_2\sum\limits_{i=1}^{n_1}X_i^2}{n_1\sum\limits_{j=n_1+1}^{n_1+n_2}X_j^2}$ 。

总复习题

一、填空题

1. 设 $X_1,X_2,\cdots,X_n$ 是来自 $0-1$ 分布（$P\{X=0\}=1-p,P\{X=1\}=p$）的简单随机样本，p 为未知参数，则 $X_1,X_2,\cdots,X_n$ 的联合概率分布为____________，$E(\overline{X})=$____________，$D(\overline{X})=$____________。

2. 设两个相互独立的样本 $X_1,X_2,\cdots,X_{21}$ 与 $Y_1,Y_2,\cdots,Y_5$ 分别取自正态分布总体 $N(1,2^2)$ 和 $N(2,1)$ ， S_1^2 和 S_2^2 分别是两个样本的方差。令 $K_1=aS_1^2,K_2=(a+b)S_2^2$ ，已知 $K_1\sim\chi^2(20)$,

$K_2 \sim \chi^2(4)$，则 $a =$ ＿＿＿＿＿＿，$b =$ ＿＿＿＿＿。

3. 设总体 X 服从正态分布 $N(0,2^2)$，而 $X_1,X_2,\cdots,X_{15}$ 是来自总体 X 的简单随机样本，则随机变量 $Y=\dfrac{X_1^2+X_2^2+\cdots+X_{10}^2}{2(X_{11}^2+X_{12}^2+\cdots+X_{15}^2)}$ 服从＿＿＿＿＿分布，参数为＿＿＿＿＿。

4. 设随机变量 $X \sim F(n,n)$,则$P\{X<1\}=$＿＿＿＿＿。

5. 设随机变量 X 和 Y 相互独立且都服从正态分布 $N(0,3^2)$，而 $X_1,X_2,\cdots,X_9$ 和 $Y_1,Y_2,\cdots,Y_9$ 分别是来自总体 X 和 Y 的简单随机样本，则统计量 $U=\dfrac{X_1+\cdots+X_9}{\sqrt{Y_1+\cdots+Y_9}}$ 服从＿＿＿分布，参数为＿＿＿＿＿。

6. 设总体 X 服从标准正态分布，而 $X_1,X_2,\cdots,X_n$ 是来自 X 的简单随机样本，则统计量

$$Y=\frac{(\frac{n}{5}-1)\sum_{i=1}^{5}X_i^2}{\sum_{i=6}^{n}X_i^2},(n>5)$$ 服从＿＿＿＿＿分布，参数为＿＿＿＿＿。

二、选择题

1. 假设随机变量 X 服从正态分布 $N(1,2^2)$，$X_1,X_2,\cdots,X_{100}$ 是来自 X 的样本，$\overline{X}$ 为样本均值，已知 $Y=a\overline{X}+b\sim N(0,1)$，则有＿＿＿＿＿。

（A）$a=-5, b=5$　　（B）$a=5, b=5$

（C）$a=\dfrac{1}{5}, b=-\dfrac{1}{5}$　　（D）$a=-\dfrac{1}{5}, b=\dfrac{1}{5}$

2. 假设 $X\sim N(0,1)$，$\overline{X}=\dfrac{1}{n}\sum_{i=1}^{n}X_i$，$S^2=\dfrac{1}{n-1}\sum_{i=1}^{n}(X_i-\overline{X})^2$，则服从自由度为 $n-1$ 的 χ^2 分布的随机变量是＿＿＿＿＿。

（A）$\sum_{i=1}^{n}X_i^2$　　（B）S^2

（C）$(n-1)\overline{X}^2$　　（D）$(n-1)S^2$

3. 设随机变量 X 和 Y 都服从标准正态分布，则＿＿＿＿＿。

（A）$X+Y$ 服从正态分布　　（B）X^2+Y^2 服从 χ^2 分布

（C）X^2和Y^2 都服从 χ^2 分布　　（D）$\dfrac{X^2}{Y^2}$ 服从 F 分布

4. 设随机变量 $X\sim t(n)\ (n>1)$，$Y=\dfrac{1}{X^2}$，则＿＿＿＿＿。

（A）$Y\sim\chi^2(n)$　　（B）$Y\sim\chi^2(n-1)$

（C）$Y\sim F(n,1)$　　（D）$Y\sim F(1,n)$

5. 设总体 $X\sim N(\mu,\sigma^2)$，$X_1,X_2,\cdots,X_n$ 是来自 X 的简单随机样本，$\overline{X}$ 是样本均值，记

为　$S_1^2=\frac{1}{n}\sum_{i=1}^{n}(X_i-\mu)^2$，　　$S_2^2=\frac{1}{n}\sum_{i=1}^{n}(X_i-\overline{X})^2$，

$S_3^2=\frac{1}{n-1}\sum_{i=1}^{n}(X_i-\mu)^2$，　　$S_4^2=\frac{1}{n-1}\sum_{i=1}^{n}(X_i-\overline{X})^2$

则服从自由度为 $n-1$ 的 t 分布的随机变量是__________。

（A）$T=\frac{\overline{X}-\mu}{S_1/\sqrt{n-1}}$　　（B）$T=\frac{\overline{X}-\mu}{S_2/\sqrt{n-1}}$

（C）$T=\frac{\overline{X}-\mu}{S_3/\sqrt{n-1}}$　　（D）$T=\frac{\overline{X}-\mu}{S_4/\sqrt{n-1}}$

6. 设 X_1,X_2,X_3,X_4 为来自总体 $N(1,\sigma^2)(\sigma>0)$ 的简单随机样本，则统计量 $\frac{X_1-X_2}{|X_3+X_4-2|}$ 的分布为__________。

（A）$N(0,1)$　　（B）$t(1)$

（C）$\chi^2(1)$　　（D）$F(1,1)$

三、计算题

1. 在总体 $X\sim N(80,20^2)$ 中随机地抽取一容量为100的样本，问样本均值与总体均值的差的绝对值大于3的概率是多少？

2. 从正态总体 $N(3.4,\ 6^2)$ 中抽取容量为 n 的样本，如果要求其样本均值位于区间 $(1.4,\ 5.4)$ 内的概率不小于0.95，问样本容量 n 至少应取多大？

3. 设 $X_1,X_2,\cdots,X_6$ 为来自正态总体 $N(0,1)$ 的一个样本，试确定常数 c，使随机变量

$$Y=c[(X_1+X_2+X_3)^2+(X_4+X_5+X_6)^2]$$

服从 χ^2 分布，并求自由度。

第 7 章　参数估计

在数理统计的许多问题中，总体的分布类型往往假定是已知的，例如，大批灯泡的寿命服从正态分布，纺织厂细纱机上的断头次数服从泊松分布，抽检若干件产品中所含的次品数服从二项分布，等等。但仅仅知道分布的类型是不够的，还需确定分布函数中的未知参数，才能求得所要求的概率。这就提出了参数估计的问题。

参数估计——当在研究中，从样本获得一组数据后，如何通过这组数据信息，对总体特征进行估计，也就是如何从局部结果推论总体的情况，称为（总体）参数估计。

参数估计分为点估计和区间估计两种。

7.1　点估计

为了估计总体中的未知参数 θ，我们要构造样本 $(X_1,X_2,\cdots,X_n)$ 的一个适当的函数，即统计量 $\hat{\theta}=\hat{\theta}(X_1,X_2,\cdots,X_n)$，每当有了样本值 $(x_1,x_2,\cdots,x_n)$，代入后得 $\hat{\theta}$ 的一个值，作为未知参数 θ 的估计值。为着这样的目的而构造的统计量 $\hat{\theta}=\hat{\theta}(X_1,X_2,\cdots,X_n)$ 称为未知参数 θ 的估计量。由于未知参数 θ 是数轴上一个点，用 $\hat{\theta}$ 去估计 θ，等于用一个点去估计另一个点，所以这样的估计叫做点估计。

下面介绍两种常用的构造估计量的方法：矩估计法和最大似然估计法。

一、矩估计法

它是基于简单的“替换”思想建立起来的一种估计方法，是英国统计学家 K·皮尔逊最早提出的。其基本思想是用样本矩估计总体矩。

矩估计法的理论基础是辛钦大数定律。由大数定律可知，样本均值 $\overline{X}=\dfrac{1}{n}\sum\limits_{i=1}^{n}X_i$ 依概率收敛于总体均值 $E(X)$。不仅如此，依据大数定律可以得出，样本的 k 阶原点矩

$$A_k=\frac{1}{n}\sum_{i=1}^{n}X_i^k$$

依概率收敛于总体 X 的 k 阶原点矩 $E(X^k)$，样本的 k 阶中心矩

$$B_k=\frac{1}{n}\sum_{i=1}^{n}(X_i-\overline{X})^k$$

依概率收敛于总体 X 的 k 阶中心矩 $E\{[X-E(X)]^k\}$。也就是说，只要样本容量 n 较大时，可用样本矩来作为相应总体矩的估计。由此可得到未知参数 θ 的估计量，此种方法称为**矩估计法**。矩估计法得到的估计量称为矩估计量，同样矩估计法得到的估计值称为矩估计值。

矩估计法的具体计算方法如下（以连续型随机变量为例，同理可推到离散型随机变量的情形）。

（1）设总体 X 为连续型随机变量，其密度为

$$f(x;\theta_1,\theta_2,\cdots,\theta_k)\text{，（}\theta_r\text{ 为未知参数，且 }r=1,2,\cdots,k\text{）}$$

（2）因为有 k 个未知参数，要求出总体 X 的 1 阶到 k 阶原点矩

$$\begin{cases}\mu_1=E(X)=\int_{-\infty}^{+\infty}xf(x;\theta_1,\theta_2,\cdots,\theta_k)\mathrm{d}x=g_1(\theta_1,\theta_2,\cdots,\theta_k)\\ \mu_2=E(X^2)=\int_{-\infty}^{+\infty}x^2f(x;\theta_1,\theta_2,\cdots,\theta_k)\mathrm{d}x=g_2(\theta_1,\theta_2,\cdots,\theta_k)\\ \vdots\\ \mu_k=E(X^k)=\int_{-\infty}^{+\infty}x^kf(x;\theta_1,\theta_2,\cdots,\theta_k)\mathrm{d}x=g_k(\theta_1,\theta_2,\cdots,\theta_k)\end{cases}$$

（3）解上述方程组，得

$$\begin{cases}\theta_1=h_1(\mu_1,\mu_2,\cdots,\mu_k)\\ \theta_2=h_2(\mu_1,\mu_2,\cdots,\mu_k)\\ \vdots\\ \theta_k=h_k(\mu_1,\mu_2,\cdots,\mu_k)\end{cases}$$

（4）用相应的样本矩 $A_r=\dfrac{1}{n}\sum_{i=1}^{n}X_i^r$ 取代上述方程组中的总体矩 μ_r，得到总体未知参数 θ_r 的矩估计量 $\hat{\theta}_r$ 为

$$\begin{cases}\hat{\theta}_1=h_1(A_1,A_2,\cdots,A_k)\\ \hat{\theta}_2=h_2(A_1,A_2,\cdots,A_k)\\ \vdots\\ \hat{\theta}_r=h_k(A_1,A_2,\cdots,A_k)\end{cases}$$

例 7.1　已知总体 X 的概率密度为

$$f(x)=\begin{cases}\sqrt{\theta}x^{\sqrt{\theta}-1}, & 0\leqslant x\leqslant 1\\ 0, & \text{其他}\end{cases}$$

其中未知参数 $\theta>0$，求 θ 的矩估计量。

解　因为总体一阶矩

$$\mu_1=E(X)=\int_{-\infty}^{+\infty}xf(x)\mathrm{d}x=\sqrt{\theta}\int_0^1 x^{\sqrt{\theta}}\mathrm{d}x$$

$$=\frac{\sqrt{\theta}}{\sqrt{\theta}+1}x^{\sqrt{\theta}+1}\Big|_0^1=\frac{\sqrt{\theta}}{\sqrt{\theta}+1}$$

即

$$\sqrt{\theta}=\frac{\mu_1}{1-\mu_1}$$

由 $\mu_1=A_1=\overline{X}$，解得

$$\sqrt{\theta}=\frac{\overline{X}}{1-\overline{X}}$$

故所求矩估计量为

$$\hat{\theta}=\left(\frac{\overline{X}}{1-\overline{X}}\right)^2$$

例 7.2 在某炸药制造厂，一天中发生着火现象的次数 X 是一个随机变量，假设它服从以 $\lambda>0$ 为参数的泊松分布，参数 λ 为未知。现有以下的样本值，试估计参数 λ。

着火次数 k	0	1	2	3	4	5	6	≥7	
发生 k 次着火的天数 n_k	75	90	54	22	6	2	1	0	$\sum=250$

解 由于 $X\sim P(\lambda)$，故有 $\mu_1=E(X)=\lambda$；而

$$A_1=\frac{\sum_{k=0}^{6}kn_k}{\sum_{k=0}^{6}n_k}=\frac{1}{250}[0\times75+1\times90+2\times54+3\times22+4\times6+5\times2+6\times1]=1.22$$

所以 $\hat{\lambda}$=1.22。

例 7.3 设总体 X 服从 $[a,b]$ 上的均匀分布，求未知参数 a,b 的矩估计量。

解 先求总体的一、二阶（原点）矩。

因为 $X\sim U(a,b)$，所以

$$\mu_1=E(X)=\frac{a+b}{2}$$

$$\mu_2=E(X^2)=D(X)+[E(X)]^2=\frac{(b-a)^2}{12}+\left(\frac{a+b}{2}\right)^2$$

由 $\begin{cases}\mu_1=A_1\\ \mu_2=A_2\end{cases}$，即

$$\begin{cases}\dfrac{a+b}{2}=\overline{X}\\ \dfrac{(b-a)^2}{12}+\dfrac{(a+b)^2}{4}=\dfrac{1}{n}\sum_{i=1}^{n}X_i^2\end{cases}$$

解得

$$\hat{a}=\bar{X}-\sqrt{\frac{3}{n}\sum_{i=1}^{n}(X_i-\bar{X})^2}$$

$$\hat{b}=\bar{X}+\sqrt{\frac{3}{n}\sum_{i=1}^{n}(X_i-\bar{X})^2}$$

例 7.4 设总体 X 的均值 μ 及方差 σ^2 都存在，且 $\sigma^2>0$，但 μ，σ^2 均未知。又设 $(X_1,X_2,\cdots,X_n)$ 是来自 X 的样本，试求 μ、σ^2 的矩估计量。

解 因为
$$\mu_1=E(X)=\mu$$
$$\mu_2=E(X^2)=D(X)+[E(X)]^2=\sigma^2+\mu^2$$

所以由 $\begin{cases}\mu_1=A_1\\ \mu_2=A_2\end{cases}$，得
$$\begin{cases}\mu=\overline{X}\\ \sigma^2+\mu^2=\dfrac{1}{n}\sum\limits_{i=1}^{n}X_i^2\end{cases}$$

解得 μ,σ^2 的矩估计量分别为
$$\hat{\mu}=\overline{X}$$
$$\hat{\sigma}^2=\frac{1}{n}\sum_{i=1}^{n}X_i^2-\overline{X}^2=\frac{1}{n}\sum_{i=1}^{n}(X_i-\overline{X})^2$$

可见，不论总体是什么分布，总体均值与方差的矩估计量的表达式均相同。

二、最大似然估计法

最大似然估计法，也叫极大似然法，它最早是由高斯提出的，后来由英国统计学家费歇（R.A.Fisher）于 1912 年在其一篇文章中重新提出，并且证明了这个方法的一些性质。最大似然估计这一名称也是费歇给出的，它是建立在最大似然法原理基础上的一个统计方法。为了对最大似然法原理有一个直观的认识，我们先来看几个例子。

先看一个简单例子。

某位同学与一位猎人一起外出打猎，一只野兔从前方蹿过，只听一声枪响，野兔应声倒下。如果要你推测，是谁打中的，你会如何想？

你就会想，只发一枪便打中，猎人命中的概率一般大于这位同学命中的概率，看来这一枪是猎人射中的。

这个例子所作的推断已经体现了最大似然法的基本思想。

下面我们再看一个例子，进一步体会最大似然法的基本思想。

设有外形完全相同的两个箱子，甲箱中有 99 个白球1个黑球，乙箱中有1个白球 99 个黑球。今随机地抽取一箱，然后再从这箱中任取一球，结果发现是白球。问这球是从哪一个箱子中取出的？

分析：导致结果是白球的原因有两个，一个是这球从甲箱中取出的，另一个就是这球从乙箱中取出的。如果是从甲箱中取出的，则取得白球的概率为99%；如果是从乙箱中取出的，则取得白球的概率为1%，由此看到，这球是从甲箱中取出的概率比从乙箱中取出的概率要大得多，因此很自然地，我们认为结论“这球是从甲箱中取出的”比“这球是从乙箱中取出的”要合理得多。最后我们作出推断，这球是从甲箱中取出的。

最大似然估计法的基本思想：根据样本值来选择参数，使该样本发生的概率最大。具体做法如下。

（1）设总体 X 为离散型随机变量，其分布列为

$$p(X=x)=p(x;\theta),\quad \theta=(\theta_1,\theta_2,\cdots,\theta_k)\text{为未知参数}$$

又 $(X_1,X_2,\cdots,X_n)$ 为来自总体的一个样本，则样本的联合分布列为

$$p_n(X_1=x_1,X_2=x_2,\cdots,X_n=x_n;\theta)=\prod_{i=1}^{n}p(X=x_i;\theta)$$

若一次抽取的样本观察值 $(a_1,a_2,\cdots,a_n)$，此时样本 $(X_1,X_2,\cdots,X_n)$ 取定观察值 $(a_1,a_2,\cdots,a_n)$ 处的概率

$$L(\theta)=\prod_{i=1}^{n}p(X=a_i;\theta),\quad \theta=(\theta_1,\theta_2,\cdots,\theta_k)$$

上式中由于样本已取定观察值，$L(\theta)$ 仅是 θ 的函数，故称 $L(\theta)$ 为似然函数。

（2）设总体 X 为连续型随机变量，其密度为

$$f(x;\theta),\quad \theta=(\theta_1,\theta_2,\cdots,\theta_k)\text{为未知参数}$$

又 $(X_1,X_2,\cdots,X_n)$ 为来自总体的一个样本，则样本的联合密度为

$$f_n(x_1,x_2,\cdots,x_n;\theta)=\prod_{i=1}^{n}f(x_i;\theta)$$

若一次抽取得样本观察值 $(a_1,a_2,\cdots,a_n)$，则 $\delta>0$，并且当 δ 取较小值的条件下，此时样本 $(X_1,X_2,\cdots,X_n)$ 落在观察值附近的概率为

$$\begin{aligned}&p(a_1<X_1\leqslant a_1+\delta,a_2<X_2\leqslant a_2+\delta,\cdots,a_n<X_n\leqslant a_n+\delta;\theta)\\&=\prod_{i=1}^{n}p(a_i<X_i\leqslant a_i+\delta;\theta)\\&=\prod_{i=1}^{n}\int_{a_i}^{a_i+\delta}f(x_i;\theta)\mathrm{d}x_i\\&\approx\left[\prod_{i=1}^{n}f(a_i;\theta)\right]\delta^n\end{aligned}$$

从上式中可以看到，在 δ 取定的条件下，样本落在观察值附近的概率仅与 θ 有关，令似然函数 $L(\theta)$ 为

$$L(\theta)=\prod_{i=1}^{n}f(a_i;\theta),\quad \theta=(\theta_1,\theta_2,\cdots,\theta_k)$$

依据实际推断原理，既然一次抽取得到观察值，那么样本取观察值处或落在附近应该有较大的概率，所以我们使 $L(\theta)$ 达到最大的点 θ^*，即

$$L(\theta^*)=\max_{\theta\in\Theta}L(\theta)$$

来作为未知参数 θ 的估计 $\hat{\theta}=\theta^*$，这种求未知参数的估计方法称为**最大似然估计法**。

由于我们关心的是使 $L(\theta)$ 达到最大的点，而不是最大值，又注意到 $L(\theta)$ 与 $\ln L(\theta)$ 同时达到最大，因此，可利用微积分中求函数极值的方法来得到 $\ln L(\theta)$ 的最大点，称

$$\frac{\partial \ln L(\theta)}{\partial \theta_i}=0,\ \ i=1,2,\cdots,k$$

为似然方程组。通过求解似然方程组得到使一阶导数等于零的点，若能判断该点是最大点的话，那么该点（解）就是未知参数 θ 的最大似然估计。

求最大似然估计的步骤如下。

（1）写出似然函数 $L(\theta)$ 和对数似然函数 $\ln L(\theta)$；

（2）求似然方程组

$$\frac{\partial \ln L(\theta)}{\partial \theta_i}=0,\ \ (i=1,2,\cdots,k)$$

（3）求解上述方程组，并且确定其为最大点 $\theta_i^*=\theta_i^*(a_1,a_2,\cdots,a_n)$。

最后得到未知参数 θ_i 的最大似然估计值为 $\hat{\theta}_i=\theta_i^*$，若用样本 $(X_1,X_2,\cdots,X_n)$ 代替观察值 $(a_1,a_2,\cdots,a_n)$，则 $\hat{\theta}_i(X_1,X_2,\cdots,X_n)$ 为未知参数 θ_i 的最大似然估计量。

例 7.5　求服从二项分布 $B(m,p)$ 的总体 X 未知参数 p 的最大似然估计量。

解　因为总体 $X\sim B(m,p)$，其分布律为

$$p(x;p)=C_m^x p^x(1-p)^{m-x},\ \ x=0,1,\cdots,m$$

所以样本的似然函数为

$$\begin{aligned}L(p)&=\prod_{i=1}^{n}p(x_i;p)=\prod_{i=1}^{n}C_m^{x_i}p^{x_i}(1-p)^{m-x_i}\\&=\prod_{i=1}^{n}C_m^{x_i}\cdot\prod_{i=1}^{n}p^{x_i}\cdot\prod_{i=1}^{n}(1-p)^{m-x_i}\\&=\prod_{i=1}^{n}C_m^{x_i}\cdot p^{\sum\limits_{i=1}^{n}x_i}\cdot(1-p)^{mn-\sum\limits_{i=1}^{n}x_i}\end{aligned}$$

求导得

$$\begin{aligned}L'(p)&=(\prod_{i=1}^{n}C_m^{x_i})[\ (\sum_{i=1}^{n}x_i)p^{\sum\limits_{i=1}^{n}x_i-1}\cdot(1-p)^{mn-\sum\limits_{i=1}^{n}x_i}+p^{\sum\limits_{i=1}^{n}x_i}\cdot(mn-\sum_{i=1}^{n}x_i)(1-p)^{mn-\sum\limits_{i=1}^{n}x_i-1}(-1)\ ]\\&=\prod_{i=1}^{n}C_m^{x_i}\cdot p^{\sum\limits_{i=1}^{n}x_i-1}\cdot(1-p)^{mn-\sum\limits_{i=1}^{n}x_i-1}\cdot[(\sum_{i=1}^{n}x_i)(1-p)-p(mn-\sum_{i=1}^{n}x_i)]\end{aligned}$$

令 $L'(p)=0$，则

$$\sum_{i=1}^{n}x_i\cdot(1-p)-p\cdot(mn-\sum_{i=1}^{n}x_i)=0$$

即

$$\sum_{i=1}^{n}x_i-pmn=0$$

解得最大似然估计值为

$$\hat{p}=\frac{1}{mn}\sum_{i=1}^{n}x_i=\frac{\overline{x}}{m}$$

最大似然估计量为

$$\hat{p}=\frac{\overline{X}}{m}$$

而因为$E(X)=mp$，可得$p=\dfrac{E(X)}{m}$，所以p的矩估计量为$\hat{p}=\dfrac{\overline{X}}{m}$，两者相同。

例 7.6 设$(X_1,X_2,\cdots,X_n)$为来自总体$X\sim N(\mu,\sigma^2)$的一个样本，求μ,σ^2的最大似然估计值。

解 由于X的密度为

$$f(x;\mu,\sigma^2)=\frac{1}{\sqrt{2\pi}\sigma}\exp\left\{-\frac{(x-\mu)^2}{2\sigma^2}\right\}$$

（1）一次抽取观察值为$(x_1,x_2,\cdots,x_n)$，故似然函数为

$$L(\mu,\sigma^2)=\prod_{i=1}^{n}\frac{1}{\sqrt{2\pi}\sigma}\exp\left\{-\frac{(x_i-\mu)^2}{2\sigma^2}\right\}$$

$$=\left(\frac{1}{2\pi\sigma^2}\right)^{-\frac{n}{2}}\exp\left\{-\frac{1}{2\sigma^2}\sum_{i=1}^{n}(x_i-\mu)^2\right\}$$

于是有
$$\ln L(\mu,\sigma^2)=-\frac{n}{2}\ln 2\pi-\frac{n}{2}\ln\sigma^2-\frac{1}{2\sigma^2}\sum_{i=1}^{n}(x_i-\mu)^2$$

（2）似然方程组为（视σ^2为一整体）

$$\frac{\partial\ln L}{\partial\mu}=\frac{1}{\sigma^2}\sum_{i=1}^{n}(x_i-\mu)=0$$

$$\frac{\partial\ln L}{\partial(\sigma^2)}=-\frac{n}{2\sigma^2}+\frac{1}{2\sigma^4}\sum_{i=1}^{n}(x_i-\mu)^2=0$$

（3）解似然方程组得μ,σ^2的最大似然估计值为

$$\hat{\mu}=\frac{1}{n}\sum_{i=1}^{n}x_i=\overline{x}$$

$$\hat{\sigma}^2=\frac{1}{n}\sum_{i=1}^{n}(x_i-\overline{x})^2$$

因此，未知参数μ,σ^2的最大似然估计量为

$$\hat{\mu}=\frac{1}{n}\sum_{i=1}^{n}X_i=\overline{X}$$

$$\hat{\sigma}^2=\frac{1}{n}\sum_{i=1}^{n}(X_i-\overline{X})^2=S_n^2$$

它们与相应的矩估计量相同。

例 7.7 设总体X服从$[a,b]$上的均匀分布，求未知参数a,b的最大似然估计量。

解 因为$X\sim U[a,b]$，所以X的概率密度为

$$f(x;a,b)=\begin{cases}\dfrac{1}{b-a}, & a\leqslant x\leqslant b\\ 0, & 其他\end{cases}$$

设 $x_1,x_2,\cdots,x_n$ 为样本 $X_1,X_2,\cdots,X_n$ 的一个样本值，记

$$x_{(1)}=\min(x_1,x_2,\cdots,x_n),\quad x_{(n)}=\max(x_1,x_2,\cdots,x_n)$$

由于

$$a\leqslant x_1,x_2,\cdots,x_n\leqslant b\Leftrightarrow a\leqslant x_{(1)},x_{(n)}\leqslant b$$

所以，似然函数为

$$L(a,b)=\begin{cases}\dfrac{1}{(b-a)^n}, & a\leqslant x_{(1)},x_{(n)}\leqslant b\\ 0, & \text{其他}\end{cases}$$

对于满足 $a\leqslant x_{(1)},x_{(n)}\leqslant b$ 的任意 a,b 有

$$L(a,b)=\frac{1}{(b-a)^n}\leqslant\frac{1}{(x_{(n)}-x_{(1)})^n}$$

即

$$\max_{a\leqslant x_{(1)},x_{(n)}\leqslant b}L(a,b)=L(x_{(1)},x_{(n)})$$

故 a,b 的最大似然估计值为

$$\hat{a}=x_{(1)},\ \hat{b}=x_{(n)}$$

因此，a,b 的最大似然估计量为

$$\hat{a}=\min_{1\leqslant i\leqslant n}(X_i),\ \hat{b}=\max_{1\leqslant i\leqslant n}(X_i)$$

它们与相应的矩估计量不同。

例 7.8　设总体 X 服从指数分布，其密度函数为

$$f(x)=\begin{cases}\lambda e^{-\lambda x}, & x\geqslant 0\\ 0, & x<0\end{cases}$$

$(X_1,X_2,\cdots,X_n)$ 是取自 X 的样本，求未知参数 λ 的矩估计量及极大似然估计量。

解　（1）因为 $E(X)=\dfrac{1}{\lambda}$，$\lambda=\dfrac{1}{E(X)}$，所以 λ 的矩估计量为 $\hat{\lambda}=\dfrac{1}{\overline{X}}$；

（2）因为

$$L=\prod_{i=1}^{n}(\lambda e^{-\lambda x_i})=\lambda^n e^{-\lambda\sum\limits_{i=1}^{n}x_i}$$

所以

$$\ln L=n\ln\lambda-\lambda\sum_{i=1}^{n}x_i$$

令

$$\frac{d\ln L}{d\lambda}=\frac{n}{\lambda}-\sum_{i=1}^{n}x_i=0$$

得

$$\hat{\lambda}=\frac{n}{\sum\limits_{i=1}^{n}x_i}=\frac{1}{\overline{X}}$$

即为 λ 的极大似然估计量。

例 7.9 设总体 X 的概率密度为

$$f(x)=\begin{cases}(\theta+1)x^{\theta}, & 0<x<1\\ 0, & 其他\end{cases}$$

$(X_1,X_2,\cdots,X_n)$ 是取自 X 的样本，$\theta>-1$ 是未知参数，试分别用矩估计法和极大似然估计法给出 θ 的估计量。

解 总体 X 的数学期望为

$$E(X)=\int_{-\infty}^{+\infty}xf(x)\mathrm{d}x=\int_0^1(\theta+1)x^{\theta+1}\mathrm{d}x=\frac{\theta+1}{\theta+2}$$

故有

$$\theta=\frac{2E(X)-1}{1-E(X)}$$

得 θ 的矩估计量为

$$\hat{\theta}=\frac{2\bar{X}-1}{1-\bar{X}}$$

另一方面，似然函数为

$$L(\theta)=\begin{cases}(\theta+1)^n(\prod_{i=1}^{n}x_i)^{\theta}, & 0<x_i<1\\ 0, & 其他\end{cases}，\quad (i=1,2,\cdots,n)$$

则有

$$\ln L(\theta)=n\ln(\theta+1)+\theta\sum_{i=1}^{n}\ln x_i$$

令

$$\frac{\mathrm{d}\ln L(\theta)}{\mathrm{d}\theta}=\frac{n}{\theta+1}+\sum_{i=1}^{n}\ln x_i=0$$

解得 θ 的极大似然估计量为

$$\hat{\theta}=-1-\frac{n}{\sum_{i=1}^{n}\ln x_i}$$

习题 7.1

1. 从一批铆钉中随机抽取8只，测得它们的头部直径（单位：mm）数据如下

13.30，13.38，13.40，13.43，13.32，13.48，13.54，13.31

试求总体均值、总体方差与标准差的矩估计值。

2. 设总体 X 的概率分布为 $P\{X=k\}=\frac{1}{\theta},k=1,2,\cdots,\theta$，试求参数 θ 的矩估计量。

3. 设总体 X 的概率密度为

$$f(x;a)=\begin{cases}\frac{6x}{a^3}(a-x), & 0<x<a\\ 0, & 其他\end{cases}$$

$X_1,X_2,\cdots,X_n$ 是一个样本，试求：（1）参数 a 的矩估计量 $\hat{a}$；（2）$\hat{a}$ 的方差 $D(\hat{a})$。

4. 设总体 X 服从参数为 λ 的泊松分布，$X_1,X_2,\cdots,X_n$ 是来自 X 的一个样本，试求 λ 的矩估计量和极大似然估计量。

7.2　估计量的评选标准

对于同一个参数，用不同的方法可以得到不同的估计量。现在的问题是当同一个参数出现多个估计量时，究竟哪一个更好呢？这就涉及到用什么标准来评价估计量的问题。

确定估计量好坏的标准必须是整体性的，说得明确一点就是，必须在大量观察的基础上从统计的意义上来评价估计量的好坏。也就是说，估计的好坏取决于估计量的统计性质。一般认为，一个"好"的估计量应该具有以下三个方面的条件。

一、无偏性

估计量是随机变量，对于不同的样本值就会得到不同的估计值，期望估计值在未知参数真值左右徘徊，最好它的数学期望等于未知参数的真值，这就导致了无偏性这个标准。

定义 7.1　设参数 θ 的估计量为 $\hat{\theta}=\hat{\theta}(X_1,X_2,\cdots,X_n)$，若有

$$E(\hat{\theta})=\theta$$

则称 $\hat{\theta}$ 为 θ 的**无偏估计量**。反之若 $E(\hat{\theta})\neq\theta$，称 $\varepsilon=E(\hat{\theta})-\theta$ 为估计量 θ 的**偏差**。

无偏估计量的含义是 $\hat{\theta}$ 作为样本的函数是一个随机变量，它在 θ 的真值附近波动，但其平均值恰好是 θ 的真值。比如用一台秤去称物品，误差有两个来源，一是秤本身制作结构上的问题，这属于系统误差；另一种是操作上或其他随机因素的干扰，这属于随机误差。无偏性即要求没有系统误差。

例 7.10　设总体 X 的数学期望 μ 与方差 σ^2 存在，$X_1,X_2,\cdots,X_n$ 是 X 的样本，则证明：

（1）$\hat{\mu}_1=\overline{X}=\dfrac{1}{n}\sum\limits_{i=1}^{n}X_i$ 是 μ 的无偏估计量；

（2）$\hat{\mu}_2=\sum\limits_{i=1}^{n}C_iX_i$（其中 $\sum\limits_{i=1}^{n}C_i=1,C_i\geqslant 0,i=1,2,\cdots,n$）也是 μ 的无偏估计量；

（3）$\hat{\sigma}_1^2=S^2=\dfrac{1}{n-1}\sum\limits_{i=1}^{n}(X_i-\overline{X})^2$ 是 σ^2 的无偏估计量；

（4）$\hat{\sigma}_2^2=S_n^2=\dfrac{1}{n}\sum\limits_{i=1}^{n}(X_i-\overline{X})^2$ 不是 σ^2 的无偏估计量。

证明　（1）由于

$$\begin{aligned}E(\hat{\mu}_1)=E(\overline{X})&=E\left(\frac{1}{n}\sum_{i=1}^{n}X_i\right)\\&=\frac{1}{n}\sum_{i=1}^{n}E(X_i)=\frac{1}{n}\sum_{i=1}^{n}E(X)=\mu\end{aligned}$$

所以，$\hat{\mu}_1=\overline{X}$ 是 μ 的无偏估计量。

（2）由于

$$E(\hat{\mu}_2)=E\left(\sum_{i=1}^{n}C_iX_i\right)=\sum_{i=1}^{n}E(C_iX_i)$$
$$=\sum_{i=1}^{n}C_iE(X_i)=\sum_{i=1}^{n}C_iE(X)$$
$$=E(X)\sum_{i=1}^{n}C_i=\mu$$

所以，$\hat{\mu}_2=\sum\limits_{i=1}^{n}C_iX_i$ 是 μ 的无偏估计量。

（3）由于

$$\sum_{i=1}^{n}(X_i-\overline{X})^2=\sum_{i=1}^{n}(X_i^2-2X_i\overline{X}+\overline{X}^2)$$
$$=\sum_{i=1}^{n}X_i^2-2\overline{X}\sum_{i=1}^{n}X_i+n\overline{X}^2$$
$$=\sum_{i=1}^{n}X_i^2-2n\overline{X}\cdot\overline{X}+n\overline{X}^2$$
$$=\sum_{i=1}^{n}X_i^2-n\overline{X}^2$$

因而有

$$E(\hat{\sigma}_1^2)=E(S^2)=E\left[\frac{1}{n-1}\sum_{i=1}^{n}(X_i-\overline{X})^2\right]$$
$$=\frac{1}{n-1}E\sum_{i=1}^{n}(X_i-\overline{X})^2$$
$$=\frac{1}{n-1}E\left[\sum_{i=1}^{n}X_i^2-n\overline{X}^2\right]$$
$$=\frac{1}{n-1}\left[\sum_{i=1}^{n}E(X_i^2)-nE(\overline{X})^2\right]$$
$$=\frac{1}{n-1}\left\{\sum_{i=1}^{n}\left[D(X_i)+E^2(X_i)\right]-n\left[D(\overline{X})+E^2(\overline{X})\right]\right\}$$
$$=\frac{1}{n-1}\left\{nD(X)+nE^2(X)-n\cdot\frac{1}{n}D(X)-nE^2(X)\right\}$$
$$=D(X)=\sigma^2$$

可知，$\hat{\sigma}_1^2=S^2$ 是 σ^2 的无偏估计量。

（4）由于

$$E(\hat{\sigma}_2^2)=E(\frac{n-1}{n}\hat{\sigma}_1^2)=\frac{n-1}{n}D(X)\neq\sigma^2$$

所以，$\hat{\sigma}_2^2=S_n^2$ 不是 σ^2 的无偏估计量。

二、有效性

一般来说，一个未知参数往往有多个无偏估计量。

若θ有两个无偏估计量：$\hat{\theta}_1$，$\hat{\theta}_2$，则当$\hat{\theta}=a\hat{\theta}_1+b\hat{\theta}_2$中的$a+b=1$时，也是$\theta$的无偏估计量。

估计量的无偏性，只保证了估计量的取值在参数真值周围波动，但是波动的幅度有多大呢？自然地，我们希望估计量波动的幅度越小越好，幅度越小，则估计量取值与参数真值有较大偏差的可能性越小，而衡量随机变量波动幅度的量就是方差。这样就有了我们下面要介绍的有效性的概念。

定义 7.2　设$\hat{\theta}_1=\hat{\theta}_1(X_1,X_2,\cdots,X_n)$和$\hat{\theta}_2=\hat{\theta}_2(X_1,X_2,\cdots,X_n)$均为$\theta$的无偏估计量，对任意的$n$有

$$D(\hat{\theta}_1)<D(\hat{\theta}_2)$$

则称$\hat{\theta}_1$比$\hat{\theta}_2$有效。

例 7.11　设(X_1,X_2,X_3)为取自总体X的样本，试证明下列三个统计量均为$E(X)$的无偏估计量，并比较有效性。

$$\hat{\theta}_1=\frac{1}{5}X_1+\frac{3}{10}X_2+\frac{1}{2}X_3$$

$$\hat{\theta}_2=\frac{2}{3}X_1+\frac{1}{2}X_2-\frac{1}{6}X_3$$

$$\hat{\theta}_3=\frac{1}{3}X_1+\frac{1}{3}X_2+\frac{1}{3}X_3$$

证明　因为

$$E(\hat{\theta}_1)=E(\frac{1}{5}X_1+\frac{3}{10}X_2+\frac{1}{2}X_3)$$

$$=(\frac{1}{5}+\frac{3}{10}+\frac{1}{2})\ E(X)=E(X)$$

$$E(\hat{\theta}_2)=(\frac{2}{3}+\frac{1}{2}-\frac{1}{6})\ E(X)=E(X)$$

$$E(\hat{\theta}_3)=(\frac{1}{3}+\frac{1}{3}+\frac{1}{3})\ E(X)=E(X)$$

所以，$\hat{\theta}_1$，$\hat{\theta}_2$，$\hat{\theta}_3$均为θ的无偏估计量。

又因为

$$D(\hat{\theta}_1)=D(\frac{1}{5}X_1+\frac{3}{10}X_2+\frac{1}{2}X_3)$$

$$=(\frac{1}{25}+\frac{9}{100}+\frac{1}{4})\ D(X)=0.38D(X)$$

$$D(\hat{\theta}_2)=(\frac{4}{9}+\frac{1}{4}+\frac{1}{36})\ D(X)\approx 0.72D(X)$$

$$D(\hat{\theta}_3)=(\frac{1}{9}+\frac{1}{9}+\frac{1}{9})\ D(X)\approx 0.33D(X)$$

所以，$\hat{\theta}_3$ 最为有效。

定理 7.1 从正态总体 $X \sim N(\mu, \sigma^2)$ 中分别抽取容量为 n_1, n_2 的两个相互独立的样本，其样本方差分别为 S_1^2, S_2^2，它们都是 σ^2 的无偏估计，当 $n_1 > n_2$ 时，有

$$D(S_1^2) < D(S_2^2)$$

证明 略。

此定理说明，增加样本容量可提高估计量的有效性。

三、一致性或相合性

前面讲的无偏性与有效性，都是在样本容量 n 固定的前提下提出的。那么，我们要考察当样本容量 n 无限增大时，估计量的极限性态是否在某种意义下收敛于待估参数。

定义 7.3 设 $\hat{\theta}_n = \hat{\theta}_n(X_1, X_2, \cdots, X_n)$ 为未知参数 θ 的估计量，如果序列 $\{\hat{\theta}_n\}$ 依概率收敛于 θ，即 $\forall \varepsilon > 0$，有

$$\lim_{n\to\infty} p\{|\hat{\theta}_n - \theta| < \varepsilon\} = 1 \ (\text{或} \lim_{n\to\infty} p\{|\hat{\theta}_n - \theta| \geqslant \varepsilon\} = 0)$$

则称 $\hat{\theta}_n$ 是 θ 的**一致估计量（相合估计量）**。

一致性的概念是在极限意义下引进的，相对于大样本的情况有着重要意义。因此，在样本的容量 n 取得比较大的条件下，满足一致性是对估计量的基本要求。

由大数定律可知，样本矩依概率收敛于总体矩。因此，用矩估计法得到的矩估计量 $\hat{\theta}_n$ 是 θ 的一致估计量。其次，由最大似然估计法得到的估计量，在一定条件下，也具有一致性。

定理 7.2 设 $\hat{\theta}_n = \hat{\theta}_n(X_1, X_2, \cdots, X_n)$ 为未知参数 θ 的无偏估计量，若

$$\lim_{n\to\infty} D(\hat{\theta}_n) = 0$$

则 $\hat{\theta}_n$ 是 θ 的一致估计量。

证明 由于 $E(\hat{\theta}_n) = \theta$，则 $\forall \varepsilon > 0$，根据切比雪夫（Chebyshev）不等式，有

$$0 \leqslant p\{|\hat{\theta}_n - \theta| \geqslant \varepsilon\} = p\{|\hat{\theta}_n - E(\hat{\theta}_n)| \geqslant \varepsilon\} \leqslant \frac{D(\hat{\theta}_n)}{\varepsilon^2} \to 0, \quad (\text{当 } n \to \infty \text{ 时})$$

即 $\hat{\theta}_n$ 是 θ 的一致估计量。

例 7.12 总体 $X \sim U(1, \theta), \theta > 0$ 未知，$(X_1, X_2, \cdots, X_n)$ 为来自总体 X 的一个样本。

（1）求 θ 的矩估计量和最大似然估计量；

（2）评价上述两个估计量的无偏性，若是有偏的话，则修正为无偏的估计量；

（3）评价（2）中两个无偏估计量的有效性和一致性。

解 总体 X 的密度为

$$f(1, \theta) = \begin{cases} \dfrac{1}{\theta - 1}, & x \in [1, \theta] \\ 0, & x \notin [1, \theta] \end{cases}$$

（1）由于

$$\mu_1 = E(X) = \frac{\theta+1}{2}$$

则 $\theta = 2\mu_1 - 1$，用样本均值 $\overline{X}$ 取代 μ_1，得到未知参数 θ 的矩估计量为 $\hat{\theta}_1 = 2\overline{X} - 1$。

设一次抽取样本观察值为 $(x_1, x_2, \cdots, x_n)$，此时似然函数为

$$L(\theta) = \begin{cases} \dfrac{1}{(\theta-1)^n}, & 1 \leqslant x_{(1)} \leqslant x_{(2)} \leqslant \cdots \leqslant x_{(n)} \leqslant \theta \\ 0, & \text{其他} \end{cases}$$

θ 越小，则 $L(\theta)$ 越大，那么未知参数 θ 的最大估计量为

$$\hat{\theta}_2 = X_{(n)} = \max_{1\leqslant i\leqslant n}\{X_i\}$$

（2）评价上述两估计量的无偏性，由于

$$E(\hat{\theta}_1) = 2E(\overline{X}) - 1 = 2 \times \frac{\theta+1}{2} - 1 = \theta$$

因此矩估计量 $\hat{\theta}_1$ 是 θ 的无偏估计量。

总体 X 的分布函数

$$F(x) = \begin{cases} 0, & x < 1 \\ \dfrac{x-1}{\theta-1}, & 1 \leqslant x < \theta \\ 1, & x \geqslant \theta \end{cases}$$

则 $X_{(n)}$ 的分布函数为

$$F_{X_{(n)}}(u) = F^n(u) = \begin{cases} 0, & u < 1 \\ \dfrac{(u-1)^n}{(\theta-1)^n}, & 1 \leqslant u < \theta \\ 1, & u \geqslant \theta \end{cases}$$

所以，$X_{(n)}$ 的密度函数为

$$f_{X_{(n)}}(u) = \begin{cases} \dfrac{n(u-1)^{n-1}}{(\theta-1)^n}, & u \in [1,\theta] \\ 0, & u \notin [1,\theta] \end{cases}$$

故最大似然估计量 $\hat{\theta}_2$ 为

$$E(\hat{\theta}_2) = \int_1^\theta u \frac{n(u-1)^{n-1}}{(\theta-1)^n} \mathrm{d}u = \frac{n}{n+1}(\theta-1) + 1$$

显然不是 θ 的无偏估计量，要进行修正。令 $\tilde{\theta}_2 = a\hat{\theta}_2 + b$，其中 a,b 为待定系数，使得

$$E(\tilde{\theta}_2) = aE(\hat{\theta}_2) + b = a\left[\frac{n}{n+1}(\theta-1) + 1\right] + b$$

$$= \frac{an}{n+1}\theta + \frac{a}{n+1} + b = \theta$$

比较两边系数，由

$$\begin{cases}\dfrac{an}{n+1}=1\\ \dfrac{a}{n+1}+b=0\end{cases}$$

解得 $a=\dfrac{n+1}{n}$，$b=-\dfrac{1}{n}$，则未知参数 θ 的最大似然无偏估计量为

$$\tilde{\theta}_2=\frac{n+1}{n}\hat{\theta}_2-\frac{1}{n}$$

（3）评价（2）中两个无偏估计量的有效性和一致性，由于

$$D(\hat{\theta}_1)=D(2\overline{X}-1)=4D(\overline{X})=4\times\frac{(\theta-1)^2}{12n}=\frac{(\theta-1)^2}{3n}$$

又因为

$$E(\hat{\theta}_2^2)=\int_1^{\theta}u^2\frac{n(u-1)^{n-1}}{(\theta-1)^n}\mathrm{d}u=\frac{n(\theta-1)^2}{n+2}+\frac{2n(\theta-1)}{n+1}+1$$

故得到 $\hat{\theta}_2$ 的方差

$$\begin{aligned}D(\hat{\theta}_2)&=E(\hat{\theta}_2^2)-E^2(\hat{\theta}_2)\\&=\frac{n(\theta-1)^2}{n+2}+\frac{2n(\theta-1)}{n+1}+1-\left[\frac{n}{n+1}(\theta-1)+1\right]^2\\&=\frac{n(\theta-1)^2}{(n+2)(n+1)^2}\end{aligned}$$

则未知参数 θ 的最大似然无偏估计量 $\tilde{\theta}_2$ 的方差为

$$D(\tilde{\theta}_2)=D\left(\frac{n+1}{n}\hat{\theta}_2-\frac{1}{n}\right)=\frac{(n+1)^2}{n^2}D(\hat{\theta}_2)=\frac{(\theta-1)^2}{n(n+2)}$$

对于任意 $\theta>1$，且 $n>1$，有

$$D(\tilde{\theta}_2)<D(\hat{\theta}_1)$$

因此，$\tilde{\theta}_2$ 比 $\hat{\theta}_1$ 有效，由于

$$\lim_{n\to\infty}D(\hat{\theta}_1)=\lim_{n\to\infty}\frac{(\theta-1)^2}{3n}=0$$

$$\lim_{n\to\infty}D(\tilde{\theta}_2)=\lim_{n\to\infty}\frac{(\theta-1)^2}{n(n+1)}=0$$

根据定理 7.2 可知，$\tilde{\theta}_2$ 与 $\hat{\theta}_1$ 均为未知参数 θ 的一致估计量。

习题 7.2

1. 从一批电子元件中随机抽取10件，测得其寿命数据如下（单位：小时）

1293，1380，1614，1497，1340，1643，1466，1627，1387，1711

试求电子元件寿命总体 X 的均值与方差的无偏估计值。

2. 从某总体抽得一个容量为50的样本值数据如下：

样本值 x_i	2	5	7	10
出现次数	16	12	8	14

试求总体 X 均值与方差的无偏估计值。

3. 设总体 X 的数学期望为 μ，方差为 σ^2， $X_1,X_2,\cdots,X_n$ 和 $Y_1,Y_2,\cdots,Y_m$ 分别是来自 X 的两个独立样本，试证明样本方差

$$S^2=\frac{1}{n+m-2}\left[\sum_{i=1}^{n}(X_i-\bar{X})^2+\sum_{j=1}^{m}(Y_j-\bar{Y})^2\right]$$

是 σ^2 的无偏估计量。

4. 设 X_1,X_2,X_3 是来自总体 X 的样本，如果 X 的均值 $\mu=E(X)$ 与方差 $\sigma^2=D(X)$ 都存在，试证明估计量

$$T_1=\frac{2}{3}X_1+\frac{1}{6}X_2+\frac{1}{6}X_3, T_2=\frac{1}{4}X_1+\frac{1}{8}X_2+\frac{5}{8}X_3, T_3=\frac{1}{7}X_1+\frac{3}{14}X_2+\frac{9}{14}X_3$$

都是总体 X 的均值 $E(X)$ 的无偏估计量，并判断哪一个估计量更有效。

7.3　正态总体参数的区间估计

假如 $\hat{\theta}(X_1,X_2,\cdots,X_n)$ 是未知参数 θ 的一个点估计，那么一旦获得样本值 $x_1,x_2,\cdots,x_n$，估计值 $\hat{\theta}(x_1,x_2,\cdots,x_n)$ 就给出了一个确定的数，这个数给我们一个关于该参数明确的数量概念。但是，我们必须注意到，点估计只是 θ 的一个近似值，它本身并没有反映这种近似值的精度，也就是说它并没有给出近似值的误差范围。

在数理统计学中仅仅知道误差范围 $(\hat{\theta}-\delta,\hat{\theta}+\delta)$ 也是不够的，由于样本的随机性，这个误差范围是一个随机区间，于是就连它是否包含 θ 的真值都成了疑问。因此，我们还必须建立一种统计推断的方法，希望通过它能确定这个区间包含 θ 真值的概率。

为了弥补点估计的不足，本节讨论区间估计的概念。区间估计是一种重要的统计推断方法，它是由奈曼（J • Neyman）在 1934 年开始的一系列工作中引入的，这种思想从确定之日起，就引起了众多统计学家的重视。

点估计是用一个点（即一个数）去估计未知参数，而区间估计，就是用一个区间去估计未知参数，同时，又能知道这个区间包含这个未知参数的可信度。

设总体 X 的分布函数 $F(x;\theta)$ 的参数 θ 未知，设 $(X_1,X_2,\cdots,X_n)$ 为来自总体 X 的样本。现构造两个统计量

$$\hat{\theta}_1=\hat{\theta}_1(X_1,X_2,\cdots,X_n)$$
$$\hat{\theta}_2=\hat{\theta}_2(X_1,X_2,\cdots,X_n)$$

并且 $\hat{\theta}_1\leqslant\hat{\theta}_2$，这样把未知参数 θ 估计在区间 $(\hat{\theta}_1,\hat{\theta}_2)$ 之间。当然对于区间 $(\hat{\theta}_1,\hat{\theta}_2)$ 要满足以很

大的可信度包含θ，根据以上原则，我们给出置信度（可信度）定义。

定义 7.4 设总体X的分布函数$F(x;\theta)$含有一个未知参数θ，对给定值$\alpha(0<\alpha<1)$，由来自总体X的样本$(X_1,X_2,\cdots,X_n)$能确定两个统计量

$$\hat{\theta}_1=\hat{\theta}_1(X_1,X_2,\cdots,X_n),\quad \hat{\theta}_2=\hat{\theta}_2(X_1,X_2,\cdots,X_n)$$

满足

$$P\{\hat{\theta}_1<\theta<\hat{\theta}_2\}=1-\alpha$$

则称随机区间$(\hat{\theta}_1,\hat{\theta}_2)$是$\theta$的置信度为$1-\alpha$的置信区间，$\hat{\theta}_1$, $\hat{\theta}_2$分别称为置信下限和置信上限，$1-\alpha$称为置信度。

置信区间的含义：固定样本容量n，然后进行多次抽样，每次抽样得到一个区间，它或包含θ的真值，或不包含θ的真值，按 Bernoulli（伯努利）大数定律可知：，在这样多的区间中，包含θ真值的区间约占$(1-\alpha)\%$，不包含θ真值的区间约占$\alpha\%$，即我们能以概率$1-\alpha$的可信程度保证，由样本值代入$(\hat{\theta}_1,\hat{\theta}_2)$中所得的区间包含$\theta$的真值。

例如，当$\alpha=0.01$时，反复抽样1000次，得到的1000个区间中包含θ真值的区间约有990个，而不包含θ真值的区间仅约为10个。

寻找未知参数θ的置信区间的基本步骤如下。

（1）构造一个仅含未知参数θ的样本函数（不是统计量）

$$Z=Z(X_1,X_2,\cdots,X_n;\theta)$$

并且，Z的分布是已知的且不依赖于θ及其他任何未知参数。

（2）由给定的置信度$1-\alpha$，使得

$$P\{a<Z(X_1,X_2,\cdots,X_n;\theta)<b\}=1-\alpha$$

由于Z的分布确定，可通过查表求a,b。

（3）由

$$a<Z(X_1,X_2,\cdots,X_n;\theta)<b$$

解得与之等价的不等式

$$\hat{\theta}_1(X_1,X_2,\cdots,X_n)<\theta<\hat{\theta}_2(X_1,X_2,\cdots,X_n)$$

其中，统计量$\hat{\theta}_1=\hat{\theta}_1(X_1,X_2,\cdots,X_n)$, $\hat{\theta}_2=\hat{\theta}_2(X_1,X_2,\cdots,X_n)$构成的随机区间$(\hat{\theta}_1,\hat{\theta}_2)$就是$\theta$的一个置信度为$1-\alpha$的置信区间。

（4）如果有一个样本值，便可得到一个固定区间，它不是随机区间，仍称之为置信度为$1-\alpha$的置信区间。它属于包含θ真值的区间可信程度为$(1-\alpha)\%$，或说该区间包含θ的可信程度为$(1-\alpha)\%$。

本节仅介绍有关正态总体均值和方差的区间估计。

一、单个正态总体$N(\mu,\sigma^2)$的情形

设正态总体$X\sim N(\mu,\sigma^2)$，$(X_1,X_2,\cdots,X_n)$是来自正态总体的样本，且

$$\overline{X}=\frac{1}{n}\sum_{i=1}^{n}X_i$$

$$S^2=\frac{1}{n-1}\sum_{i=1}^{n}(X_i-\overline{X})^2$$

分别是样本均值和样本方差，给定的置信度为$1-\alpha$。

1. 方差σ^2已知，求均值μ的置信区间

由于$\overline{X}$是μ的无偏估计，且$\overline{X}\sim N(\mu,\frac{\sigma^2}{n})$，故可作随机变量

$$Z=\frac{\overline{X}-\mu}{\sigma/\sqrt{n}}\sim N(0,1)$$

其分布不依赖于任何未知参数。

如图 7-1 所示，由正态分布的双侧$\alpha/2$分位点概念知

$$P\{-z_{\alpha/2}<\frac{\overline{X}-\mu}{\sigma/\sqrt{n}}<z_{\alpha/2}\}=1-\alpha$$

即

$$P\{\overline{X}-\frac{\sigma}{\sqrt{n}}\cdot z_{\alpha/2}<\mu<\overline{X}+\frac{\sigma}{\sqrt{n}}\cdot z_{\alpha/2}\}=1-\alpha$$

故得到μ的一个置信度为$1-\alpha$的置信区间

$$\left(\overline{X}-\frac{\sigma}{\sqrt{n}}\cdot z_{\alpha/2},\ \overline{X}+\frac{\sigma}{\sqrt{n}}\cdot z_{\alpha/2}\right)$$

简记为$(\overline{X}\pm\frac{\sigma}{\sqrt{n}}Z_{\alpha/2})$。

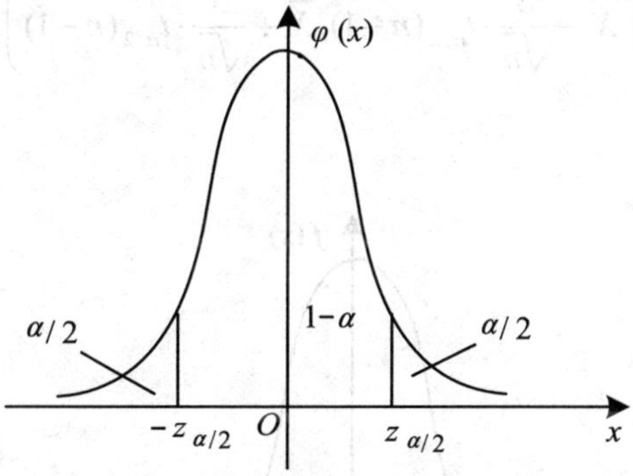

图 7-1

注意：区间长度（即精度）为$2Z_{\alpha/2}\cdot\frac{\sigma}{\sqrt{n}}$，希望它小一点，有两条途径：一是减小$Z_{\alpha/2}$，二是提高 n，但这势必增大α，从而降低区间估计的可靠性，因此一般用提高容量n的方法，在不降低可靠性的前提下，提高精度（缩小区间）。

例 7.13　某厂生产滚珠，直径X服从正态分布$N(\mu,\sigma^2)$，为了估计μ，抽检 6 个滚珠，

测得直径为（单位：mm）

$$14.70，15.21，14.90，14.91，15.32，15.32$$

（1）估计这批滚珠的直径均值μ；

（2）若已知方差$\sigma^2=0.05$，求μ的置信区间（$\alpha=0.05$）。

解　（1）$\bar{x}=15.06$，即为μ的点估计值；

（2）将$\alpha=0.05$，$Z_{\alpha/2}=1.96$，n=6，代入μ的置信区间$(\bar{X}\pm\frac{\sigma}{\sqrt{n}}Z_{\alpha/2})$中，得到

$$(15.06\pm\sqrt{\frac{0.05}{6}}\times1.96)=(14.88,15.24)$$

2. 方差σ^2未知，求均值μ的置信区间

由于S^2是σ^2的无偏估计，在上述随机变量Z中"换σ为S"，则可作随机变量

$$t=\frac{\bar{X}-\mu}{S/\sqrt{n}}\sim t(n-1)$$

其分布不依赖于任何未知参数。

如图 7-2 所示，由t分布的双侧$\alpha/2$分位点概念知

$$P\{-t_{\alpha/2}(n-1)<\frac{\bar{X}-\mu}{S/\sqrt{n}}<t_{\alpha/2}(n-1)\}=1-\alpha$$

即

$$P\{\bar{X}-\frac{S}{\sqrt{n}}\cdot t_{\alpha/2}(n-1)<\mu<\bar{X}+\frac{S}{\sqrt{n}}\cdot t_{\alpha/2}(n-1)\}=1-\alpha$$

故得到μ的一个置信度为$1-\alpha$的置信区间

$$\left(\bar{X}-\frac{S}{\sqrt{n}}\cdot t_{\alpha/2}(n-1),\bar{X}+\frac{S}{\sqrt{n}}\cdot t_{\alpha/2}(n-1)\right)$$

简记为$(\bar{X}\pm\frac{S}{\sqrt{n}}t_{\alpha/2}(n-1))$。

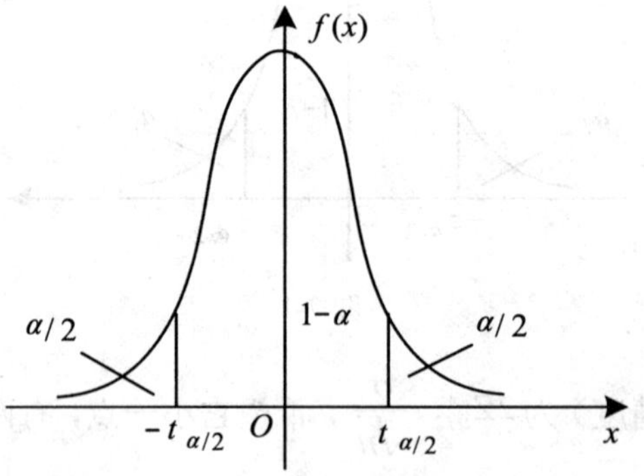

图 7-2

注意：如果n较大，则用$Z_{\alpha/2}$代替$t_{\alpha/2}(n-1)$。

例 7.14　设有一批精盐，每袋净重μ（单位：克）服从正态分布，今任取8袋测得净重

$$12.1,\ 11.9,\ 12.4,\ 12.3,\ 11.9,\ 12.1,\ 12.4,\ 12.1$$

试求μ的置信区间（α=0.01）。

解　经计算$\overline{x}=12.15,\ s=0.2,$ 且$\alpha=0.01,\ n=8$；因为方差σ^2未知，故均值μ的置信区间为

$$\left(\overline{X}-\frac{S}{\sqrt{n}}\cdot t_{\alpha/2}(n-1),\ \overline{X}+\frac{S}{\sqrt{n}}\cdot t_{\alpha/2}(n-1)\right)$$

由于

$$\overline{x}=12.15,\ n=8,\ s=0.2,\ t_{0.005}(7)=3.4995$$

代入样本值得

$$\left(12.15-\frac{0.2}{\sqrt{8}}\cdot 3.4995,\ 12.15+\frac{0.2}{\sqrt{8}}\cdot 3.4995\right)$$

故所求置信区间为：$(11.90,\ 12.40)$

3. 均值μ已知，求方差σ^2的置信区间

考虑随机变量

$$\chi^2=\frac{1}{\sigma^2}\sum_{i=1}^{n}(X_i-\mu)^2\sim\chi^2(n)$$

其分布不依赖于任何未知参数。

如图 7-3 所示，对给定$\alpha(0<\alpha<1)$，由

$$P\{\chi^2{}_{1-\alpha/2}(n)<\chi^2<\chi^2{}_{\alpha/2}(n)\}=1-\alpha$$

解得

$$P\left\{\frac{\sum_{i=1}^{n}(X_i-\mu)^2}{\chi^2_{\alpha/2}(n)}<\sigma^2<\frac{\sum_{i=1}^{n}(X_i-\mu)^2}{\chi^2_{1-\alpha/2}(n)}\right\}=1-\alpha$$

故得到σ^2的一个置信度为$1-\alpha$的置信区间

$$\left(\frac{\sum_{i=1}^{n}(X_i-\mu)^2}{\chi^2_{\alpha/2}(n)},\frac{\sum_{i=1}^{n}(X_i-\mu)^2}{\chi^2_{1-\alpha/2}(n)}\right)$$

4. 均值μ未知，求方差σ^2的置信区间

考虑随机变量

$$\chi^2=\frac{(n-1)S^2}{\sigma^2}\sim\chi^2(n-1)$$

其分布不依赖于任何未知参数。

如图 7-4 所示，由 χ^2 分布的双侧 $\alpha/2$ 分位点概念知

$$p\{\chi^2_{1-\alpha/2}(n-1) < \frac{(n-1)S^2}{\sigma^2} < \chi^2_{\alpha/2}(n-1)\} = 1-\alpha$$

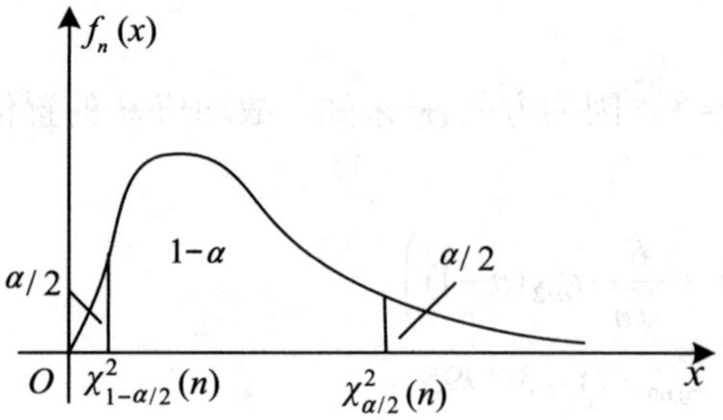

图 7-3

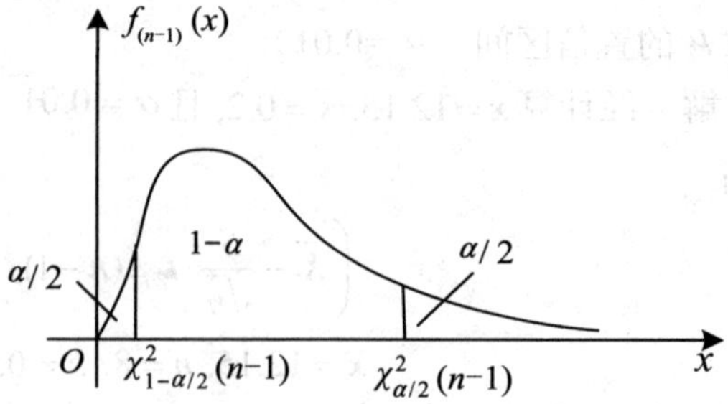

图 7-4

即

$$P\left\{\frac{(n-1)S^2}{\chi^2_{\alpha/2}(n-1)} < \sigma^2 < \frac{(n-1)S^2}{\chi^2_{1-\alpha/2}(n-1)}\right\} = 1-\alpha$$

故得到 σ^2 的一个置信度为 $1-\alpha$ 的置信区间

$$\left(\frac{(n-1)S^2}{\chi^2_{\alpha/2}(n-1)}, \frac{(n-1)S^2}{\chi^2_{1-\alpha/2}(n-1)}\right)$$

进而可得 σ 的一个置信度为 $1-\alpha$ 的置信区间

$$\left(\frac{\sqrt{n-1}S}{\sqrt{\chi^2_{\alpha/2}(n-1)}}, \frac{\sqrt{n-1}S}{\sqrt{\chi^2_{1-\alpha/2}(n-1)}}\right)$$

例 7.15 某自动包装机包装洗衣粉，其重量服从正态分布，随机抽取 12 袋，测得重量（单位：g）分别为

1001，1004，1003，997，999，1000，1004，1000，996，1002，998，999

如何估计该包装机所包装的洗衣粉重量的方差 σ （$\alpha = 0.05$）？

解 因为均值 μ 未知，故方差 σ 的置信区间为

$$\left(\frac{\sqrt{n-1}S}{\sqrt{\chi^2_{\alpha/2}(n-1)}}, \frac{\sqrt{n-1}S}{\sqrt{\chi^2_{1-\alpha/2}(n-1)}}\right)$$

由于

$$\chi^2_{0.975}(11) = 3.816,\ \ \chi^2_{0.025}(11) = 21.92,\ (n-1)S^2 = 76.25$$

故所求置信区间为

$$(\sqrt{\frac{76.25}{21.92}}, \sqrt{\frac{76.25}{3.816}})$$

即(1.87，4.47)。

二、两个正态总体 $N(\mu_1,\sigma_1^2)$，$N(\mu_2,\sigma_2^2)$ 的情形

已知两个正态总体 $X \sim N(\mu_1,\sigma_1^2), Y \sim N(\mu_2,\sigma_2^2)$，样本 $(X_1,X_2,\cdots,X_{n_1})$ 与 $(Y_1,Y_2,\cdots,Y_{n_2})$ 分别来自两个总体 X 和 Y 。

1. 方差 σ_1^2,σ_2^2 均已知，求均值 $\mu_1-\mu_2$ 的置信区间

因为，$\overline{X},\overline{Y}$ 分别是 μ_1,μ_2 的无偏估计，且

$$\overline{X} \sim N(\mu_1,\frac{\sigma_1^2}{n_1}),\ \overline{Y} \sim N(\mu_2,\frac{\sigma_2^2}{n_2})$$

故 $\overline{X}-\overline{Y}$ 是 $\mu_1-\mu_2$ 的无偏估计，且有

$$\overline{X}-\overline{Y} \sim N(\mu_1-\mu_2,\frac{\sigma_1^2}{n_1}+\frac{\sigma_2^2}{n_2})$$

从而

$$\frac{(\overline{X}-\overline{Y})-(\mu_1-\mu_2)}{\sqrt{\frac{\sigma_1^2}{n_1}+\frac{\sigma_2^2}{n_2}}} \sim N(0,1)$$

可得 $\mu_1-\mu_2$ 的一个置信度为 $1-\alpha$ 的置信区间为

$$\left(\overline{X}-\overline{Y}-\sqrt{\frac{\sigma_1^2}{n_1}+\frac{\sigma_2^2}{n_2}}\cdot z_{\alpha/2},\ \overline{X}-\overline{Y}+\sqrt{\frac{\sigma_1^2}{n_1}+\frac{\sigma_2^2}{n_2}}\cdot z_{\alpha/2}\right)$$

2. 方差 σ_1^2,σ_2^2 均未知，求均值 $\mu_1-\mu_2$ 的置信区间

当样本容量都很大时，可用样本方差代替总体方差，而得 $\mu_1-\mu_2$ 的置信度为 $1-\alpha$ 的近似的置信区间为

$$\left(\overline{X}-\overline{Y}-\sqrt{\frac{S_1^2}{n_1}+\frac{S_2^2}{n_2}}\cdot z_{\alpha/2},\ \overline{X}-\overline{Y}+\sqrt{\frac{S_1^2}{n_1}+\frac{S_2^2}{n_2}}\cdot z_{\alpha/2}\right)$$

3. 方差 σ_1^2,σ_2^2 均未知，但 $\sigma_1^2=\sigma_2^2$ ，求均值 $\mu_1-\mu_2$ 的置信区间

根据第 6 章内容可知，随机变量

$$T=\frac{(\overline{X}-\overline{Y})-(\mu_1-\mu_2)}{S_w\sqrt{\frac{1}{n_1}+\frac{1}{n_2}}} \sim t(n_1+n_2-2)$$

其中

$$S_w=\sqrt{\frac{(n_1-1)S_1^2+(n_2-1)S_2^2}{n_1+n_2-2}}$$

从而，$\mu_1-\mu_2$ 的一个置信度为 $1-\alpha$ 的置信区间

$$\left(\overline{X}-\overline{Y}-S_w\sqrt{\frac{1}{n_1}+\frac{1}{n_2}}\cdot t_{\alpha/2}(n_1+n_2-2),\ \overline{X}-\overline{Y}+S_w\sqrt{\frac{1}{n_1}+\frac{1}{n_2}}\cdot t_{\alpha/2}(n_1+n_2-2)\right)$$

例 7.16 某工厂一条生产灯泡的流水线，在工艺改变前后分别抽检若干件产品的寿命，得数据如下。

改变前：$n_1=6,\ \bar{X}=1364,\ S_1^2=156$；

改变后：$n_2=9,\ \bar{Y}=1407,\ S_2^2=172$。

假定灯泡寿命服从正态分布，且工艺改变前后方差不变，试求工艺改变前后平均寿命之差的 95%的置信区间。

解 本题为双正态总体，方差均未知且方差相等的均值差置信区间为

$$\left(\bar{X}-\bar{Y}-S_w\sqrt{\frac{1}{n_1}+\frac{1}{n_2}}\cdot t_{\alpha/2}(n_1+n_2-2),\ \bar{X}-\bar{Y}+S_w\sqrt{\frac{1}{n_1}+\frac{1}{n_2}}\cdot t_{\alpha/2}(n_1+n_2-2)\right)$$

由样本值计算得

$$S_w=\sqrt{\frac{(n_1-1)S_1^2+(n_2-1)S_2^2}{n_1+n_2-2}}=\sqrt{\frac{5\times156+8\times172}{13}}=12.88$$

$$\alpha=0.05,\ t_{\alpha/2}(13)=2.16,\ \bar{Y}-\bar{X}=43$$

$$2.16\times12.88\times\sqrt{\frac{1}{6}+\frac{1}{9}}=14.7$$

所求置信区间为

$$(\bar{Y}-\bar{X}\pm t_{\alpha/2}(13)\cdot S_w\cdot\sqrt{\frac{1}{n_1}+\frac{1}{n_2}})=(43-14.7,43+14.7)=(28.3,57.7)$$

4. 两个正态总体的方差比 $\dfrac{\sigma_1^2}{\sigma_2^2}$ 的置信区间

已知两个正态总体 $X\sim N(\mu_1,\sigma_1^2),Y\sim N(\mu_2,\sigma_2^2)$，样本 $(X_1,X_2,\cdots,X_{n_1})$ 与 $(Y_1,Y_2,\cdots,Y_{n_2})$ 分别来自两个总体 X 和 Y，仅讨论两正态总体均值都未知情形下，方差比 $\dfrac{\sigma_1^2}{\sigma_2^2}$ 的置信区间。

由定理知

$$\frac{(n_1-1)S_1^2}{\sigma_1^2}\sim\chi^2(n_1-1),\ \frac{(n_2-1)S_2^2}{\sigma_2^2}\sim\chi^2(n_2-1)$$

且两者相互独立，故由 F 分布定义知

$$\frac{\dfrac{(n_1-1)S_1^2}{\sigma_1^2}/(n_1-1)}{\dfrac{(n_2-1)S_2^2}{\sigma_2^2}/(n_2-1)}\sim F(n_1-1,n_2-1)$$

即

$$\frac{S_1^2/\sigma_1^2}{S_2^2/\sigma_2^2}\sim F(n_1-1,n_2-1)$$

其分布不依赖于任何未知参数。

如图 7-5 所示，由 F 分布的双侧分位点知

$$P\left\{F_{1-\alpha/2}(n_1-1,n_2-1)<\frac{S_1^2/\sigma_1^2}{S_2^2/\sigma_2^2}<F_{\alpha/2}(n_1-1,n_2-1)\right\}=1-\alpha$$

即

$$P\left\{\frac{S_1^2}{S_2^2}\cdot\frac{1}{F_{\alpha/2}(n_1-1,n_2-1)}<\frac{\sigma_1^2}{\sigma_2^2}<\frac{S_1^2}{S_2^2}\cdot\frac{1}{F_{1-\alpha/2}(n_1-1,n_2-1)}\right\}=1-\alpha$$

从而，$\dfrac{\sigma_1^2}{\sigma_2^2}$ 的一个置信度为 $1-\alpha$ 的置信区间

$$\left(\frac{S_1^2}{S_2^2}\cdot\frac{1}{F_{\alpha/2}(n_1-1,n_2-1)},\frac{S_1^2}{S_2^2}\cdot\frac{1}{F_{1-\alpha/2}(n_1-1,n_2-1)}\right)$$

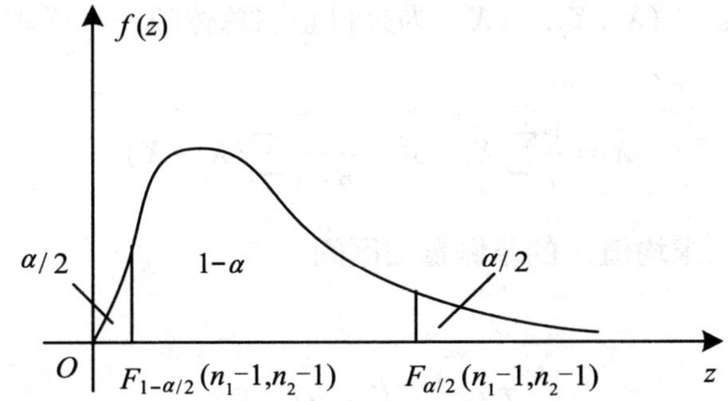

图 7-5

例 7.17　设两位化验员 A、B 独立地对某种聚合物品含氰量用相同的方法各做10 次测定，其测定值的样本方差分别为：$s_A^2=0.5419,\ s_B^2=0.6065$。设总体均为正态的，且 σ_A^2,σ_B^2 分别为 A、B 所测定的测定值总体的方差，求方差比 σ_A^2/σ_B^2 置信度为0.95 的置信区间。

解　本题为双正态总体，均值未知时方差比的置信区间为

$$\left(\frac{S_A^2}{S_B^2}\cdot\frac{1}{F_{\alpha/2}(n_1-1,n_2-1)},\frac{S_A^2}{S_B^2}\cdot\frac{1}{F_{1-\alpha/2}(n_1-1,n_2-1)}\right)$$

置信度 $1-\alpha=0.95,\ \alpha=0.05$，由样本值计算得

$$s_A^2=0.5419,\ s_B^2=0.6065,\ n_1=n_2=10$$

查附表 E 得

$$F_{0.025}(9,9)=4.03,\ F_{0.975}(9,9)=\frac{1}{F_{0.025}(9,9)}=\frac{1}{4.03}=0.2481$$

所求置信区间为 $(0.222,3.601)$。

三、单侧置信区间

前面采用的区间估计，得到的是总体分布中未知参数 θ 的置信区间为 $(\hat{\theta}_1,\hat{\theta}_2)$ 的形式，称 $(\hat{\theta}_1,\hat{\theta}_2)$ 为双侧置信区间。但是在许多实际问题中，如要估计一批电视机的平均寿命，显

然平均寿命越长越好，因此采用的置信区间为$(\hat{\theta}_1,+\infty)$，只要关心$\hat{\theta}_1$即可。同理若要估计这批电视机的次品率，当然希望次品率越小越好，可采用的置信区间为$(-\infty,\hat{\theta}_2)$，即只要关心$\hat{\theta}_2$即可，从而得到了单侧置信区间的概念。

定义 7.5 设总体X的分布函数为$F(x;\theta)$，其中θ未知，又$(X_1,X_2,\cdots,X_n)$为来自总体的一个样本，对任意给定的α $(0<\alpha<1)$，若存在的统计量$\hat{\theta}_1=\hat{\theta}_1(X_1,X_2,\cdots,X_n)$满足

$$p\{\theta>\hat{\theta}_1\}=1-\alpha$$

称随机区间$(\hat{\theta}_1,+\infty)$是θ的置信度为$1-\alpha$的单侧置信区间，$\hat{\theta}_1$称单侧置信下限。

若存在统计量$\hat{\theta}_2=\hat{\theta}_2(X_1,X_2,\cdots,X_n)$满足

$$p\{\theta<\hat{\theta}_2\}=1-\alpha$$

称随机区间$(-\infty,\hat{\theta}_2)$是θ的置信度为$1-\alpha$的单侧置信区间，$\hat{\theta}_2$称单侧置信上限。

设已知置信度$1-\alpha$，$(X_1,X_2,\cdots,X_n)$为来自正态总体的一个样本，且样本均值和样本方差分别为

$$\overline{X}=\frac{1}{n}\sum_{i=1}^{n}X_i,\quad S^2=\frac{1}{n-1}\sum_{i=1}^{n}(X_i-\overline{X})^2$$

1. 方差σ^2未知，求均值μ的单侧置信区间

由于

$$T=\frac{\overline{X}-\mu}{S/\sqrt{n}}\sim t(n-1)$$

在给定置信度$1-\alpha$下，若求单侧置信下限，则α只要取右侧的分位点，从

$$P\left\{\frac{\overline{X}-\mu}{S/\sqrt{n}}<t_\alpha(n-1)\right\}=1-\alpha$$

得

$$P\left\{\mu>\overline{X}-t_\alpha(n-1)S/\sqrt{n}\right\}=1-\alpha$$

于是μ的置信度为$1-\alpha$的单侧置信区间为

$$\left(\overline{X}-t_\alpha(n-1)\frac{S}{\sqrt{n}},+\infty\right)$$

单侧置信下限为

$$\hat{\mu}_1=\overline{X}-t_\alpha(n-1)\frac{S}{\sqrt{n}}$$

同理可得μ的置信度为$1-\alpha$的另一个单侧置信区间为

$$\left(-\infty,\overline{X}+t_\alpha(n-1)\frac{S}{\sqrt{n}}\right)$$

单侧置信上限为

$$\hat{\mu}_2 = \overline{X} + t_\alpha(n-1)\frac{S}{\sqrt{n}}$$

2. **均值 μ 未知，求均值 σ^2 的单侧置信区间**

由抽样分布定理，可作随机变量

$$\chi^2 = \frac{(n-1)S^2}{\sigma^2} \sim \chi^2(n-1)$$

对给定 α $(0<\alpha<1)$，若求单侧置信下限，无需平分只要取右侧的分位点，从

$$P\left\{\chi^2 < \chi_\alpha^2(n-1)\right\} = 1-\alpha$$

解得

$$P\left\{\sigma^2 > \frac{(n-1)S^2}{\chi_\alpha^2(n-1)}\right\} = 1-\alpha$$

于是 σ^2 的置信度为 $1-\alpha$ 的单侧置信区间为

$$\left(\frac{(n-1)S^2}{\chi_\alpha^2(n-1)}, +\infty\right)$$

单侧置信下限为

$$\hat{\sigma}_1^2 = \frac{(n-1)S^2}{\chi_\alpha^2(n-1)}$$

类似地，方差 σ^2 的置信度为 $1-\alpha$ 的另一个单侧置信区间为

$$\left(-\infty, \frac{(n-1)S^2}{\chi_{1-\alpha}^2(n-1)}\right)$$

单侧置信上限为

$$\hat{\sigma}_2^2 = \frac{(n-1)S^2}{\chi_{1-\alpha}^2(n-1)}$$

习题 7.3

1. 从某面粉厂生产的袋装面粉中抽取 5 袋，测得重量（单位：kg）如下

24.6, 25.4, 24.8, 25.2, 25.3

若假定袋装面粉的重量 X 服从正态分布 $N(\mu, 0.3^2)$，试求未知参数 μ 的置信水平为 0.95 的置信区间。

2. 随机抽取某种清漆的 9 个样品，其干燥时间（单位：h）分别为

6.0,　5.7,　5.8,　6.5,　7.0,　6.3,　5.6,　6.1,　5.0

设干燥时间总体 X 服从正态分布 $N(\mu, \sigma^2)$，针对以下两种条件，试求 μ 的置信度为 0.95 的置信区间。

（1）若由以往经验知 $\sigma = 0.6\text{h}$；

（2）若σ为未知。

3. 从自动车床加工的一批零件中随机抽取10个，测得其尺寸与规定尺寸的偏差（单位：μm）分别为：2, 1, −2, 3, 2, 4, −2, 5, 3, 4，记零件的尺寸偏差为X，假定$X\sim N(\mu,\sigma^2)$，试求未知参数μ，σ^2和σ的置信度为0.95的区间估计。

4. 设总体$X\sim N(\mu,\sigma^2)$，已知$\sum\limits_{i=1}^{15}x_i=18.7,\sum\limits_{i=1}^{15}x_i^2=25.05$，试求$\mu$和$\sigma$的置信度为0.95的区间估计。

5. 设自正态总体$X\sim N(\mu_1,5^2)$中抽取一个容量为$n_1=10$的样本，又自正态总体$Y\sim N(\mu_2,6^2)$中抽取一个容量为$n_2=12$的样本，由它们的样本观察值计算得到样本均值分别为$\bar{x}=19.8,\bar{y}=24.0$。假定两个样本是相互独立的，试求这两个总体均值差$\mu_1-\mu_2$的置信水平为0.95的置信区间。

6. 为了比较甲、乙两类试验田的收获量，随机抽取甲类试验田8块，乙类试验田10块，测得收获量（单位：kg）如下。

甲类	12.6	10.2	11.7	12.3	11.1	10.5	10.6	12.2		
乙类	8.6	7.9	9.3	10.7	11.2	11.4	9.8	9.5	10.1	8.5

假定这两类试验田的收获量都服从正态分布，且方差相同，试求两类试验田的收获量均值差的置信水平为$1-\alpha=0.95$的置信区间。

7. 为研究由机器A和机器B生产的钢管内径，随机抽取机器A生产的钢管16根，测其内径，得样本方差$s_1^2=0.34(\text{mm}^2)$，抽取机器B生产的钢管13根，测其内径，得样本方差$s_2^2=0.29(\text{mm}^2)$。设两个样本相互独立，且设机器A和机器B生产的钢管内径分别服从正态分布$N(\mu_1,\sigma_1^2),N(\mu_2,\sigma_2^2)$，其中参数$\mu_1$，$\mu_2$，$\sigma_1^2$，$\sigma_2^2$均未知，试求方差比$\sigma_1^2/\sigma_2^2$的置信水平为$1-\alpha=0.9$的置信区间。

7.4 非正态总体的区间估计

1. 指数分布参数的置信区间

设总体X服从指数分布，即

$$f(x)=\begin{cases}\lambda e^{-\lambda x}, & x\geqslant 0\\ 0, & x<0\end{cases}$$

其中参数$\lambda>0$未知，$(X_1,X_2,\cdots,X_n)$为来自总体X的一个样本。

对于给定的置信度$1-\alpha$，可构造一个随机变量$\chi^2=2n\lambda\overline{X}$，查$\chi^2$分布表求得分位点$\chi^2_{1-\alpha/2}(2n)$和$\chi^2_{\alpha/2}(2n)$，使得

$$P\left\{\chi^2_{1-\alpha/2}(2n)<\chi^2<\chi^2_{\alpha/2}(2n)\right\}=1-\alpha$$

解得

$$P\left\{\frac{\chi^2_{1-\alpha/2}(2n)}{2n\overline{X}}<\lambda<\frac{\chi^2_{\alpha/2}(2n)}{2n\overline{X}}\right\}=1-\alpha$$

故λ的置信度$1-\alpha$的置信区间为

$$\left(\frac{\chi^2_{1-\alpha/2}(2n)}{2n\overline{X}},\frac{\chi^2_{\alpha/2}(2n)}{2n\overline{X}}\right)$$

例 7.18　已知某种灯泡的寿命X（单位：h）服从参数为λ的指数分布（λ未知），现从这批灯泡中抽取了10个灯泡，测得寿命分别为

1200，1250，1040，1130，1300，1200，1050，1100，1080，1120

求$\mu=E(X)$的置信度为0.95的置信区间。

解　算得$\overline{x}=1147,n=20,\alpha=0.05$，查表得

$$\chi^2_{0.975}(20)=9.591,\ \ \chi^2_{0.025}(20)=34.170$$

故λ的置信度0.95的置信区间为

$$\left(\frac{\chi^2_{0.975}(20)}{2n\overline{x}},\frac{\chi^2_{0.025}(20)}{2n\overline{x}}\right)=(0.00042,0.00159)$$

由于$\mu=E(X)=\dfrac{1}{\lambda}$，得$\mu$的置信度为0.95的置信区间

$$\left(\frac{2n\overline{x}}{\chi^2_{0.025}(20)},\frac{2n\overline{x}}{\chi^2_{0.975}(20)}\right)=(671.35,2391.83)$$

2.（0—1）分布参数的区间估计

设总体X服从未知参数为p（$0<p<1$）的（0—1）分布，即

$$p(X=x;p)=p^x(1-p)^{1-x},\ \ x=0,1$$

$(X_1,X_2,\cdots,X_n)$为来自总体X的一个样本。当$n>50$时，求p的置信度为$1-\alpha$的置信区间。

由于总体X分布未知，当$n>50$时，根据中心极限定理，样本均值近似服从正态分布，并由此求出置信区间。

因为$\mu=E(X)=p,\ \sigma^2=p(1-p)$，当$n$很大时，$\overline{X}$近似服从$N(p,p(1-p)/n)$，于是有

$$(\overline{X}-p)/\sqrt{p(1-p)/n}\overset{\text{近似}}{\sim}N(0,1)$$

所以

$$P\{|(\overline{X}-p)/\sqrt{p(1-p)/n}|<z_{\alpha/2}\}\approx1-\alpha$$

即

$$P\{|(\overline{X}-p)\sqrt{n}/\sqrt{\overline{X}(1-\overline{X})}|<z_{\alpha/2}\}\approx1-\alpha$$

解得

$$P\left\{\overline{X}-z_{\alpha/2}\sqrt{\overline{X}(1-\overline{X})/n}<p<\overline{X}+z_{\alpha/2}\sqrt{\overline{X}(1-\overline{X})/n}\right\}\approx1-\alpha$$

于是 p 的置信度 $1-\alpha$ 的置信区间为

$$\left(\overline{X}-z_{\alpha/2}\sqrt{\overline{X}(1-\overline{X})/n},\ \overline{X}+z_{\alpha/2}\sqrt{\overline{X}(1-\overline{X})/n}\right)$$

总复习题

1. 设 $(X_1,X_2,\cdots,X_n)$ 是来自总体 X 的一个容量为 n 的样本，X 的概率密度为

$$f(x;\theta)=\begin{cases}\theta c^{\theta}x^{-(\theta+1)}, & x>c(c>0)\\ 0, & \text{其他}\end{cases}$$

其中 c 已知，参数 $\theta(>1)$ 为未知，试求参数 θ 的矩估计量。

2. 设总体 X 服从均匀分布 $U(\mu-\rho,\mu+\rho)$，其中参数 μ，ρ 未知，若 $(X_1,X_2,\cdots,X_n)$ 是来自该总体的一个容量为 n 的样本，试求参数 μ，ρ 的矩估计量。

3. 设总体 X 的概率密度为

$$f(x)=\begin{cases}\dfrac{6x}{\theta^3}(\theta-x), & 0<x<\theta\\ 0, & \text{其他}\end{cases}$$

$X_1,X_2,\cdots,X_n$ 是取自总体 X 的简单随机样本。

（1）求 θ 的矩估计量 $\hat{\theta}$；

（2）求 $\hat{\theta}$ 的方差 $\mathrm{D}(\hat{\theta})$。

4. 设总体 X 的密度函数为

$$f(x;\theta)=\begin{cases}\sqrt{\theta}x^{\sqrt{\theta}-1}, & 0<x<1\\ 0, & \text{其他}\end{cases}$$

$X_1,X_2,\cdots,X_n$ 是取自总体 X 的简单随机样本，求未知参数 θ 的矩估计量。

5. 设总体 X 的密度函数为

$$f(x)=\begin{cases}\lambda^2 x\mathrm{e}^{-\lambda x}, & x>0\\ 0, & \text{其他}\end{cases}$$

其中参数 $\lambda(\lambda>0)$ 未知，$(X_1,X_2,\cdots,X_n)$ 为来自总体 X 的一个样本，求:

（1）参数 λ 的矩估计量；

（2）参数 λ 的极大似然估计量。

6. 设总体 X 的分布律如下：

X	0	1	2	3
p	θ^2	$2\theta(1-\theta)$	θ^2	$1-2\theta$

其中，$\theta(0<\theta<\dfrac{1}{2})$ 是未知参数。若一次抽取得样本观察值 $(3,1,3,0,3,1,2,3)$，求 θ 的矩估计值和最大似然估计值。

7. 设总体 X 的分布函数为

$$F(x;\alpha,\beta)=\begin{cases}1-(\dfrac{\alpha}{x})^{\beta}, & x>\alpha\\ 0, & x\leqslant\alpha\end{cases}$$

其中，参数 $\alpha>0,\beta>1$ 未知；又 $(X_1,X_2,\cdots,X_n)$ 为来自总体 X 的一个样本，则

（1）当 $\alpha=1$ 时，求 β 的矩估计量和最大似然估计量；

（2）当 $\beta=2$ 时，求 α 的最大似然估计量。

8. 设 $(X_1,X_2,\cdots,X_n)$ 为来自正态总体 $N(\mu_0,\sigma^2)$ 的一个样本，其中 μ_0 已知，$\sigma^2>0$ 未知，$\overline{X}$ 和 S^2 分别表示样本均值和样本方差，求

（1）参数 σ^2 的最大似然估计量 $\hat{\sigma}^2$；

（2）$E(\hat{\sigma}^2)$ 和 $D(\hat{\sigma}^2)$。

9. 设总体 X 概率密度为

$$f(x;\theta)=\begin{cases}\dfrac{1}{2\theta}, & 0<x<\theta\\ \dfrac{1}{2(1-\theta)}, & \theta\leqslant x<1\\ 0, & 其他\end{cases}$$

其中，参数 $\theta(0<\theta<1)$ 未知，$(X_1,X_2,\cdots,X_n)$ 是来自总体 X 的一个样本，$\overline{X}$ 是样本均值，则

（1）求参数 θ 的矩估计量 $\hat{\theta}$；

（2）判断 $4\overline{X}^2$ 是否为 θ^2 的无偏估计量，并说明理由。

10. 设 $(X_1,X_2,\cdots,X_n)$ 为来自正态总体 $N(\mu,\sigma^2)$ 的一个样本，记作

$$\overline{X}=\frac{1}{n}\sum_{i=1}^{n}X_i,\quad S^2=\frac{1}{n-1}\sum_{i=1}^{n}(X_i-\overline{X})^2,\quad T=\overline{X}^2-\frac{1}{n}S^2$$

（1）证明 T 是 μ^2 的无偏估计量；

（2）当 $\mu=0,\ \sigma=1$ 时，求 $D(T)$。

11. 设总体 X 的概率密度为

$$f(x;\theta)=\begin{cases}2\mathrm{e}^{-2(x-\theta)}, & x>\theta\\ 0, & x\leqslant\theta\end{cases}$$

其中，$\theta>0$ 未知。

又 $(X_1,X_2,\cdots,X_n)$ 为来自总体 X 的一个样本，记 $\hat{\theta}=\min(X_1,X_2,\cdots,X_n)$，则

（1）求总体 X 的分布函数 $F(x,\theta)$；

（2）求统计量 $\hat{\theta}$ 的分布函数 $F_{\hat{\theta}}(y,\theta)$；

（3）若 $\hat{\theta}=\min(X_1,X_2,\cdots,X_n)$ 作为 θ 的估计量，讨论它是否具有无偏性。

12. 设 n 个随机变量 $X_1,X_2,\cdots,X_n$ 独立同分布，且

$$D(X_1)=\sigma^2(\sigma>0)\text{，}\quad \bar{X}=\frac{1}{n}\sum_{i=1}^{n}X_i\text{，}\quad S^2=\frac{1}{n-1}\sum_{i=1}^{n}(X_i-\bar{X})^2$$

则________。

（A）S 是 σ 的无偏估计量 （B）S 是 σ 的极大似然估计量

（C）S 是 σ 的相合估计量（即一致估计量） （D）S 与 $\bar{X}$ 相互独立

13. 设总体 X 的概率密度为

$$f(x;\theta)=\begin{cases} e^{-(x-\theta)}, & x\geqslant\theta \\ 0, & x<\theta \end{cases}$$

而 $(X_1,X_2,\cdots,X_n)$ 为来自总体的一个样本，证明

$$\hat{\theta}_1=\frac{1}{n}\sum_{i=1}^{n}X_i-1,\ \hat{\theta}_2=\min\{X_1,\cdots,X_n\}-\frac{1}{n}$$

是 θ 的两个无偏估计量。

14. 设随机变量 X 与 Y 相互独立且分别服从正态分布 $N(\mu,\sigma^2)$ 与 $N(\mu,2\sigma^2)$，其中 σ 是未知参数，且 $\sigma>0$，记 $Z=X-Y$，则：

（1）求 Z 的概率密度 $f(z;\sigma^2)$；

（2）设 $Z_1,Z_2,\cdots,Z_n$ 为来自总体 Z 的简单随机样本，求 σ^2 的极大似然估计量 $\hat{\sigma}^2$。

15. 设总体 X 服从正态分布 $N(\mu_1,\sigma^2)$，总体 Y 服从 $N(\mu_2,\sigma^2)$，$X_1,X_2,\cdots,X_{n_1}$ 和 $Y_1,Y_2,\cdots,Y_{n_2}$ 分别来自总体 X 和 Y 的简单随机样本，则：

$$E\left[\frac{\sum_{i=1}^{n_1}(X_i-\bar{X})^2+\sum_{j=1}^{n_2}(Y_j-\bar{Y})^2}{n_1+n_2-2}\right]=\_\_\_\_\_\_\_\_\_\_。$$

16. 已知一批零件的长度 X（单位：cm）服从正态分布 $N(\mu,1)$，从中随机地抽取16个零件，得到长度的平均值为40（cm），则 μ 的置信度为0.95的置信区间是______。

17. 假设0.50，1.25，0.80，2.00是来自总体 X 的简单随机样本值，已知 $Y=\ln X$ 服从正态分布 $N(\mu,1)$，求：

（1）X 的数学期望 $E(X)$（记 $E(X)$ 为 b）；

（2）μ 的置信度为0.95的置信区间；

（3）利用上述结果求 b 的置信度为0.95的置信区间。

18. 设一批零件的长度服从正态分布 $N(\mu,\sigma^2)$，其中 μ，σ^2 均未知，现从中随机抽取16个零件，测得样本平均值 $\bar{x}=20(\text{cm})$，样本标准差 $S=1(\text{cm})$，则 μ 的置信度为0.90的置信区间是__________。

（A）$\left[20-\frac{1}{4}t_{0.05}(16),20+\frac{1}{4}t_{0.05}(16)\right]$ （B）$\left[20-\frac{1}{4}t_{0.1}(16),20+\frac{1}{4}t_{0.1}(16)\right]$

（C）$\left[20-\frac{1}{4}t_{0.05}(15),20+\frac{1}{4}t_{0.05}(15)\right]$ （D）$\left[20-\frac{1}{4}t_{0.1}(15),20+\frac{1}{4}t_{0.1}(15)\right]$

第 8 章　假设检验

上一章是通过样本来估计总体的某些未知参数，它是统计推断的一种重要的形式。本章将介绍统计推断的另一类问题——假设检验，即根据样本观测值，推断总体参数或分布的假设是否正确，这就是假设检验问题。

8.1　假设检验的基本概念

一、问题的提出

对总体分布中的某些未知参数或分布的形式作某种假设，然后通过抽取的样本，对假设的正确性进行判断的问题，称为**假设检验问题**。同参数估计一样，假设检验是数理统计的主要内容之一，在实际应用中，有很多这样的问题需要人们去解决。

例 8.1　某药厂生产一种抗菌素，已知在正常生产情况下，每瓶抗菌素的某项主要指标服从均值为23.0的正态分布。某日开工后，测得5瓶的数据如下

$$22.3，\ 21.5，\ 22.0，\ 21.8，\ 21.4$$

问该日生产是否正常？

用 X 表示该日生产的一瓶抗菌素的某项主要指标，如果已知 $X \sim N(\mu,\sigma^2)$，那么问题就是要检验假设“$\mu = 23$”是否成立。

例 8.2　为了研究一种新化肥对种植小麦的效力，选用13块条件相同面积相等的土地进行试验，各块产量如下（单位：公斤）。

施肥的：34，35，30，33，34，32；

未施肥的：29，27，32，28，32，31，31。

问这种化肥对小麦产量是否有显著影响？

用 X 与 Y 分别表示在一块土地上施肥与未施肥情况下的小麦产量，如果已知它们分别服从 $N(\mu_1,\sigma_1^2)$与$N(\mu_2,\sigma_2^2)$ 分布，那么问题就是检验假设“$\mu_1 = \mu_2$”是否成立。

例 8.3　在齿轮加工中，齿轮的径向综合误差 X 是一个随机变量。若给出测得的 X 的200个数据并作出了频率直方图，根据直方图，估计 X 服从正态分布，判断这个估计是否正确的问题就是检验假设“X 服从正态分布”是否成立的问题。

这些例子所代表的问题是很广泛的，其共同点就是先对总体分布中某些参数或对总体

分布的类型作出某种假设，然后，根据抽取的样本值作出接受还是拒绝所作出假设的结论。

今后，把对总体的分布所作出的假设用 H_0 表示，并称为原假设或零假设。

在对假设 H_0 的检验中，需要从样本出发，建立一个法则，一旦样本值确定后，利用所制定的法则，即可作出是接受还是拒绝 H_0 的结论，这种法则有时就称为一个检验。

例 8.1 和例 8.2 这样一类假设，是在总体分布类型已知的情况下，仅仅涉及到未知参数的统计假设，称为**参数假设**。

例 8.3 这样一类假设，是在未知总体分布类型的情况下，对总体分布类型或者总体分布的某些特性提出的统计假设，称为**非参数假设**。

在例 8.1～例 8.3 中，只提出一个统计假设，而且目的也仅仅是判断这一个统计假设是否成立，并不同时研究其他统计假设，这类假设检验又称为**显著性检验**。

本章将讨论参数假设与非参数假设的一些显著性检验方法。

对假设检验问题进一步深入讨论时，往往需要提出两个甚至多个统计假设，而且假设检验的目的是需要判断多个假设中哪一个是正确的。

例如，为了评价一个检验的好坏，除了要考虑原假设 H_0 外，还需要同时考虑另外一个备选的假设 H_1，H_1 称为备择假设。

有两个假设的检验问题的一般提法是，在给定的备择假设 H_1 下，对原假设 H_0 作出判断，若拒绝原假设 H_0，那就意味着接受备择假设 H_1，否则就接受原假设 H_0。实际上这类假设检验问题就是要在原假设 H_0 和备择假设 H_1 中作出拒绝哪一个或接受哪一个的判断。

由于本书不考虑评价检验好坏的问题，对这类假设检验问题，不予讨论，也就是说只研究显著性检验问题。

二、假设检验的基本思想

根据伯努利大数定律，在大量的重复试验中，某事件 A 出现的频率依概率收敛于事件 A 的概率，因而，若某事件 A 的概率 α 很小，则在大量的重复试验中，它出现的频率应该很小。

例如 α=0.001，则大约在1000 次试验中，事件 A 才出现一次。因此，概率很小的事件在一次试验中实际上不可能出现，人们称这样的事件为实际不可能事件。

在概率统计应用中，人们总是根据所研究的具体问题，规定一个界限 $\alpha(0<\alpha<1)$，把概率不超过 α 的事件看成是实际不可能事件，认为这样的事件，在一次试验中是不会出现的，这就是所谓的“小概率原理”。

假设检验的基本思想是以小概率原理作为拒绝假设 H_0 的依据。具体来说，设有某个假设 H_0 要检验，先假设 H_0 是正确的，在此假设下，构造一个概率不超过 $\alpha(0<\alpha<1)$ 的小概率事件 A。如果经过一次试验（一次抽样），事件 A 出现了，那么人们自然怀疑假设 H_0 的正确性，因而拒绝（否定）H_0；如果事件 A 不出现，那么表明原假设 H_0 与试验结果不矛盾，不能拒绝 H_0，当然人们也没有理由肯定 H_0 是真实的。

这时，需要通过再次试验或其他方法做进一步地研究。不过，因为给出假设 H_0 是经过周密的调查和研究才作出的，是有一定依据的，所以对原假设需要加以保护，也就是说拒绝它要慎重；而当不拒绝它时，一般实际上是接受了它，除非进一步的研究表明应该拒绝它。

如上所述，在假设检验中要指定一个很小的正数α，把概率不超过α的小概率事件A认为是实际不可能事件，这个正数α称为显著性水平。

对于各种不同的问题，显著性水平α可以选取不一样。为查表方便起见，常选取$\alpha = 0.1$，0.01，0.05，0.005等值。

三、假设检验中的两类错误

从上面的讨论可以看出，处理假设检验问题的推理方法类似于数学中的反证法，即假设命题H_0成立，如果推出了矛盾，则否定命题H_0。

但是，这里又区别于数学中的反证法，因为在作出拒绝的结论时，所依据的矛盾并不是形式逻辑下绝对的矛盾，而是基于小概率原理，即认为在一次试验中小概率事件A实际不可能发生。

人们对假设H_0作出判断的依据是在一次试验中看小概率事件A是否出现，而小概率事件A是否出现又是由一次抽样的结果来判断的，由于抽样的随机性，人们无论拒绝H_0，还是接受H_0，都不会百分之百正确，有可能犯以下两类错误：

第一类错误是拒绝了真实的假设，即H_0本来正确，却被拒绝了，这种“弃真”的错误称为**第一类错误**。由于人们只在小概率事件A出现时才拒绝H_0，故犯这一类错误的概率为在H_0成立的条件下，A出现的概率$P(A|H_0)$，它不超过显著性水平α。

第二类错误是接受了不真实的假设，即H_0本来不正确，却被接受了，这种“取伪”的错误称为**第二类错误**，犯第二类错误的概率为$\beta = P(\overline{A}|\overline{H}_0)$。

在进行假设检验时，应该力求犯两类错误的概率都尽可能地小。然而，当样本容量n固定时，建立犯两类错误的概率都小的检验是不可能的。考虑到原假设H_0的提出是有一定依据的，对它要加以保护，拒绝它要慎重，所以通常控制犯第一类错误的概率，即选定显著性水平$\alpha(0 < \alpha < 1)$，对固定的n和α建立检验法则，使犯第一类错误的概率不大于α。

下面就对各种参数假设、非参数假设建立相应的检验法则，当然进一步的讨论会发现对同一个假设检验问题，使犯第一类错误的概率不大于α的检验法则是很多的，应该在这些不同的检验法则中寻求犯第二类错误的概率尽可能小的检验法，这就是最优势检验问题，本书不予讨论。

习题 8.1

1. 在假设检验中，一般情况下__________错误。

（A）只犯第一类　　　　（B）只犯第二类

（C）既可能犯第一类也可能犯第二类　　　　（D）不犯第一类也不犯第二类

2. 假设检验时，若增大样本容量，则犯两类错误的概率__________。

（A）都增大　　　　（B）都减小

（C）都不变　　　　（D）一个增大一个减小

3. 请判断"经过显著性检验而没有被拒绝的假设一定是正确的假设"的对错，并说明理由。

4. 假设检验过程的重要步骤是什么？

8.2　单个正态总体的假设检验

由前面的论述可以看到，对假设 H_0 的一个检验法完全决定于小概率事件 A 的选择。下面对各种假设检验问题，分别通过各自选择的统计量，来构造相应的小概率事件 A，从而给出具体的检验法。

设样本 $(X_1,X_2,\cdots,X_n)$ 来自正态总体 $X\sim N(\mu,\sigma^2)$，$\bar{X},S^2$ 分别表示样本均值和样本方差，μ_0，σ_0^2（$\sigma_0^2>0$）为已知常数。现在来讨论关于未知参数 μ，σ^2 的各种假设检验法。

一、U 检验法

1. 已知 $\sigma^2=\sigma_0^2$，检验假设 $H_0:\mu=\mu_0$

作检验统计量：$U=\dfrac{\bar{X}-\mu_0}{\sigma_0/\sqrt{n}}\sim N(0,1)$，对给定的显著性水平 α，查标准正态分布表得到临界值 $u_{\alpha/2}$，使得

$$P(|u|\geqslant u_{\alpha/2})=\alpha$$

这说明 $A=\{|u|\geqslant u_{\alpha/2}\}$ 为小概率事件。将样本值代入统计量 $U=\dfrac{\bar{X}-\mu_0}{\sigma_0/\sqrt{n}}$ 的表达式中算出统计量的值 u，如果 $|u|\geqslant u_{\alpha/2}$，则表明在一次试验中小概率事件 A 出现了，因而拒绝 H_0；否则，接受 H_0。这种检验方法称为 U 检验法。

例 8.4　某测距仪在 500m 范围内，测距精度 $\sigma=10\text{m}$，今对距离 500m 的目标，测量 9 次，测得平均距离 $\bar{x}=510\text{m}$，问该测距仪是否存在系统误差（$\alpha=0.05$）？

解　（1）用 X 表示测距仪对目标一次测量得到的距离，设 $X\sim N(\mu,\sigma^2)$；由题设 $\sigma=10\text{m}$，如果测距仪无系统误差，则应有 $\mu=500$，于是我们的问题是检验假设"$H_0:\mu=500$"是否成立。

（2）计算统计量的值：由 $n=9,\bar{x}=510,\mu_0=500,\sigma_0=10$ 得

$$u=\frac{\bar{x}-\mu_0}{\sigma_0/\sqrt{n}}=\frac{510-500}{10/\sqrt{9}}=3$$

（3）对给定的$\alpha = 0.05$，查标准正态分布表得临界值

$$u_{\alpha/2} = u_{0.025} = 1.96$$

（4）由于$|u| = 3 > 1.96 = u_{\alpha/2}$，所以拒绝$H_0$，即认为该测距仪存在系统误差。

通过上面的分析，可以把已知方差时对正态总体均值的显著性检验归纳为以下几个步骤。

第一步，提出统计假设$H_0 : \mu = \mu_0$；

第二步，选择统计量$U = \dfrac{\bar{X} - \mu_0}{\sigma_0 / \sqrt{n}}$，并从样本值计算出统计量的值$u$；

第三步，对给定的显著性水平α，从标准正态分布表查出在H_0成立的条件下，满足等式$P(|u| \geqslant u_{\alpha/2}) = \alpha$的临界值$u_{\alpha/2}$；

第四步，作出结论：若$|u| \geqslant u_{\alpha/2}$，则拒绝$H_0$；反之，可接受$H_0$。

今后，对统计假设的各种显著性检验问题，都按照以上类似的四个步骤进行，只是在不同的问题中要选择不同的统计量，从不同的分布表中查找临界值来构造相应的小概率事件，从而决定具体的检验法。

人们注意到一个检验法则的本质，就是根据所选择的统计量及由此而构造的小概率事件，把样本空间划分为两个互不相交的子集W和$\bar{W}$。当样本值$(x_1, x_2, \cdots, x_n) \in W$时，拒绝$H_0$；反之，则接受$H_0$，人们称$W$为$H_0$的一个拒绝域或否定域。

实际上，为了给出原假设H_0的一种检验法，只要给出它的一个拒绝域就可以了。对前面的U检验来说，拒绝域为$W = \{(x_1, x_2, \cdots, x_n) : |u| \geqslant u_{\alpha/2}\}$，其中$U = \dfrac{\bar{X} - \mu_0}{\sigma_0 / \sqrt{n}}$。为简单起见，我们干脆说上述$U$检验的拒绝域为$|u| \geqslant u_{\alpha/2}$。

在前面的假设检验问题中，当构造小概率事件时，利用了统计量U的概率密度曲线两侧的尾部面积，这样的检验称为**双侧检验**。

这里采用双侧检验有直观的解释：因为在任何情况下，$\bar{x}$都是未知参数μ的无偏估计，所以，当H_0成立时，即$\mu = \mu_0$时，$\bar{x}$与μ_0不应相差太大。因此，对固定的样本容量n，如果$|u|$太大，则有理由怀疑H_0的正确性，从而认为μ与μ_0有显著的差异。至于$|u|$大到什么程度才有足够的理由拒绝H_0呢？这需要由给定的显著性水平α查得的临界值$u_{\alpha/2}$来决定。

2.　已知$\sigma^2 = \sigma_0^2$，检验假设$H_0 : \mu \leqslant \mu_0$

选择统计量$U = \dfrac{\bar{X} - \mu_0}{\sigma_0 / \sqrt{n}}$，并令$\tilde{U} = \dfrac{\bar{X} - \mu}{\sigma_0 / \sqrt{n}}$，则$\tilde{U} \sim N(0,1)$。

在$H_0 : \mu \leqslant \mu_0$成立的假设下，还有$u \leqslant \tilde{u}$。对给定的显著性水平$\alpha$，查标准正态分布表得到临界值$u_\alpha$，使得$P(\tilde{u} \geqslant u_\alpha) = \alpha$，从而

$$P(u \geqslant u_\alpha) \leqslant P(\tilde{u} \geqslant u_\alpha) = \alpha$$

这说明 $A=\{u \geqslant u_\alpha\}$ 为小概率事件。将样本值代入到统计量 $U=\dfrac{\bar{X}-\mu_0}{\sigma_0/\sqrt{n}}$ 的表达式中算出统计量的值 u；如果 $u \geqslant u_\alpha$，则表明在一次试验中小概率事件 A 出现了，因而拒绝 H_0；否则，接受 H_0，H_0 的拒绝域为 $u \geqslant u_\alpha$.

注意：这里在构造小概率事件时，利用了 $N(0,1)$ 分布概率密度曲线单侧的尾部面积，这样的检验称为**单侧检验**。

直观的解释：因为在任何情况下，$\bar{x}$ 都是未知参数 μ 的无偏估计，所以当 H_0 成立时，$\bar{x}$ 比 μ_0 的值就不应该大得太多。因此，对固定的样本容量 n，如果 u 太大，则有理由怀疑 H_0 的正确性。至于 u 大到什么程度才有足够的理由拒绝 H_0 呢？这需要由给定的显著性水平 α 查得的临界值 u_α 来决定。

例 8.5 某厂生产一种灯管，其寿命 $X \sim N(\mu, 200^2)$（单位：h），从过去经验看 $\mu \leqslant 1500\text{h}$。今采用新工艺进行生产后，再从产品中随机抽 25 只进行测试，得到寿命的平均值为 1675h，问采用新工艺后，灯管质量是否有显著提高（$\alpha=0.05$）？

解 （1）从过去的经验看 $\mu \leqslant 1500\text{h}$，而测试的结果为 $\bar{x}=1675\text{h}>1500\text{h}$，但人们只有在拒绝了假设 $H_0: \mu \leqslant 1500$ 后，才能作出灯管质量有显著提高的结论，故要检验假设 $H_0: \mu \leqslant 1500$；

（2）计算统计量的值：由 $n=25, \bar{x}=1675, \mu_0=1500, \sigma_0=200$，得

$$u=\frac{\bar{x}-\mu_0}{\sigma_0/\sqrt{n}}=\frac{1675-1500}{200/\sqrt{25}}=4.375$$

（3）对给定的 $\alpha=0.05$，查 $N(0,1)$ 分布表得临界值 $u_\alpha=u_{0.05}=1.65$；

（4）由于 $u=4.375>1.65=u_\alpha$，所以拒绝 H_0，即认为采用新工艺后，灯管质量提高了。

3. 已知 $\sigma^2=\sigma_0^2$，检验假设 $H_0: \mu \geqslant \mu_0$

选择统计量 $U=\dfrac{\bar{X}-\mu_0}{\sigma_0/\sqrt{n}}$，并令 $\tilde{U}=\dfrac{\bar{X}-\mu}{\sigma_0/\sqrt{n}}$，则 $\tilde{U} \sim N(0,1)$。

在 $H_0: \mu \geqslant \mu_0$ 成立的假设下，还有 $u \geqslant \tilde{u}$；对给定的显著性水平 α，查标准正态分布表得到临界值 u_α，使得 $P(\tilde{u} \leqslant -u_\alpha)=\alpha$，从而

$$P(u \leqslant -u_\alpha) \leqslant P(\tilde{u} \leqslant -u_\alpha)=\alpha$$

这说明 $A=\{u \leqslant -u_\alpha\}$ 为小概率事件。将样本值代入到统计量 $U=\dfrac{\bar{X}-\mu_0}{\sigma_0/\sqrt{n}}$ 的表达式中算出统计量的值 u；如果 $u \leqslant -u_\alpha$，则表明在一次试验中，小概率事件 A 出现了，因而拒绝 H_0；否则，接受 H_0，H_0 的拒绝域为 $u \leqslant -u_\alpha$。

注意：这里在构造小概率事件时，利用了 $N(0,1)$ 分布概率密度曲线单侧的尾部面积，这样的检验也称为**单侧检验**。

直观的解释：因为在任何情况下，$\bar{x}$ 都是未知参数 μ 的无偏估计，所以当 H_0 成立时，$\bar{x}$ 比 μ_0 的值就不应该小得太多。因此，对固定的样本容量 n，如果 u 太小，则有理由怀疑 H_0

的正确性。至于u小到什么程度才有足够的理由拒绝H_0呢？这需要由给定的显著性水平α查得临界值$-u_\alpha$来决定。

二、t检验法

1. 未知σ^2，检验假设$H_0:\mu=\mu_0$

我们要检验假设$H_0:\mu=\mu_0$，这时由于σ^2未知，$U=\dfrac{\overline{X}-\mu_0}{\sigma/\sqrt{n}}$已不能作为检验统计量，用$\sigma^2$的无偏估计样本方差$S^2=\dfrac{1}{n-1}\sum_{i=1}^{n}(X_i-\overline{X})^2$代替$\sigma^2$，于是得到如下估计量

$$T=\frac{\overline{X}-\mu_0}{S/\sqrt{n}}\sim t(n-1)$$

这时称为t**检验法**。对给定的显著性水平α，查t分布表得到临界值$t_{\alpha/2}(n-1)$，使得

$$P\{|t|\geqslant t_{\alpha/2}(n-1)\}=\alpha$$

这说明$A=\{|t|\geqslant t_{\alpha/2}(n-1)\}$为小概率事件。将样本值代入到统计量$T=\dfrac{\overline{X}-\mu_0}{S/\sqrt{n}}$的表达式中，算出统计量的值$t$；如果$|t|\geqslant t_{\alpha/2}(n-1)$，则表明在一次试验中，小概率事件$A$出现了，因而拒绝$H_0$；否则，接受$H_0$，这里采用了双侧检验。

例 8.6　某药厂生产一种抗菌素，已知在正常生产情况下，每瓶抗菌素的某项主要指标服从均值为23.0的正态分布。某日开工后，测得5瓶的数据如下

22.3，21.5，22.0，21.8，21.4

问该日生产是否正常？

用X表示该日生产的一瓶抗菌素的某项主要指标，如果已知$X\sim N(\mu,\sigma^2)$，那么问题就是要检验假设“$\mu=23$”是否成立（$\alpha=0.05$）。

解　（1）根据题意，待检验的假设是$H_0:\mu=23$；

（2）由于σ^2未知，故采用统计量$T=\dfrac{\overline{X}-\mu_0}{S/\sqrt{n}}$，将$n=5,\bar{x}=21.8,s^2=0.135$代入得

$$t=\frac{\overline{X}-\mu_0}{S/\sqrt{n}}=\frac{21.8-23.0}{\sqrt{0.135}/\sqrt{5}}=-7.30$$

（3）对给定的$\alpha=0.05$，查t分布表得到临界值

$$t_{\alpha/2}(n-1)=t_{0.025}(5-1)=2.7664$$

（4）由于$|t|=7.30>2.7664=t_{\alpha/2}(n-1)$，所以拒绝$H_0$，即认为该日生产不正常。

2. 未知σ^2，检验假设$H_0:\mu\leqslant\mu_0$

选择统计量$T=\dfrac{\overline{X}-\mu_0}{S/\sqrt{n}}$，并令$\tilde{T}=\dfrac{\overline{X}-\mu}{S/\sqrt{n}}\sim t(n-1)$，在$H_0:\mu\leqslant\mu_0$成立的假设下，还有$t\leqslant\tilde{t}$。对给定的显著性水平$\alpha$，查$t$分布表得到临界值$t_\alpha(n-1)$，使得

$$P\{\tilde{t} \geqslant t_\alpha(n-1)\} = \alpha$$

从而
$$P\{t \geqslant t_\alpha(n-1)\} \leqslant P\{\tilde{t} \geqslant t_\alpha(n-1)\} = \alpha$$

这说明 $A = \{t \geqslant t_\alpha(n-1)\}$ 为小概率事件。将样本值代入到统计量 $T = \dfrac{\overline{X} - \mu_0}{S/\sqrt{n}}$ 的表达式中算出统计量的值 t；如果 $t \geqslant t_\alpha(n-1)$，则表明在一次试验中小概率事件 A 出现了，因而拒绝 H_0；否则，接受 H_0； H_0 的拒绝域为 $t \geqslant t_\alpha(n-1)$.

3. 未知 σ^2，检验假设 $H_0: \mu \geqslant \mu_0$

选择统计量 $T = \dfrac{\overline{X} - \mu_0}{S/\sqrt{n}}$，并令 $\tilde{T} = \dfrac{\overline{X} - \mu}{S/\sqrt{n}} \sim t(n-1)$，在 $H_0: \mu \geqslant \mu_0$ 成立的假设下，还有 $t \geqslant \tilde{t}$ 。对给定的显著性水平 α ，查 t 分布表得到临界值 $t_\alpha(n-1)$，使得

$$P\{\tilde{t} \leqslant -t_\alpha(n-1)\} = \alpha$$

从而
$$P\{t \leqslant -t_\alpha(n-1)\} \leqslant P\{\tilde{t} \leqslant -t_\alpha(n-1)\} = \alpha$$

这说明 $A = \{t \leqslant -t_\alpha(n-1)\}$ 为小概率事件。将样本值代入到统计量 $T = \dfrac{\overline{X} - \mu_0}{S/\sqrt{n}}$ 的表达式中，算出统计量的值 t，如果 $t \leqslant -t_\alpha(n-1)$，则表明在一次试验中小概率事件 A 出现了，因而拒绝 H_0；否则，接受 H_0； H_0 的拒绝域为 $t \leqslant -t_\alpha(n-1)$ 。

例 8.7 设木材的小头直径（单位：厘米）$X \sim N(\mu, \sigma^2)$，$\mu \geqslant 12\text{cm}$ 为合格。今抽出 12 根测得小头直径的样本均值为 $\overline{x} = 11.2\text{cm}$ ，样本方差为 $s^2 = 1.44\text{cm}^2$，问该批木材是否合格（$\alpha = 0.05$）？

解 （1）$\mu \geqslant 12\text{cm}$ 为合格，而今测得 $\overline{x} = 11.2\text{cm} < 12\text{cm}$ ，这将引起人们对木材质量的怀疑，但由于不能轻率地说这批木材是不合格的，故令原假设为 $H_0: \mu \geqslant 12$；

（2）计算统计量的值：根据 $n = 12, \overline{x} = 11.2, s = 1.2, \mu_0 = 12$ ，得

$$t = \frac{\overline{X} - \mu_0}{S/\sqrt{n}} = \frac{11.2 - 12}{1.2/\sqrt{12}} = -2.3094$$

（3）对给定的 $\alpha = 0.05$ ，查 t 分布表得到临界值 $t_\alpha(n-1) = t_{0.05}(11) = 1.7959$；

（4）由于 $t = -2.3094 < -1.7959 = -t_\alpha(n-1)$，所以拒绝 H_0，即认为该批木材是不合格的。

三、χ^2 检验法

1. μ 未知的情形

我们要检验假设 $H_0: \sigma^2 = \sigma_0^2$，由前可知，样本方差 $S^2 = \dfrac{1}{n-1}\sum_{i=1}^{n}(X_i - \overline{X})^2$ 是总体方差 σ^2 的无偏估计，故当 H_0 为真时，样本方差 σ^2 的观测值应在 σ_0^2 的附近，即 $\dfrac{s^2}{\sigma_0^2}$ 应该在 1 附近，故取检验统计量为

$$\chi^2=\frac{(n-1)S^2}{\sigma_0^2}\sim\chi^2(n-1)$$

这种利用 χ^2 分布进行检验的方法称为 χ^2 **检验法**。其拒绝域应具有以下形式

$$W=\left(\frac{(n-1)S^2}{\sigma_0^2}\leqslant k_1\right)\cup\left(\frac{(n-1)S^2}{\sigma_0^2}\geqslant k_2\right),\ (k_2>k_1)$$

此处 k_1,k_2 由下式确定

$$\begin{aligned}P\{拒绝H_0\mid H_0为真\}&=P\left\{\chi^2\in W\mid H_0为真\right\}\\&=P\left\{\left(\frac{(n-1)S^2}{\sigma_0^2}\leqslant k_1\right)\cup\left(\frac{(n-1)S^2}{\sigma_0^2}\geqslant k_2\right)\right\}\\&=P\left\{\frac{(n-1)S^2}{\sigma_0^2}\leqslant k_1\right\}+P\left\{\frac{(n-1)S^2}{\sigma_0^2}\geqslant k_2\right\}\\&=\alpha\end{aligned}$$

为了计算上的方便，通常取

$$P\left\{\frac{(n-1)S^2}{\sigma_0^2}\leqslant k_1\right\}=\frac{\alpha}{2},\quad P\left\{\frac{(n-1)S^2}{\sigma_0^2}\geqslant k_2\right\}=\frac{\alpha}{2}$$

故得

$$k_1=\chi^2_{1-\frac{\alpha}{2}}(n-1),\ \ k_2=\chi^2_{\frac{\alpha}{2}}(n-1)$$

于是拒绝域为

$$W=[0,\chi^2_{1-\alpha/2}(n-1)]\cup[\chi^2_{\alpha/2}(n-1),+\infty]$$

所以，当给定水平 α 时，类似可以得出如下结论。

（1）若假设为 $H_0:\sigma^2=\sigma_0^2$，则其拒绝域为 $[0,\ \chi^2_{1-\frac{\alpha}{2}}(n-1)]\cup[\chi^2_{\frac{\alpha}{2}}(n-1),\ +\infty)$；

（2）若假设为 $H_0:\sigma^2\geqslant\sigma_0^2$，则其拒绝域为 $[0,\ \chi^2_{1-\alpha}(n-1)]$；

（3）若假没为 $H_0:\sigma^2\leqslant\sigma_0^2$，则其拒绝域为 $[\chi^2_{\alpha}(n-1),\ +\infty]$。

2.　μ 已知的情形

我们要检验假设 $H_0:\sigma^2=\sigma_0^2$，作为检验统计量 $\chi^2=\dfrac{\sum\limits_{i=1}^{n}(X_i-\mu)^2}{\sigma_0^2}\sim\chi^2(n)$，当给定水平 α 时，则可得出如下结论。

（1）若假设为 $H_0:\sigma^2=\sigma_0^2$，则其拒绝域为 $[0,\chi^2_{1-\frac{\alpha}{2}}(n)]\cup[\chi^2_{\frac{\alpha}{2}}(n),+\infty]$；

（2）若假设为 $H_0:\sigma^2\geqslant\sigma_0^2$，则其拒绝域为 $[0,\chi^2_{1-\alpha}(n)]$；

（3）若假设为 $H_0:\sigma^2\leqslant\sigma_0^2$，则其拒绝域为 $[\chi^2_{\alpha}(n),+\infty]$。

例 8.8　某厂生产的钢丝折断力服从正态分布 $N(\mu,\sigma^2)$，今从中随机地抽出 10 根检查其折断力，测得数据（单位：kg）如下

578，570，572，568，572，570，572，596，570，584

检验水平为$\alpha = 0.05$。试问：该厂生产的钢丝折断力的方差是否为64？

解 （1）由题意提出检验$H_0:\sigma^2 = 64$；

（2）当H_0为真时，因为μ未知，故采用如下检验统计量

$$\chi^2 = \frac{(n-1)S^2}{\sigma_0^2} = \frac{9S^2}{\sigma_0^2} \sim \chi^2(9)$$

（3）已知$\alpha = 0.05$，$n = 10$，查表得拒绝域为

$$W = [0, 2.70] \cup [19.023, +\infty]$$

（4）由样本算得$\bar{x} = 575.7,\ 9S^2 = \sum_{i=1}^{10}(x_i - \bar{x})^2 = 260.1$，由此可算得统计量的观测值

$$\chi_0^2 = \frac{9S^2}{\sigma_0^2} = \frac{260.1}{64} \approx 4.06 \notin W$$

根据χ^2检验法应接受H_0，即这批钢丝折断力的方差是64。

例 8.9 某种导线，要求其电阻值的标准差不得超过0.005Ω；今在生产的一批导线中取样品9根，测得$S = 0.007\Omega$，设总体为正态分布，问在显著性水平$\alpha = 0.05$下，能认为这批导线电阻值的标准差显著地偏大吗？

解 （1）设这批导线电阻值为$X\ \Omega$，则$X \sim N(\mu, \sigma^2)$。依题意，我们要检验假设"$H_0:\sigma^2 \leqslant 0.005^2$"；

（2）计算统计量的值，根据$n = 9, S = 0.007, \sigma_0^2 = 0.005^2$，得

$$\chi^2 = \frac{(n-1)S^2}{\sigma_0^2} = \frac{8 \times 0.007^2}{0.005^2} = 15.68$$

（3）对给定的显著性水平α，查χ^2分布表的临界值

$$\chi_\alpha^2(n-1) = \chi_{0.05}^2(8) = 15.507$$

（4）由于$\chi^2 = 15.68 > 15.507 = \chi_\alpha^2(n-1)$，所以拒绝$H_0$，即认为这批导线电阻值的标准差显著地偏大。

单个正态总体均值、方差的检验法如表 8-1 所示。

表 8-1 单个正态总体均值、方差的检验法

条件	原假设 H_0	检验统计量	拒绝域
σ^2 已知	$\mu = \mu_0$	$U = \frac{\bar{X} - \mu_0}{\sigma / \sqrt{n}} \sim N(0,1)$	$[-\infty, -u_{\alpha/2}] \cup [u_{\alpha/2}, +\infty]$
	$\mu \leqslant \mu_0$		$[u_\alpha, +\infty]$
	$\mu \geqslant \mu_0$		$[-\infty, -u_\alpha]$
σ^2 未知	$\mu = \mu_0$	$T = \frac{\bar{X} - \mu_0}{S / \sqrt{n}} \sim t(n-1)$	$[-\infty, -t_{\alpha/2}(n-1)] \cup [t_{\alpha/2}(n-1), +\infty]$
	$\mu \leqslant \mu_0$		$[t_\alpha(n-1), +\infty]$
	$\mu \geqslant \mu_0$		$[-\infty, -t_\alpha(n-1)]$

（续表）

条件	原假设 H_0	检验统计量	拒绝域
μ 未知	$\sigma^2=\sigma_0^2$	$\chi^2=\dfrac{(n-1)S^2}{\sigma_0^2}\sim\chi^2(n-1)$	$\left[0,\chi^2_{1-\frac{\alpha}{2}}(n-1)\right]\cup\left[\chi^2_{\frac{\alpha}{2}}(n-1),+\infty\right]$
	$\sigma^2\leqslant\sigma_0^2$		$\left[\chi^2_{\alpha}(n-1),+\infty\right]$
	$\sigma^2\geqslant\sigma_0^2$		$[0,\chi^2_{1-\alpha}(n-1)]$
μ 已知	$\sigma^2=\sigma_0^2$	$\chi^2=\dfrac{\sum\limits_{i=1}^{n}(X_i-\mu)^2}{\sigma_0^2}\sim\chi^2(n)$	$\left[0,\chi^2_{1-\frac{\alpha}{2}}(n)\right]\cup\left[\chi^2_{\frac{\alpha}{2}}(n),+\infty\right]$
	$\sigma^2\leqslant\sigma_0^2$		$\left[\chi^2_{\alpha}(n),+\infty\right]$
	$\sigma^2\geqslant\sigma_0^2$		$[0,\chi^2_{1-\alpha}(n)]$

习题 8.2

1. 某自动机床生产一种铆钉，尺寸误差 $X\sim N(\mu,1)$，该机床正常工作与否的标志是检验 $\mu=0$ 是否成立。一日抽检了一个容量 $n=10$ 的样本，测得样本均值 $\bar{x}=1.01$，试问在给定显著性水平 $\alpha=0.05$ 的条件下，该日自动机床工作是否正常？

2. 设某厂生产一种钢索，其断裂强度 X（单位：kg/cm^2）服从正态分布 $N(\mu,40^2)$。从中随机选取一个容量为9的样本，由观测值计算得平均值 $\bar{x}=780(\text{kg/cm}^2)$，能否据此认为这批钢索的平均断裂强度为 $800(\text{kg/cm}^2)$（$\alpha=0.05$）？

3. 已知某物体用精确方法测得的温度真值是 1277°，现用某台仪器间接测量该物体，得到5个数据：1250，1265，1245，1260，1275，假定测试温度 X 服从正态分布 $N(\mu,\sigma^2)$，试问这台仪器是否存在系统误差？

4. 下面列出的是某工厂随机选取的20只部件的装配时间（单位：min）

9.8，10.4，10.6，9.6，9.7，9.9，10.9，11.1，9.6，10.2

10.3，9.6，9.9，11.2，10.6，9.8，10.5，10.1，10.5，9.7

设部件的装配时间 X 服从正态分布 $N(\mu,\sigma^2)$，其中参数 μ 与 σ^2 均未知，是否可以认为平均装配时间显著大于10min（$\alpha=0.05$）？

5. 某纯净水生产厂用自动灌装机灌装纯净水，该自动灌装机正常灌装量 X 服从 $N(18,\ 0.4^2)$，现测量了某天9个灌装样品的灌装量（单位：L)，数据如下

18.0，17.6，17.3，18.2，18.1，18.5，17.9，18.1，18.3

在显著性水平 $\alpha=0.05$ 的条件下，试问：

（1）该天灌装量是否正常？（2）灌装量精度是否在标准范围内？

6. 市质监局接到投诉后，对某金店进行质量调查。现从该店出售的标明 18K 的项链中随机抽取9件检测其含金量，检测合格的标准为标准值 18K，且标准差不得超过 0.3K；检

测结果如下

17.3，16.6，17.9，18.2，17.4，16.3，18.5，17.2，18.1

假定项链的含金量X服从正态分布，试问检测结果能否认为该金店出售的产品存在质量问题（$\alpha = 0.05$）？

7. 根据过去几年农产品产量的调查资料，某县小麦亩产量X服从均方差为56.25的正态分布。今年随机抽取了10块土地，测得其小麦亩产量数据（单位：斤）如下

969，695，743，836，748，558，675，631，654，685

根据以上数据，能否认为该县小麦亩产量的方差没有发生变化？

8.3 两个正态总体参数的检验

设有两个正态总体$X \sim N(\mu_1, \sigma_1^2)$和$Y \sim N(\mu_2, \sigma_2^2)$，$X_1, X_2, \cdots, X_{n_1}$与$Y_1, Y_2, \cdots, Y_{n_2}$分别是来自两个正态总体的样本，其样本均值与样本方差分别为$\bar{x}, \bar{y}$；s_1^2, s_2^2；又设这两个样本相互独立，现在考虑以下参数的各种假设检验问题。

关于两个正态总体均值μ_1和μ_2的假设检验通常有以下3种情形。

（1）$H_0 : \mu_1 = \mu_2$；

（2）$H_0 : \mu_1 \leqslant \mu_2$；

（3）$H_0 : \mu_1 \geqslant \mu_2$。

类似于前面的讨论，有以下结论。

一、*U*检验

若 σ_1^2和 σ_2^2已知，在H_0成立的条件下，选择检验统计量

$$U = \frac{(\overline{X} - \overline{Y})}{\sqrt{\frac{\sigma_1^2}{n_1} + \frac{\sigma_2^2}{n_2}}} \sim N(0,1)$$

当给定水平α时，则有以下结论。

（1）若假设为$H_0 : \mu_1 = \mu_2$，则其拒绝域为$[-\infty, -u_{\alpha/2}] \cup [u_{\alpha/2}, +\infty]$；

（2）若假设为$H_0 : \mu_1 \leqslant \mu_2$，则其拒绝域为$[u_{\alpha}, +\infty]$；

（3）若假设为$H_0 : \mu_1 \geqslant \mu_2$，则其拒绝域为$[-\infty, -u_{\alpha}]$。

二、*t*检验

若 σ_1^2和 σ_2^2未知，但 $\sigma_1^2 = \sigma_2^2$，在H_0成立的条件下，构造检验统计量

$$T=\frac{(\overline{X}-\overline{Y})}{S_w\sqrt{\frac{1}{n_1}+\frac{1}{n_2}}}\sim t(n_1+n_2-2)$$

其中
$$S_w=\sqrt{\frac{(n_1-1)S_1^2+(n_2-1)S_2^2}{n_1+n_2-2}}$$

当给定水平 α 时，则有以下结论。

（1）若假设为 $H_0:\mu_1=\mu_2$，则其拒绝域为

$$[-\infty,-t_{\alpha/2}(n_1+n_2-2)]\cup[t_{\alpha/2}(n_1+n_2-2),+\infty]$$

（2）若假设为 $H_0:\mu_1\leqslant\mu_2$，则其拒绝域为

$$[t_{\alpha}(n_1+n_2-2),\ +\infty]$$

（3）若假设为 $H_0:\mu_1\geqslant\mu_2$，则其拒绝域为

$$[-\infty,-t_{\alpha}(n_1+n_2-2)]$$

例 8.10　某工艺厂为考察一项工艺改革的效果，分别在保持原有工艺的甲机器和已实行新工艺的乙机器上生产的产品中，各抽取若干成品进行断裂强度的测试，其结果为甲机器上取样 $n_1=220$，实测并计算得 $\overline{x}=2.46,\delta_1^2=0.57^2$；乙机器上取样 $n_2=205$，实测并计算得 $\overline{y}=2.55,\delta_2^2=0.48^2$。若工艺改革前后成品的断裂强度 X,Y 依次服从正态分布

$$N(\mu_1,\delta_1^2),N(\mu_2,\delta_2^2)$$

试问在显著性水平 $\alpha=0.05$ 的条件下，该工艺改革可否列入下一年度的推广计划？

解　（1）由题意提出检验 $H_0:\mu_1\geqslant\mu_2$；

（2）选用统计量

$$U=\frac{(\overline{X}-\overline{Y})}{\sqrt{\frac{\sigma_1^2}{n_1}+\frac{\sigma_2^2}{n_2}}}\sim N(0,1)$$

（3）已知 $\alpha=0.05$， $n_1=220,\ n_2=205,$ 查表得 $u_\alpha=1.645$，于是，拒绝域为

$$W=(-\infty,-1.645)$$

（4）由题设数据，可算得统计量观测值为

$$u=\frac{(\overline{x}-\overline{y})}{\sqrt{\frac{\sigma_1^2}{n_1}+\frac{\sigma_2^2}{n_2}}}=\frac{2.46-2.55}{\sqrt{\frac{(0.57)^2}{220}+\frac{(0.48)^2}{205}}}=-1.76\in W$$

因为 u 在拒绝域内，所以拒绝 H_0，从而认为改革后断裂强度显著提高，因而此项工艺可列入计划。

例 8.11　为了研究一种新化肥对种植小麦的效力，选用13块条件相同面积相等的土地进行试验，各块产量如下（单位：公斤）。

施肥的：34，35，30，33，34，32

未施肥的：29，27，32，28，32，31，31

问这种化肥对小麦产量是否有显著影响？

用 X 与 Y 分别表示在一块土地上施肥与未施肥情况下小麦的产量，如果已知它们分别服从 $X\sim N(\mu_1,\delta_1^2), Y\sim N(\mu_2,\delta_2^2)$，且知道 $\sigma_1^2=\sigma_2^2$，试检验假设 $H_0:\mu_1=\mu_2$，$\alpha=0.05$。

解 首先计算 t 的值。

因为 $$n_1=6,n_2=7,\overline{x}=33,(n_1-1)s_1^2=16,\overline{y}=30,(n_2-1)s_2^2=24$$

所以

$$t=\frac{\overline{x}-\overline{y}}{S_w\sqrt{\dfrac{1}{n_1}+\dfrac{1}{n_2}}}=\frac{33-30}{\sqrt{\dfrac{16+24}{6+7-2}(\dfrac{1}{6}+\dfrac{1}{7})}}=2.828$$

对给定的显著性水平 $\alpha=0.05$ 时，查 t 分布表得临界值

$$t_{\alpha/2}(n_1+n_2-2)=t_{0.025}(11)=2.2010$$

由于 $$|t|=2.828>2.2010=t_{\alpha/2}(n_1+n_2-2)$$

所以，拒绝 H_0，即认为该种化肥对小麦产量的影响是显著的。

三、F 检验

设有两个正态总体 $X\sim N(\mu_1,\sigma_1^2)$ 和 $Y\sim N(\mu_2,\sigma_2^2)$，$X_1,X_2,\cdots,X_{n_1}$ 与 $Y_1,Y_2,\cdots,Y_{n_2}$ 分别是来自两个正态总体的样本。

关于两个正态总体方差在均值 μ_1 和 μ_2，σ_1^2 和 σ_2^2 均未知的情形下的假设检验，通常有以下 3 种情形。

（1）$H_0:\sigma_1^2=\sigma_2^2$；

（2）$H_0:\sigma_1^2\leqslant\sigma_2^2$；

（3）$H_0:\sigma_1^2\geqslant\sigma_2^2$。

先来讨论检验问题（1）：

要检验 σ_1^2 和 σ_2^2 是否相等，自然想到用它们的无偏估计来比较，考虑 $F=\dfrac{S_1^2}{S_2^2}$。当 H_0 为真时，F 接近1的可能性很大。为此，当 F 很大或很小时，则有理由拒绝 H_0，认为 $\sigma_1^2\neq\sigma_2^2$。

已知

$$\frac{S_1^2/\sigma_1^2}{S_2^2/\sigma_2^2}\sim F(n_1-1,n_2-1)$$

当 H_0 为真时，有

$$F=\frac{S_1^2}{S_2^2}\sim F(n_1-1,n_2-1)$$

取 $F=\dfrac{S_1^2}{S_2^2}$ 为检验统计量，拒绝域为

$$W=\{F\leqslant C_1\text{或}F\geqslant C_2\},\ (C_1<C_2)$$

对于给定的显著性水平α时有

$$p\{F \leqslant C_1或F \geqslant C_2\} = p\left\{\frac{S_1^2}{S_2^2} \leqslant C_1或\frac{S_1^2}{S_2^2} \geqslant C_2\right\} = \alpha$$

根据F分布的上侧分位点知

$$C_1 = F_{1-\alpha/2}(n_1-1,n_2-1)，\ C_2 = F_{\alpha/2}(n_1-1,n_2-1)$$

得拒绝域

$$W = [0, F_{1-\alpha/2}(n_1-1,n_2-1)] \cup [F_{\alpha/2}(n_1-1,n_2-1), +\infty]$$

类似可考虑单侧假设检验问题（2）和（3）。

所以当给定水平α时，类似可以得出如下结论。

（1）若假设为$H_0:\sigma_1^2=\sigma_2^2$，则其拒绝域为

$$W = [0, F_{1-\alpha/2}(n_1-1,n_2-1)] \cup [F_{\alpha/2}(n_1-1,n_2-1), +\infty]；$$

（2）若假设为$H_0:\sigma_1^2 \geqslant \sigma_2^2$，则其拒绝域为$[0, F_{1-\alpha}(n_1-1,n_2-1)]$；

（3）若假设为$H_0:\sigma_1^2 \leqslant \sigma_2^2$，则其拒绝域为$[F_\alpha(n_1-1,n_2-1), +\infty]$。

例 8.12　两化验员 A, B 对同一种矿砂的含铁量独立地用一种方法做了 5 次分析，得到样本方差分别为 0.432 和 0.506；若 A 和 B 两个测量值均服从正态分布，其方差分别为δ_1^2和δ_2^2，试在显著性水平$\alpha=0.05$的条件下，检验假设

$$H_0:\sigma_1^2=\sigma_2^2$$

解　依题意知，$S_1^2=0.432$，$S_2^2=0.506$，而δ_1^2和δ_2^2未知，故采用量$F=\dfrac{S_1^2}{S_2^2}$；通过计算得

$$F_{0.025}(4,4)=9.6，\quad F_{0.975}(4,4)=\frac{1}{F_{0.025}(4,4)}=0.01$$

所以拒绝域为$W=[0,0.01]\cup[9.6,+\infty]$。

而

$$F=\frac{S_1^2}{S_2^2}=\frac{0.432}{0.506}=0.854$$

由于

$$F_{0.975}(4,4) < F < F_{0.025}(4,4)$$

可知F落在拒绝域外部，故可接受H_0。

例 8.13　现有甲、乙两台车床生产同一型号的滚珠，根据经验认为两台车床生产的滚珠直径都服从正态分布。现从这两台车床生产的产品中分别取出 8 个和 9 个，测得的直径（单位：cm）分别如下

甲：15.0，14.5，15.2，15.5，14.8，15.1，15.2，14.8

乙：15.2，15.0，14.8，15.2，15.0，15.0，14.8，15.1，14.8

试问：乙车床生产的滚珠直径的方差是否比甲车床生产的小（$\alpha=0.05$）？

解 设X,Y分别表示甲、乙两台车床生产的滚珠直径，即

$$X\sim N(\mu_1,\sigma_1^2),Y\sim N(\mu_2,\sigma_2^2)$$

（1）依题意提出假设

$$H_0:\sigma_1^2\leqslant\sigma_2^2$$

（2）在H_0为真时，故采用统计量

$$F=\frac{S_1^2}{S_2^2}\sim F(n_1-1,n_2-1)$$

（3）由此可得水平为$\alpha=0.05$的拒绝域，查表得$F_{0.05}(7,8)=3.5$，所以拒绝域为

$$W=[3.50,+\infty)$$

（4）由样本算得$S_1^2=\dfrac{0.67}{7}$，$S_2^2=\dfrac{0.21}{8}$，于是统计量的观测值为

$$F_0=\frac{S_1^2}{S_2^2}=\frac{0.67}{0.21}\times\frac{8}{7}=3.65\in W$$

故拒绝H_0，即表示乙车床生产的滚珠直径的方差比甲车床生产的小。

两个正态总体均值、方差的假设检验法如表 8-2 所示。

表 8-2 两个正态总体均值、方差的假设检验法

条件	原假设 H_0	检验统计量	拒绝域
σ_1^2 和 σ_2^2 已知	$\mu_1=\mu_2$	$U=\dfrac{(\overline{X}-\overline{Y})}{\sqrt{\dfrac{\sigma_1^2}{n_1}+\dfrac{\sigma_2^2}{n_2}}}\sim N(0,1)$	$(-\infty,-u_{\alpha/2})\cup(u_{\alpha/2},+\infty)$
	$\mu_1\leqslant\mu_2$		$[u_\alpha,+\infty]$
	$\mu_1\geqslant\mu_2$		$[-\infty,-u_\alpha]$
σ_1^2 和 σ_2^2 未知	$\mu_1=\mu_2$	$T=\dfrac{(\overline{X}-\overline{Y})}{S_w\sqrt{\dfrac{\sigma_1^2}{n_1}+\dfrac{\sigma_2^2}{n_2}}}\sim t(n_1+n_2-2)$	$(-\infty,-t_{\alpha/2})(n_1+n_2-2)\cup[t_{\alpha/2}(n_1+n_2-2),+\infty]$
	$\mu_1\leqslant\mu_2$		$[t_\alpha(n_1+n_2-2),+\infty]$
	$\mu_1\geqslant\mu_2$		$[-\infty,-t_\alpha(n_1+n_2-2)]$
μ_1 和 μ_2，未知	$\sigma_1^2=\sigma_2^2$	$F=\dfrac{S_1^2}{S_2^2}\sim F(n_1-1,n_2-1)$	$[0,F_{1-\alpha/2}(n_1-1,n_2-1)]\cup[F_{\alpha/2}(n_1-1,n_2-1),+\infty]$
	$\sigma_1^2\leqslant\sigma_2^2$		$[F_\alpha(n_1-1,n_2-1),+\infty]$
	$\sigma_1^2\geqslant\sigma_2^2$		$[0,F_{1-\alpha}(n_1-1,n_2-1)]$
μ_1 和 μ_2，已知	$\sigma_1^2=\sigma_2^2$	$F=\dfrac{\sum_{i=1}^{n_1}(X_i-\mu_1)^2\Big/n_1}{\sum_{i=1}^{n_2}(Y_i-\mu_2)^2\Big/n_2}\sim F(n_1,n_2)$	$[0,F_{1-\alpha/2}(n_1,n_2)]\cup[F_{\alpha/2}n_1,n_2),+\infty]$
	$\sigma_1^2\leqslant\sigma_2^2$		$[F_\alpha(n_1,n_2),+\infty]$
	$\sigma_1^2\geqslant\sigma_2^2$		$[0,F_{1-\alpha}(n_1,n_2)]$

习题 8.3

1. 设有甲、乙两种零件，彼此可以代用，但乙种零件比甲种零件制造简单，造价低。现从甲、乙两种零件中分别随机抽出 5 件，测得使用寿命（单位：h）如下。

甲种零件：88，87，92，90，91；

乙种零件：89，89，90，84，88。

假设甲、乙两种零件的使用寿命均服从正态分布，且方差相等，试问这两种零件的使用寿命有无显著差异（$\alpha = 0.05$）？

2. 在相同条件下，对甲、乙两种品牌的洗涤剂分别进行去污试验，测得去污率（%）结果如下。

甲种品牌：79.4，80.5，76.2，82.7，77.8，75.6；

乙种品牌：73.4，77.5，79.3，75.1，74.7。

假定两种品牌的去污率均服从正态分布，且方差相等，试问这两种品牌的去污率有无显著差异（$\alpha = 0.05$）？

3. 某砖厂有两座砖窑，某日从甲窑中随机地抽取砖 7 块，从乙窑中随机地抽取砖 6 块，测得抗折强度（单位：kg）数据如下。

甲窑：20.51，25.56，20.78，37.27，36.26，25.97，24.62；

乙窑：32.56，26.66，25.64，33.00，34.86，31.03。

设抗折强度服从正态分布，若给定显著性水平 $\alpha = 0.1$，试问两窑砖抗折强度的方差有无显著差异？

4. 测得两批电子元件样品的电阻值（单位：Ω）数据如下。

A 批：0.140，0.138，0.143，0.142，0.144，0.137；

B 批：0.135，0.140，0.142，0.136，0.138，0.140。

设这两批元件的电阻值总体分别服从正态分布 $N(\mu_1, \sigma_1^2)$ 与 $N(\mu_2, \sigma_2^2)$，其中 μ_1, μ_2 和 σ_1^2, σ_2^2 均未知，且两样本相互独立。

（1）试在显著性水平 $\alpha = 0.05$ 的条件下，检验假设 $H_0 : \sigma_1^2 = \sigma_2^2$；

（2）在（1）基础上检验假设（$\alpha = 0.05$）$H_0 : \mu_1 = \mu_2$。

5. 某中药厂从某中药材中提取某种有效成分，为了提高效率，改革提炼方法，现对同一质量的药材，用新、旧两种方法各做了 10 次试验，其得分率分别如下。

旧方法：78.1，72.4，76.2，74.3，77.4，78.4，76.0，75.5，76.7，77.3；

新方法：79.1，81.0，77.3，79.1，80.0，79.1，79.1，77.3，80.2，82.1。

设这两个样本分别来自正态总体 $N(\mu_1, \sigma_1^2)$ 与 $N(\mu_2, \sigma_2^2)$，其中 μ_1, μ_2 和 σ_1^2, σ_2^2 均未知，且两样本相互独立。试问新方法的得分率是否比旧方法的得分率高（$\alpha = 0.01$）（得分率=药材中提取的有效成分的量/进行提取的药材总量）？

总复习题

1. 某食品厂生产的猪肉罐头规定每听的标准重量为500g，这些罐头由一条生产线自动包装。在正常情况下，生产出的罐头重量（单位：g）服从正态分布$N(500,2^2)$。质量管理中规定每隔一定时间要抽测5听罐头的重量，用以检查生产线的工作是否正常。如果在某次抽样中，测得5听罐头的重量为501，507，498，502，504，在显著性水平$\alpha=0.05$之条件下，试检验此生产线工作是否正常。

2. 某种柴油发动机，每升柴油的运转时间服从正态分布。现测试6台柴油机，每升柴油的运转时间为28，27，31，29，30，27（min）。按设计要求，每升柴油的运转时间平均应在30分钟以上，问在显著性水平$\alpha=0.05$之条件下，这种柴油机是否符合设计要求？

3. 设某次考试的考生成绩服从正态分布，从中随机地抽取36位考生的成绩，算得平均成绩为66.5分，标准差为15分，问在显著性水平$\alpha=0.05$的条件下，是否可以认为这次考试全体考生的平均成绩为70分？

4. 用包装机包装洗衣粉，在正常情况下，每袋标准重量为1000g，标准差不能超过15g；假设洗衣粉每袋重量服从正态分布，某天为检验包装机工作情况，从已包装好的洗衣粉中随机抽取10袋，测得其重量（单位：g）如下

1020，1030，968，994，1014，998，976，982，950，1048

问按标准差来衡量，这天机器工作是否正常（$\alpha=0.05$）？

5. 已知某厂生产的维尼纶纤度服从正态分布，标准差$\sigma=0.048$，某日抽取5根纤维，测得纤度为1.32，1.55，1.36，1.40，1.44；问这天生产的维尼纶纤度的均方差σ是否有显著变化（$\alpha=0.01$）？

6. 某种物品在处理前与处理后分别进行抽样，分析其含脂率如下。

处理前x_i：0.19，0.18，0.21，0.30，0.41，0.12，0.27；

处理后y_i：0.15，0.13，0.07，0.24，0.19，0.06，0.08，0.12。

假定处理前后的含脂率都服从正态分布，且方差相同。问处理前后含脂率的平均值是否有显著变化（$\alpha=0.05$）？

7. 车床甲加工零件长度服从正态分布$N(\mu_1,\ 0.0144)$，从其产品中随机抽取10个，测得长度（单位：mm）如下

8.1，7.9，8.2，8.0，8.2，7.8，7.9，8.2，8.1，8.0

车床乙加工同样的零件，长度服从正态分布$N(\mu_2,0.0256)$，也从产品中随机抽取10件，测得长度（单位：mm）如下

8.3，8.0，7.9，7.9，7.5，8.4，8.2，7.6，7.9，7.8

问能否认为$\mu_1=\mu_2$（$\alpha=0.01$）？

8. 有两台车床生产同一型号的滚珠，根据已有的经验可以认为两台车床生产的滚珠直径都服从正态分布。现从这两台车床的产品中分别抽样，测得直径（单位：mm）如下。

甲车床：15.0，14.5，15.2，15.5，14.8，15.1，15.2，14.8；

乙车床：15.2，15.0，14.8，15.2，15.0，15.0，14.8，15.1，14.8。

问乙车床产品的方差是否比甲车床的方差小（$\alpha = 0.05$）？

9. 机器包装袋盐，假设袋盐重量服从正态分布，规定标准袋重为 500g，袋重标准差不能超过 10g。某天开工后要检查机器工作是否正常，从装好的袋盐中随机抽取出 9 袋，测得平均袋重为 499g，样本标准差为 16.03g。问按显著性水平 $\alpha = 0.05$ 的条件下，能否认为包装机工作正常？

10. 测得两批电子器材的电阻值（单位：Ω）分别如下。

A 批：0.14，0.138，0.143，0.142，0.144，0.137；

B 批：0.135，0.140，0.142，0.136，0.138，0.140。

设这批器材的电阻值分别服从正态分布 $X \sim N(\mu_1, \sigma_1^2)$ 与 $Y \sim N(\mu_2, \sigma_2^2)$，而且 X 与 Y 相互独立，试问能否认为这两批电子器材电阻值的平均值相等（$\alpha = 0.05$）？

参考答案

第 1 章 随机事件及其概率

习题 1.1

1. （1）$\Omega=\{2,3,4,5,6,7,8,9,10,11,12\}$；（2）$\Omega=\{2,3,4,5\}$；

   （3）$\Omega=\{(1,2),(1,3),(1,4),(2,3),(2,4),(3,4)\}$；（4）$\Omega=\{0,1,2,3,\cdots\}$；

   （5）$\Omega=\{(x,y)\mid 0<x<1,0<y<1\}$。

2. （1）$AB\overline{C}$；（2）$A+B+C$；

   （3）$\overline{A}\overline{B}\overline{C}$ 或 $\overline{A+B+C}$；（4）$\overline{A}+\overline{B}+\overline{C}$ 或 $\overline{ABC}$；

   （5）$AB\overline{C}+A\overline{B}C+\overline{A}BC$；（6）$(A+B)\overline{C}$。

3. （1）$A_1A_2A_3A_4$；

   （2）$\overline{A}_1+\overline{A}_2+\overline{A}_3+\overline{A}_4$ 或 $\overline{A_1A_2A_3A_4}$；

   （3）$\overline{A}_1A_2A_3A_4+A_1\overline{A}_2A_3A_4+A_1A_2\overline{A}_3A_4+A_1A_2A_3\overline{A}_4$；

   （4）$\overline{A}_1A_2A_3A_4+A_1\overline{A}_2A_3A_4+A_1A_2\overline{A}_3A_4+A_1A_2A_3\overline{A}_4+A_1A_2A_3A_4$；

   （5）$\overline{A}_1\overline{A}_2\overline{A}_3A_4+\overline{A}_1\overline{A}_2A_3\overline{A}_4+\overline{A}_1A_2\overline{A}_3\overline{A}_4+A_1\overline{A}_2\overline{A}_3\overline{A}_4$。

4. $\overline{A}$ 表示"甲产品滞销，或者乙产品畅销"。

5. （1）若 A 发生，则 B 与 C 同时发生；

   （2）B 发生或 C 发生，都导致 A 发生；

   （3）A 与 B 同时发生，一定导致 C 发生；

   （4）A 发生，则 B 与 C 至少一个不发生。

习题 1.2

1. $P(A\overline{B})=0.1$。 2. $P(\overline{AB})=0.6$。 3. $P(B)=0.3$。

4.（1）$P(AB)=0.1$；（2）$P(A+B)=0.5$；（3）$P(\overline{A}+\overline{B})=0.9$。

5. D。 6. B。 7. $\dfrac{5}{8}$。

8. 略。

习题 1.3

1.（1）$\frac{9}{91}$；（2）$\frac{3}{91}$。

2. $\frac{41}{90}$。

3.（1）$\frac{25}{91}$；（2）$\frac{6}{91}$。

4. $\frac{4}{715}$。

5. $\frac{16}{33}$。

6. 不放回方式：（1）$\frac{1}{56}$；（2）$\frac{3}{56}$；有放回方式：（1）$(\frac{5}{8})^5$；（2）$\frac{1125}{8^5}$。

7. $\frac{1}{9}$。

8. $\frac{17}{25}$。

9. $\frac{1}{4}$（提示：要使三条线段构成三角形，则需要满足任意两线段长度之和大于第三条线段的长度）。

习题 1.4

1. $\frac{1}{3}$。

2. 0.25。

3. $\frac{5}{8}$。

4. $\frac{1}{10}$。

5. 0.72。

6. $\frac{16}{105}$。

7. 0.992。

习题 1.5

1. 0.025。

2. 0.32。

3. （1）0.924；（2）$\frac{3}{38}$。

4. $\frac{9}{22}$。

5. $\frac{2}{3}$。

6. 84.01%。

7. （1）$\frac{1}{4}$；（2）$\frac{1}{3}$。

习题 1.6

1. （1）0.7；（2）0.7；（3）0.8；（4）0.3。

2. $P(A)=\frac{1}{2}$，$P(B)=\frac{1}{2}$。

3. 0.6。

4. （1）0.895； （2）0.395。 5. $\frac{1}{3}$。

6. 略。

总复习题

一、填空题

1. 0.2。 2. $\frac{2}{5}$。

3. $\frac{1}{3}$。 4. 0。

二、选择题

1. B； 2. D； 3. C； 4. C； 5. A； 6. D； 7. A。

三、计算题

1. $\frac{1}{42}$。 2. 0.47。

3.（1）$\frac{13}{24}$； （2）$\frac{1}{48}$。 4. $\frac{2}{5}$。

5.（1）0.988； （2）$\frac{29}{35}$。

6.（1）$\frac{28}{45}$； （2）$\frac{1}{5}$； （3）$\frac{1}{9}$。

7.（1）0.69； （2）$\frac{21}{23}$。

8. 0.124。 9. $P(A)=P(B)=\frac{1}{3}$。

10.（1）0.928； （2）0.436。 11. 0.784。

第 2 章 一维随机变量及其分布

习题 2.1

1. A[提示：由于 $F_1(x)$ 与 $F_2(x)$ 都是分布函数，因此有 $F_1(+\infty)=1$ 与 $F_2(+\infty)=1$；要使 $F(x)$ 也为分布函数，则要求 $F(+\infty)=1$；因为 $F(x)=aF_1(x)-bF_2(x)$，所以

$$F(+\infty)=aF_1(+\infty)-bF_2(+\infty)$$

即有 $a-b=1$]。

2.（1）$k=27$； （2）$\frac{98}{125}$。

习题 2.2

1.

X	0	1	2	3
p	$\frac{1}{8}$	$\frac{3}{8}$	$\frac{3}{8}$	$\frac{1}{8}$

2.

X	0	1	2
p	0.3	0.6	0.1

3.

X	1	2	3
p	$\frac{3}{8}$	$\frac{9}{16}$	$\frac{1}{16}$

4. $b=1$。

5. $\frac{5}{12}$。

6.（1）$a=\frac{1}{4}$；　（2）$F(x)=\begin{cases}0, & x<1\\ \frac{1}{4}, & 1\leqslant x<2\\ \frac{11}{16}, & 2\leqslant x<3\\ 1, & x\geqslant 3\end{cases}$

7.（1）$A=1$；　（2）

X	-2	3	10
p	0.1	0.3	0.6

；　（3）0.4。

8.（1）0.0729；　（2）0.00856；　（3）0.99954；　（4）0.40951。

9.（1）0.352；　（2）0.31744；　（3）0.289792。

10.（1）$P\{X=k\}=\frac{0.2^k\cdot \mathrm{e}^{-0.2}}{k!}$，　$k=0,1,2,\cdots$；　（2）0.016375；　（3）0.000002。

习题 2.3

1.（1）$k=\frac{1}{6}$；　（2）$F(x)=\begin{cases}0, & x<0\\ \frac{1}{12}x^2, & 0\leqslant x<3\\ -\frac{1}{4}x^2+2x-3, & 3\leqslant x\leqslant 4\\ 1, & x>4\end{cases}$；　（3）$\frac{41}{48}$。

2.（1）$A=1$；　（2）$f(x)=\begin{cases}2x, & 0\leqslant x<1\\ 0, & 其他\end{cases}$；　（3）0.4。

3. 0.6。

4. $\frac{1}{3}$。

5. $1-e^{-3}$。

6.（1）0.975；（2）0.025；（3）0.8185；（4）0.9342。

7.（1）0.9772；（2）0.8413；（3）0.9544；（4）0.1587。

8. $a=1.96$。

9. $\mu=1.8,\ \sigma=4$。

10.（1）0.1587；（2）满足；（3）少于16.16分钟。

习题 2.4

1. （1）

Y	−2	1	4	7
p	0.1	0.3	0.4	0.2

（2）

Z	0	1	4
p	0.3	0.5	0.2

2. （1）

Y	−6	−4	−2	0	1	4
p	0.1	0.15	0.2	0.25	0.2	0.1

（2）

Z	0	1	4	9
p	0.25	0.4	0.25	0.1

3. 提示：先由分布函数 $F_X(x)$ 求出随机变量 X 的分布律，再求 Y 的分布律。

Y	$-\frac{\sqrt{3}}{4}$	$-\frac{1}{4}$	$\frac{1}{4}$
p	0.3	0.3	0.4

4.

Y	−1	0	1
p	$1-e^{-1}$	$e^{-1}-e^{-2}$	e^{-2}

5. $$f_Y(y)=\begin{cases}\dfrac{1}{\pi\sqrt{1-y^2}}, & -1<y<1\\ 0, & \text{其他}\end{cases}$$

6. $$f_Y(y)=\begin{cases}\dfrac{1}{\sqrt{2\pi}\sigma y}e^{-\frac{(\ln y-\mu)^2}{2\sigma^2}}, & y>0\\ 0, & y\leqslant 0\end{cases}$$

总复习题

一、填空题

1. $[1, 3]$。

2. $\frac{19}{27}$。

3. $F(x)=\begin{cases}\dfrac{1}{2}e^{x}, & x<0\\ 1-\dfrac{1}{2}e^{-x}, & x\geqslant 0\end{cases}$

4. $C_n^2(0.06)^2(0.94)^{n-2}$。

5. 0.2。

6. $1-3e^{-2}$。

二、选择题

1. A；　2. C；　3. C；　4. B。

三、计算题：

1.

X	0	1	2	3
p	$\frac{1}{2}$	$\frac{1}{4}$	$\frac{1}{8}$	$\frac{1}{8}$

2.

X	1	2	3	4	5
p	0.8	0.16	0.032	0.0064	0.0016

3.

X	3	4	5
p	$\frac{1}{4}$	$\frac{3}{8}$	$\frac{3}{8}$

4. $\sqrt[3]{4}$。

5. $\dfrac{20}{27}$。

6. $F(x)=\begin{cases}0, & x<-1\\ \dfrac{1}{4}, & -1\leqslant x<2\\ \dfrac{3}{4}, & 2\leqslant x<\pi\\ 1, & x\geqslant \pi\end{cases}$

7. 0.6826。

8.（1）$A=\dfrac{1}{3},\ B=\dfrac{1}{2}$；（2）$\dfrac{1}{2}$；（3）$F(x)=\begin{cases}0, & x<0\\ \dfrac{x^2-1}{6}, & 1\leqslant x<2\\ \dfrac{x-1}{2}, & 2\leqslant x<3\\ 1, & x\geqslant 3\end{cases}$

9. $f_Y(y)=\begin{cases}\lambda e^{-\lambda y}, & y>0\\ 0, & y\leqslant 0\end{cases}$

第 3 章　多维随机变量及其分布

习题 3.1

1. （1）

X \ Y	0	1	2
0	$\frac{1}{15}$	$\frac{4}{15}$	$\frac{1}{15}$
1	$\frac{4}{15}$	$\frac{4}{15}$	0
2	$\frac{1}{15}$	0	0

（2）$P\{X\leqslant 1, Y\leqslant 1\}=\frac{13}{15}$。

2.

X \ Y	0	1
0	0.1	0.3
1	0.3	0.3

3.

X \ Y	1	3
0	0	$\frac{1}{8}$
1	$\frac{3}{8}$	0
2	$\frac{3}{8}$	0
3	0	$\frac{1}{8}$

4. （1）$k=4$；（2）$F(x,y)=\begin{cases}0, & x<0\text{或}y<0\\ x^2y^2, & 0\leqslant x\leqslant 1, 0\leqslant y\leqslant 1\\ x^2, & 0\leqslant x\leqslant 1,\ y>1\\ y^2, & x>1,\ 0\leqslant y\leqslant 1\\ 1, & x>1,\ y>1\end{cases}$；（3）$\frac{1}{6}$。

5. （1）$k=1$；

（2）$F(x,y)=\begin{cases}\frac{1}{1+y}(y+\mathrm{e}^{-x(1+y)})-\mathrm{e}^{-x}, & x>0, y>0\\ 0, & \text{其他}\end{cases}$；

（3）$\frac{3}{4}+\frac{1}{4}\mathrm{e}^{-8}-\mathrm{e}^{-2}$。

6. $f(x,y)=\begin{cases}3^{-x-y}(\ln 3)^2, & x\geqslant 0,\ y\geqslant 0\\ 0, & \text{其他}\end{cases}$。

习题 3.2

1.

$X \backslash Y$	0	1	2	$P\{X=x_i\}$
0	$\frac{1}{9}$	$\frac{2}{9}$	$\frac{1}{9}$	$\frac{4}{9}$
1	$\frac{2}{9}$	$\frac{2}{9}$	0	$\frac{4}{9}$
2	$\frac{1}{9}$	0	0	$\frac{1}{9}$
$P\{Y=y_j\}$	$\frac{4}{9}$	$\frac{4}{9}$	$\frac{1}{9}$	

2.

$X_1 \backslash X_3$	0	1	$P\{X_1=x_i\}$
0	0.3	0.1	0.4
1	0.6	0	0.6
$P\{X_3=y_j\}$	0.9	0.1	

3. $f_X(x)=\begin{cases} x^2-\frac{1}{2}x^3, & 0\leqslant x\leqslant 1 \\ 0, & \text{其他} \end{cases}$； $f_Y(y)=\begin{cases} \frac{1}{2}y^3-2y^2+\frac{3}{2}y, & 0\leqslant y\leqslant 1 \\ 0, & \text{其他} \end{cases}$。

4. $f_X(x)=\begin{cases} 6(x-x^2), & 0\leqslant x\leqslant 1 \\ 0, & \text{其他} \end{cases}$； $f_Y(y)=\begin{cases} 6(\sqrt{y}-y), & 0\leqslant y\leqslant 1 \\ 0, & \text{其他} \end{cases}$。

习题 3.3

1. （1）

Y	0	1	2
$P\{Y=y_j \mid X=0\}$	$\frac{1}{6}$	$\frac{2}{3}$	$\frac{1}{6}$

（2）

X	0	1	2
$P\{X=x_i \mid Y=2\}$	1	0	0

2.（1）提示：因为Y的可能取值为0,1，所以要分别求出在$Y=0$和$Y=1$的条件下X的条件分布律。

X	-1	1	2
$P\{X=k \mid Y=0\}$	$\frac{1}{3}$	$\frac{1}{6}$	$\frac{1}{2}$

X	-1	1	2
$P\{X=k\|Y=1\}$	$\frac{1}{4}$	$\frac{1}{2}$	$\frac{1}{4}$

（2）$\frac{1}{2}$。

3. $f_{X|Y}(x|y)=\begin{cases}\dfrac{2x}{y^2}, & 0<x<y \\ 0, & 其他\end{cases}$；

$f_{Y|X}(y|x)=\begin{cases}\dfrac{2y}{1-x^2}, & x<y<1 \\ 0, & 其他\end{cases}$。

4. $f_{X|Y}(x|y)=\begin{cases}\dfrac{1}{y}, & 0<x<y \\ 0, & 其他\end{cases}$；

$f_{Y|X}(y|x)=\begin{cases}e^{x-y}, & y>x \\ 0, & 其他\end{cases}$。

5. $f_{X|Y}(x|y)=\begin{cases}\dfrac{1}{\sqrt{y}-y}, & y\leqslant x\leqslant\sqrt{y} \\ 0, & 其他\end{cases}$。

习题 3.4

1. X 与 Y 相互独立。
2. $a=\frac{1}{8}, b=\frac{1}{4}$。
3. （1）有放回的方式

$X \backslash Y$	0	1
0	$\frac{25}{36}$	$\frac{5}{36}$
1	$\frac{5}{36}$	$\frac{1}{36}$

且 X 与 Y 相互独立；

（2）不放回方式

$X \backslash Y$	0	1
0	$\frac{15}{22}$	$\frac{5}{33}$
1	$\frac{5}{33}$	$\frac{1}{66}$

且 X 与 Y 不相互独立。

4. X 与 Y 相互独立。

5.（1）X 与 Y 相互独立，且 $P\{X+Y\leqslant 2\}=1+\dfrac{4}{\sqrt{e}}-\dfrac{8}{e}$。

6. X 与 Y 不相互独立。

7. $f(x,y)=\begin{cases}\dfrac{5}{2}e^{-5x}, & x>0,\ 0\leqslant y\leqslant 2\\ 0, & \text{其他}\end{cases}$。

习题 3.5

1.（1）

z	0	1	2	3
p	0.15	0.30	0.40	0.15

（2）

U	−1	0	1	2
p	0.15	0.35	0.3	0.2

2. $f_Z(z)=\begin{cases}\dfrac{z}{2}, & 0\leqslant z\leqslant 1\\ \dfrac{1}{2}, & 1<z\leqslant 2\\ \dfrac{3-z}{2}, & 2<z\leqslant 3\\ 0, & \text{其他}\end{cases}$。

3. $f_Z(z)=\begin{cases}\dfrac{1}{15000}(600z-60z^2+z^3), & 0\leqslant z\leqslant 10\\ \dfrac{1}{15000}(20-z)^3, & 10<z\leqslant 20\\ 0, & \text{其他}\end{cases}$。

4. $f_Z(z)=\begin{cases}1-e^{-z}, & 0<z<1\\ (e-1)e^{-z}, & z\geqslant 1\\ 0, & \text{其他}\end{cases}$。

5. （1）$f_Z(z)=\begin{cases}2(1-z), & 0\leqslant z<1\\ 0, & \text{其他}\end{cases}$；（2）$f_U(u)=\begin{cases}-\ln u, & 0<u<1\\ 0, & \text{其他}\end{cases}$；

（3）$f_V(v)=\begin{cases}\dfrac{1}{v^2}, & v>1\\ 0, & \text{其他}\end{cases}$。

6.（1）

U	0	1	2	3	4
p	0	0.08	0.23	0.38	0.31

（2）

V	0	1	2	3
p	0.31	0.31	0.24	0.14

7. $F_U(z)=\begin{cases}(1-e^{-z})^2, & z>0\\ 0, & z\leqslant 0\end{cases}$； $f_U(z)=\begin{cases}2e^{-z}(1-e^{-z}), & z>0\\ 0, & z\leqslant 0\end{cases}$。

总复习题

一、填空题

1. $\alpha+\beta=\dfrac{1}{3}$； $\alpha=\dfrac{2}{9},\beta=\dfrac{1}{9}$。

2. $\dfrac{13}{48}$。

3. $\dfrac{1}{4}$。

4. （1）$\dfrac{5}{7}$； （2）$\dfrac{5}{6}$。

二、选择题

1.C； 2.C； 3.B； 4.C。

三、计算题

1.

$X \backslash Y$	0	1
0	$\frac{5}{8}$	$\frac{1}{8}$
1	$\frac{1}{8}$	$\frac{1}{8}$

2. （1）

$X \backslash Y$	0	1
−1	$\frac{1}{4}$	0
0	0	$\frac{1}{2}$
1	$\frac{1}{4}$	0

（2）X 与 Y 不相互独立。

3. （1）

$X \backslash Y$	−1	0	1
−1	$\frac{1}{3}$	$\frac{1}{4}$	0
1	$\frac{1}{6}$	0	$\frac{1}{4}$

（2）关于 X 的边缘分布律为

X	-1	1
p	$\frac{7}{12}$	$\frac{5}{12}$

关于Y的边缘分布律为

Y	-1	0	1
p	$\frac{1}{2}$	$\frac{1}{4}$	$\frac{1}{4}$

（3）在$Y=1$的条件下关于X的条件分布为

$$P\{X=-1|Y=1\}=0,\quad P\{X=1|Y=1\}=1$$

在$X=1$的条件下关于Y的条件分布为

$$P\{Y=-1|X=1\}=\frac{2}{5},\quad P\{Y=0|X=1\}=0,\quad P\{Y=1|X=1\}=\frac{3}{5}$$

4. $\frac{1}{3}(\frac{\sqrt{3}}{2}+\frac{\pi}{3})$。

5. （1）$f_X(x)=\begin{cases}2x, & 0<x<1\\ 0, & 其他\end{cases}$；$f_Y(y)=\begin{cases}1-\frac{1}{2}y, & 0<y<2\\ 0, & 其他\end{cases}$；

（2）$f_Z(z)=\begin{cases}1-\frac{1}{2}z, & 0<z<2\\ 0, & 其他\end{cases}$；

（3）$\frac{3}{4}$。

6. $a=0.4,\ b=0.1$。

7. $k=15$，$P\left\{X<\frac{1}{2}\right\}=\frac{17}{64}$。

8. 随机变量Z的分布律

Z	0	1
p	$\frac{1}{4}$	$\frac{3}{4}$

9. X与Y不相互独立。

10. （1）$f_X(x)=\begin{cases}2-2x, & 0\leqslant x\leqslant 1\\ 0, & 其他\end{cases}$；　$f_Y(y)=\begin{cases}1-\frac{1}{2}y, & 0\leqslant y\leqslant 2\\ 0, & 其他\end{cases}$；

（2）$f_{X|Y}(x|y)=\begin{cases}\frac{2}{2-y}, & 0\leqslant x\leqslant 1-\frac{y}{2}\\ 0, & 其他\end{cases}$；　$f_{Y|X}(y|x)=\begin{cases}\frac{1}{2-2x}, & 0\leqslant y\leqslant 2(1-x)\\ 0, & 其他\end{cases}$。

第 4 章 随机变量的数字特征

习题 4.1

1.（1）6；（2）64；（3）197。

2. $\frac{3}{2}$。

3. 2.5。

4. $\frac{\pi^3}{48}$，$\frac{2}{\pi}$。

5. $\frac{4}{3}$。

6. $\frac{1}{3}$。

7. $\frac{4}{5}$，$\frac{3}{5}$。

8. 350。

习题 4.2

1. $D(X)=1$，$D(2X+3)=4$。

2. $D(Y)=\frac{8}{9}$（提示：Y 是离散型随机变量，其取值为 $-1,0,1$，先求出每个取值的概率。而 Y 每个取值对应了 X 的取值范围，且 X 为连续型随机变量，则可由连续型随机变量的取值范围求出相应的概率）。

3. $D(X)=\frac{1}{6}$。

4. $E(X^2)=18.4$。

习题 4.3

1. $\mathrm{cov}(X,Y)=-0.13$，$\rho_{XY}=-\frac{13}{9\sqrt{69}}$。

2. $\mathrm{cov}(X,Y)=-\frac{1}{36}$，$\rho_{XY}=-\frac{1}{11}$。

3. -5。

4. $\rho_{Z_1Z_2}=\frac{\alpha^2-\beta^2}{\alpha^2+\beta^2}$。

5. 12。

总复习题

一、填空题

1. 18。

2. 0.8。

3. 76。

4. $-\frac{5}{4}$。

5. -1。

6. 1.95。

二、选择题

1. B； 2. D； 3. B； 4. C。

三、计算题

1. $a=12, b=-12, c=3$。

2. $E(X)=0,\ D(X)=2,\ \operatorname{cov}(X,|X|)=0$。

3. $\frac{25}{3}$。

4. （1）$E(X)=0.4,\ E(Y)=0,\ D(X)=0.24,\ D(Y)=0.6$；

（2）$D(X+Y)=0.84$；

（3）$\rho_{XY}=0$；

（4）X 与 Y 不相互独立。

5. （1）$E(Z)=\frac{1}{3},\ D(Z)=\frac{7}{18}$；

（2）$\operatorname{cov}(X,Z-1)=\frac{1}{36}$；

（3）$\rho_{XZ}=\frac{1}{2\sqrt{7}}$。

第 5 章　大数定律与中心极限定理

总复习题

1. 0.975。

2. 0.84。

3. 0.96。

4. 0.02275。

5. 0.6826。

6. C。

7. 0.7745。

第 6 章　数理统计的基本概念

习题 6.1

1. （1）总体：该专业本科毕业生的实习期满后的月薪；个体：每个被调查的专业本科毕业生的实习期满后的月薪；

（2）样本：被调查的 50 名学生的月薪；

（3）样本容量：$n=50$。

2. $f(x_1,x_2,\cdots,x_n)=\prod_{i=1}^{n}f(x_i)=\dfrac{1}{(2\pi\sigma^2)^{n/2}}\mathrm{e}^{-\frac{1}{2\sigma^2}\sum_{i=1}^{n}(x_i-\mu)^2}, -\infty<x_i<+\infty$

3. $f(x_1,x_2,\cdots,x_n)=\prod_{i=1}^{n}f(x_i)=\begin{cases}\dfrac{1}{(b-a)^n}, & a<x_i<b\\ 0, & \text{其他}\end{cases}$

习题 6.2

1. $\overline{x}=221,\ s^2=566,\ s=23.7908$。
2. $\overline{X}\sim N(20,0.05^2/36);\ \ P(19.98<\overline{X}<20.02)=0.9836$。
3. （1）0.0124；（2）0.0164。
4. （1）0.8904；（2）0.9。
5. 0.97。
6. （1）$Y\sim t(n_2)$；（2）$Z\sim F(n_1,n_2)$ $Z\sim F(n_1,n_2)$。

总复习题

一、填空题

1. $p^{\sum_{i=1}^{n}x_i}\cdot(1-p)^{n-\sum_{i=1}^{n}x_i}$，$p$，$\dfrac{1}{n}p(1-p)$。
2. 5, -1。
3. $F(10,\ 5)$。
4. 0.5。
5. $t(9)$。
6. $F(5,n-5)$。

二、选择题

1. A；　2. D；　3. C；　4. C；　5. B；　6. B。

三、计算题

1. 0.1336。
2. 35。
3. $c=\dfrac{1}{3}$，自由度为 2。

第 7 章　参数估计

习题 7.1

1. $E(X)$ 的矩估计值为 $\bar{x}=13.395$；$D(X)$ 的矩估计值为 $s_8^2=0.00645$；$\sqrt{D(X)}$ 的矩估计值为 $s_8=0.08031$。

2. $\hat{\theta}=2\bar{X}-1$。

3. （1）$\hat{a}=2\bar{X}=\dfrac{2}{n}\sum_{i=1}^{n}X_i$；（2）$D(\hat{a})=\dfrac{4}{n}\times\dfrac{a^2}{20}=\dfrac{a^2}{5n}$。

4. λ 的矩估计量和极大似然估计量均为 $\bar{X}$。

习题 7.2

1. $E(X)$ 的无偏估计值为 $\bar{x}=1495.8$；　$D(X)$ 的无偏估计值为 $s^2=21189.07$。

2. $E(X)$ 的无偏估计值为 $\bar{x}=5.76$；　$D(X)$ 的无偏估计值为 $s^2=10.1453$。

3. 证明略。

4. T_2 更有效。

习题 7.3

1. $(24.8, 25.32)$。

2.（1）$(5.668, 6.332)$；　（2）$(5.5388, 6.4612)$。

3. μ 的区间：$(0.2805, 3.7195)$；σ^2 的区间：$(2.7335, 19.2593)$；σ 的区间：$(1.6533, 4.3885)$。

4. μ 的区间：$(1.0506, 1.4418)$；　σ 的区间：$(0.2679, 0.5556)$。

5. $(-8.7966, 0.3966)$。

6. $(0.6228, 2.7772)$。

7. $(0.4475, 2.9076)$。

总复习题

1. $\hat{\theta}=\dfrac{\bar{X}}{\bar{X}-c}$。

2. $\hat{\mu}=\bar{X}=\dfrac{1}{n}\sum_{i=1}^{n}X_i$，$\hat{\rho}=\sqrt{3}S_n=\sqrt{\dfrac{3}{n}\sum_{i=1}^{n}(X_i-\bar{X})^2}$。

3. （1）$\hat{\theta}=2\bar{X}$，（2）$D(\hat{\theta})=\dfrac{\theta^2}{5n}$。

4. $\hat{\theta}=(\frac{\bar{X}}{1-\bar{X}})^2$。

5. （1）λ的矩估计量$\hat{\lambda}_1=\frac{2}{\bar{X}}$；　（2）$\lambda$的极大似然估计量$\hat{\lambda}_2=\frac{2}{\bar{X}}$。

6. θ的矩估计值$\hat{\theta}=\frac{1}{4}$；θ的极大似然估计值$\hat{\theta}=\frac{7-\sqrt{13}}{12}$。

7. （1）$\hat{\beta}=\frac{\bar{X}}{\bar{X}-1}$，$\hat{\beta}=\frac{n}{\sum_{i=1}^{n}\ln x_i}$；　（2）$\hat{\alpha}=\min\{x_1,x_2,\cdots,x_n\}$。

8. （1）$\hat{\sigma}^2=\frac{1}{n}\sum_{i=1}^{n}(X_i-\mu_0)^2$；　（2）$E(\hat{\sigma}^2)=\sigma^2$，$D(\hat{\sigma}^2)=\frac{2\sigma^4}{n}$。

9.（1）$\hat{\theta}=2\bar{X}-\frac{1}{2}$；　（2）因$E(4\bar{X}^2)\neq\theta^2$，故$4\bar{X}^2$不是$\theta^2$的无偏估计量。

10.（1）由$E(T)=\mu^2$知T是μ^2的无偏估计量；　（2）$D(T)=\frac{2}{n(n-1)}$。

11.（1）$F(x)=\begin{cases}1-\mathrm{e}^{-2(x-\theta)}, & x>\theta\\ 0, & x\leqslant\theta\end{cases}$

（2）$F_{\hat{\theta}}(x)=\begin{cases}1-\mathrm{e}^{-2n(x-\theta)}, & x>\theta\\ 0, & x\leqslant\theta\end{cases}$

（3）不具有无偏性。

12. C。

13. 证明略。

14.（1）$f(z;\sigma^2)=\frac{1}{\sqrt{6\pi}\sigma}\mathrm{e}^{-\frac{z^2}{6\sigma^2}},-\infty<z<+\infty$；　（2）$\hat{\sigma}^2=\frac{1}{3n}\sum_{i=1}^{n}Z_i^2$。

15. σ^2。

16.（39.51, 40.49）。

17.（1）$b=E(X)=\mathrm{e}^{\mu+\frac{1}{2}}$；　（2）（−0.98, 0.98）；　（3）（$\mathrm{e}^{-0.48},\mathrm{e}^{1.48}$）。

18. C。

第8章　假设检验

习题8.1

1. C。

2. B。

3. 错误。

4. 略。

习题 8.2

1. 否（用 U 检验法）。
2. 能（用 U 检验法）。
3. 是（用 t 检验法）。
4. 是（用 t 检验法）。
5. （1）正常（用 t 检验法）；（2）在标准范围内（用 χ^2 检验法）。
6. （1）用 U 检验法知平均含金量为 18K。
   （2）用 χ^2 检验法知精度不在标准范围之内，可以认为产品存在质量问题。
7. 用 χ^2 检验法知发生了显著变化。

习题 8.3

1. 由 t 检验法知无显著差异。
2. 由 t 检验法知无显著差异。
3. 由 F 检验法知无显著差异。
4. （1）用 F 检验法，接受 H_0；（2）用 t 检验法，接受 H_0。
5. 先用 F 检验法，接受 $\sigma_1^2=\sigma_2^2$；再用 t 检验法知新方法比旧方法得分率高。

总复习题

1. 用 U 检验法知处于异常状态。
2. 用 t 检验法知符合设计要求。
3. 用 t 检验法知，可以认为平均成绩为 70 分。
4. 用 χ^2 检验法，认为工作不正常，应该调整。
5. 用 χ^2 检验法，认为均方差无显著变化。
6. 用 t 检验法，认为含脂率有显著变化。
7. 用 U 检验法，认为平均长度相同。
8. 用 F 检验法，认为乙车床比甲车床的方差小。
9. 不正常。
10. 相等，无显著差异。

附表A 泊松分布表

$$1-F(x-1)=\sum_{k=x}^{\infty}\frac{e^{-\lambda}\lambda^{k}}{k!}$$

x	λ=0.2	λ=0.3	λ=0.4	λ=0.5	λ=0.6
0	1.0000000	1.0000000	1.0000000	1.0000000	1.0000000
1	0.1812692	0.2591818	0.3296800	0.393469	0.451188
2	0.0175231	0.0369363	0.0615519	0.090204	0.121901
3	0.0011485	0.0035995	0.0079263	0.014388	0.023115
4	0.0000568	0.0002658	0.0007763	0.001752	0.003358
5	0.0000023	0.0000158	0.0000612	0.000172	0.000394
6	0.0000001	0.0000008	0.0000040	0.000014	0.000039
7			0.0000002	0.000001	0.000003

x	λ=0.7	λ=0.8	λ=0.9	λ=1.0	λ=1.2
0	1.0000000	1.0000000	1.0000000	1.0000000	1.0000000
1	0.503415	0.550671	0.593430	0.632121	0.698806
2	0.155805	0.191208	0.227518	0.264241	0.337373
3	0.034142	0.047423	0.062857	0.080301	0.120513
4	0.005753	0.009080	0.013459	0.018988	0.033769
5	0.000786	0.001411	0.002344	0.003660	0.007746
6	0.000090	0.000184	0.000343	0.000594	0.001500
7	0.000009	0.000021	0.000043	0.000083	0.000251
8	0.000001	0.000002	0.000005	0.000010	0.000037
9				0.000001	0.000005
10					0.000001

（续表）

x	λ=1.4	λ=1.6	λ=1.8		
0	1.000000	1.000000	1.000000		
1	0.753403	0.798103	0.834701		
2	0.408167	0.475069	0.537163		
3	0.166502	0.216642	0.269379		
4	0.053725	0.078313	0.108708		
5	0.014253	0.023682	0.036407		
6	0.003201	0.006040	0.010378		
7	0.000622	0.001336	0.002569		
8	0.000107	0.000260	0.000562		
9	0.000016	0.000045	0.000110		
10	0.000002	0.000007	0.000019		
11		0.000001	0.000003		

x	λ=2.5	λ=3.0	λ=3.5	λ=4.0	λ=4.5	λ=5.0
0	1.000000	1.000000	1.000000	1.000000	1.000000	1.000000
1	0.917915	0.950213	0.969803	0.981684	0.988891	0.993262
2	0.712703	0.800852	0.864112	0.908422	0.938901	0.959572
3	0.456187	0.576810	0.679153	0.761897	0.826422	0.875348
4	0.242424	0.352768	0.463367	0.566530	0.657704	0.734974
5	0.108822	0.184737	0.274555	0.371163	0.467896	0.559507
6	0.042021	0.083918	0.142386	0.214870	0.297070	0.384039
7	0.014187	0.033509	0.065288	0.110674	0.168949	0.237817
8	0.004247	0.011905	0.026739	0.051134	0.086586	0.133372
9	0.001140	0.003803	0.009874	0.021363	0.040257	0.068094
10	0.000277	0.001102	0.003315	0.008132	0.017093	0.031828
11	0.000062	0.000292	0.001019	0.002840	0.006669	0.013695
12	0.000013	0.000071	0.000289	0.000915	0.002404	0.005453
13	0.000002	0.000016	0.000076	0.000274	0.000805	0.002019
14		0.000003	0.000019	0.000076	0.000252	0.000698
15		0.000001	0.000004	0.000020	0.000074	0.000226
16			0.000001	0.000005	0.000020	0.000069
17				0.000001	0.000005	0.000020
18					0.000001	0.000005
19						0.000001

附表B 标准正态分布表

$$\Phi(x)=\int_{-\infty}^{x}\frac{1}{\sqrt{2\pi}}\mathrm{e}^{-\frac{t^2}{2}}\mathrm{d}t=P\{X\leqslant x\}$$

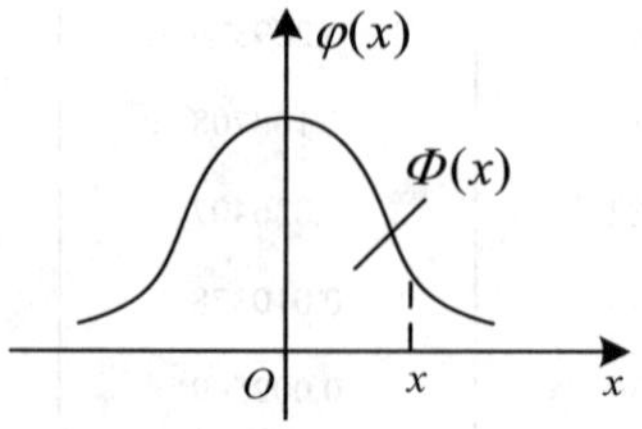

x	0.00	0.01	0.02	0.03	0.04	0.05	0.06	0.07	0.08	0.09
0.0	0.5000	0.5040	0.5080	0.5120	0.5160	0.5199	0.5239	0.5279	0.5319	0.5359
0.1	0.5398	0.5438	0.5478	0.5517	0.5557	0.5596	0.5636	0.5675	0.5714	0.5753
0.2	0.5793	0.5832	0.5871	0.5910	0.5948	0.5987	0.6026	0.6064	0.6103	0.6141
0.3	0.6179	0.6217	0.6255	0.6293	0.6331	0.6368	0.6404	0.6443	0.6480	0.6517
0.4	0.6554	0.6591	0.6628	0.6664	0.6700	0.6736	0.6772	0.6808	0.6844	0.6879
0.5	0.6915	0.6950	0.6985	0.7019	0.7054	0.7088	0.7123	0.7157	0.7190	0.7224
0.6	0.7257	0.7291	0.7324	0.7357	0.7389	0.7422	0.7454	0.7486	0.7517	0.7549
0.7	0.7580	0.7611	0.7642	0.7673	0.7703	0.7734	0.7764	0.7794	0.7823	0.7852
0.8	0.7881	0.7910	0.7939	0.7967	0.7995	0.8023	0.8051	0.8078	0.8106	0.8133
0.9	0.8159	0.8186	0.8212	0.8238	0.8264	0.8289	0.8315	0.8340	0.8365	0.8389
1.0	0.8413	0.8438	0.8461	0.8485	0.8508	0.8531	0.8554	0.8577	0.8599	0.8621
1.1	0.8643	0.8665	0.8686	0.8708	0.8729	0.8749	0.8770	0.8790	0.8810	0.8830
1.2	0.8849	0.8869	0.8888	0.8907	0.8925	0.8944	0.8962	0.8980	0.8997	0.9015
1.3	0.9032	0.9049	0.9066	0.9082	0.9099	0.9115	0.9131	0.9147	0.9162	0.9177
1.4	0.9192	0.9207	0.9222	0.9236	0.9251	0.9265	0.9279	0.9292	0.9306	0.9319
1.5	0.9332	0.9345	0.9357	0.9370	0.9382	0.9394	0.9406	0.9418	0.9430	0.9441
1.6	0.9452	0.9463	0.9474	0.9484	0.9495	0.9505	0.9515	0.9525	0.9535	0.9545
1.7	0.9554	0.9564	0.9573	0.9582	0.9591	0.9599	0.9608	0.9616	0.9625	0.9633
1.8	0.9641	0.9648	0.9656	0.9664	0.9671	0.9678	0.9686	0.9693	0.9700	0.9706
1.9	0.9713	0.9719	0.9726	0.9732	0.9738	0.9744	0.9750	0.9756	0.9762	0.9767
2.0	0.9772	0.9778	0.9783	0.9788	0.9793	0.9798	0.9803	0.9808	0.9812	0.9817
2.1	0.9821	0.9826	0.9830	0.9834	0.9838	0.9842	0.9846	0.9850	0.9854	0.9857
2.2	0.9861	0.9864	0.9868	0.9871	0.9874	0.9878	0.9881	0.9884	0.9887	0.9890
2.3	0.9893	0.9896	0.9898	0.9901	0.9904	0.9906	0.9909	0.9911	0.9913	0.9916
2.4	0.9918	0.9920	0.9922	0.9925	0.9927	0.9929	0.9931	0.9932	0.9934	0.9936
2.5	0.9938	0.9940	0.9941	0.9943	0.9945	0.9946	0.9948	0.9949	0.9951	0.9952
2.6	0.9953	0.9955	0.9956	0.9957	0.9959	0.9960	0.9961	0.9962	0.9963	0.9964
2.7	0.9965	0.9966	0.9967	0.9968	0.9969	0.9970	0.9971	0.9972	0.9973	0.9974
2.8	0.9974	0.9975	0.9976	0.9977	0.9977	0.9978	0.9979	0.9979	0.9980	0.9981
2.9	0.9981	0.9982	0.9982	0.9983	0.9984	0.9984	0.9985	0.9985	0.9986	0.9986
3.0	0.9987	0.9990	0.9993	0.9995	0.9997	0.9998	0.9998	0.9999	0.9999	1.0000

附表C χ^2分布表

$$p\{\chi^2(n) > \chi^2_\alpha(n)\} = \alpha$$

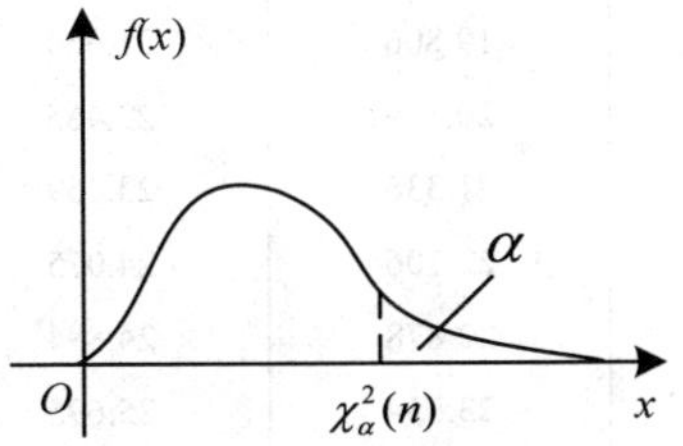

n \ α	0.995	0.99	0.975	0.95	0.90	0.75
1	—	—	0.001	0.004	0.016	0.102
2	0.010	0.020	0.051	0.103	0.211	0.575
3	0.072	0.115	0.216	0.352	0.584	1.213
4	0.207	0.297	0.484	0.711	1.064	1.923
5	0.412	0.554	0.831	1.145	1.610	2.675
6	0.676	0.872	1.237	1.635	2.204	3.455
7	0.989	1.239	1.690	2.167	2.833	4.255
8	1.344	1.646	2.180	2.733	3.490	5.071
9	1.735	2.088	2.700	3.325	4.168	5.899
10	2.156	2.558	3.247	3.940	4.865	6.737
11	2.603	3.053	3.816	4.575	5.578	7.584
12	3.074	3.571	4.404	5.226	6.304	8.438
13	3.565	4.107	5.009	5.892	7.042	9.299
14	4.705	4.660	5.629	6.571	7.790	10.165
15	4.601	5.229	6.262	7.261	8.547	11.037
16	5.142	5.812	6.908	7.962	9.312	11.912
17	5.697	6.408	7.564	8.672	10.085	12.792
18	6.265	7.015	8.231	9.390	10.865	13.675
19	6.884	7.633	8.907	10.117	11.651	14.562
20	7.434	8.260	9.591	10.851	12.443	15.452
21	8.034	8.897	10.283	11.591	13.240	16.344
22	8.643	9.542	10.982	12.338	14.042	17.240
23	9.260	10.196	11.689	13.091	14.848	18.137
24	9.886	10.856	12.401	13.848	15.659	19.037
25	10.520	11.524	13.120	14.611	16.473	19.939
26	11.160	12.198	13.844	15.379	17.292	20.843
27	11.808	12.879	14.573	16.151	18.114	21.749
28	12.461	13.565	15.308	16.928	18.939	22.657
29	13.121	14.257	16.047	17.708	19.768	23.567
30	13.787	14.954	16.791	18.493	20.599	24.478

（续表）

n \ α	0.995	0.99	0.975	0.95	0.90	0.75
31	14.458	15.655	17.539	19.281	21.431	25.390
32	15.131	16.362	18.291	20.072	22.271	26.304
33	15.815	17.074	19.047	20.867	23.110	27.219
34	16.501	17.789	19.806	21.664	23.952	27.136
35	17.192	18.509	20.569	22.465	24.797	29.054
36	17.887	19.233	21.336	23.269	25.643	29.973
37	18.586	19.960	22.106	24.075	26.492	30.893
38	19.289	20.691	22.878	24.884	27.343	31.815
39	19.996	21.426	23.654	25.695	28.196	32.737
40	20.707	22.164	24.433	26.509	29.051	33.660
41	21.421	22.906	25.215	27.326	29.907	34.585
42	22.138	23.650	25.999	28.144	30.765	35.510
43	22.859	24.398	26.785	28.965	31.625	36.436
44	23.584	25.148	27.575	29.787	32.487	37.363
45	24.311	25.901	28.366	30.612	33.350	38.291

n \ α	0.25	0.10	0.05	0.025	0.01	0.005
1	1.323	2.706	3.841	5.024	6.635	7.879
2	2.773	4.605	5.991	7.378	9.210	10.597
3	4.108	6.251	7.815	9.348	11.345	12.838
4	5.385	7.779	9.488	11.143	13.277	14.860
5	6.626	9.236	11.071	12.833	15.086	16.750
6	7.841	10.645	12.592	14.449	16.812	18.548
7	9.037	12.017	14.067	16.013	18.475	20.278
8	10.219	13.362	15.507	17.535	20.090	21.995
9	11.389	14.684	16.919	19.023	21.666	23.589
10	12.549	15.987	18.307	20.483	23.209	25.188
11	13,701	17.275	19.675	21.920	24.725	26.757
12	14.845	18.549	21.026	23.337	26.217	28.299
13	15.984	19.812	22.362	24.736	27.688	29.819
14	17.117	21.064	23.685	26.119	29.141	31.319
15	18.245	22.307	24.996	27.488	30.578	32.801
16	19.369	23.542	26.296	28.845	32.000	34.267
17	20.489	24.769	27.587	30.191	33.409	35.718
18	21.605	25.989	28.869	31.526	34.805	37.156
19	22.718	27.204	30.144	32.852	36.191	38.582
20	23.828	28.412	31.410	34.170	37.566	39.997
21	24.935	29.615	32.671	35.479	38.932	41.401
22	26.039	30.813	33.924	36.781	40.289	42.796
23	27.141	32.007	35.172	38.076	41.638	44.181

（续表）

n \ α	0.25	0.10	0.05	0.025	0.01	0.005
24	28.241	33.196	36.415	39.364	42.980	45.559
25	29.339	34.382	37.652	40.646	44.314	46.928
26	30.435	35.563	38.885	41.923	45.642	48.290
27	31.528	36.741	40.113	43.194	46.963	49.645
28	32.620	37.916	41.337	44.461	48.273	50.993
29	33.711	39.087	42.557	45.722	49.588	52.336
30	34.800	40.256	43.773	46.979	50.892	53.672
31	35.887	41.422	44.985	48.232	52.191	55.003
32	36.973	42.585	46.194	49.480	53.486	56.328
33	38.058	43.745	47.400	50.725	54.776	57.648
34	39.141	44.903	48.602	51.966	56.061	58.964
35	40.223	46.059	49.802	53.203	57.342	60.275
36	41.304	47.212	50.998	54.437	58.619	61.581
37	42.383	48.363	52.192	55.668	59.892	62.883
38	43.462	49.513	53.384	56.896	61.162	64.181
39	44.539	50.660	54.572	58.120	62.428	65.476
40	45.616	51.805	55.758	59.342	63.691	66.766
41	46.692	52.949	56.942	60.561	64.950	68.053
42	47.766	54.090	58.124	61.777	66.206	69.336
43	48.840	55.230	59.304	62.990	67.459	70.616
44	49.913	56.369	60.481	64.201	68.710	71.393
45	50.985	57.505	61.656	65.410	69.957	73.166

附表D　*t*分布表

$$p\{t(n) > t_\alpha(n)\} = \alpha$$

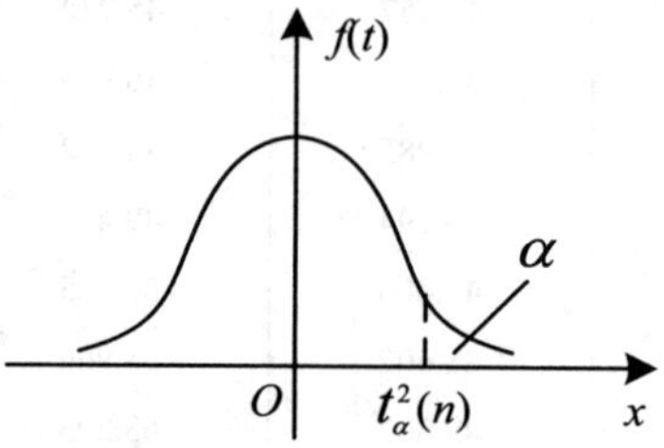

α \ n	0.25	0.10	0.05	0.025	0.01	0.005
1	1.0000	3.0777	6.3138	12.7062	31.8210	63.6574
2	0.8165	1.8856	2.9200	4.3027	6.9645	9.9248
3	0.7649	1.6377	2.3534	3.1824	4.5407	5.8408
4	0.7407	1.5332	2.1318	2.7765	3.7469	4.6041
5	0.7267	1.4759	2.0150	2.5706	3.3649	4.0321
6	0.7176	1.4398	1.9432	2.4469	3.1427	3.7074
7	0.7111	1.4149	1.8946	2.3646	2.9979	3.4995
8	0.7064	1.3968	1.8595	2.3060	2.8965	3.3554
9	0.7027	1.3830	1.8331	2.2622	2.8214	3.2498
10	0.6998	1.3722	1.8125	2.2281	2.7638	3.1693
11	0.6974	1.3634	1.7959	2.2010	2.7181	3.1058
12	0.6955	1.3562	1.7823	2.1788	2.6810	3.0545
13	0.6938	1.3502	1.7709	2.1604	2.6503	3.0123
14	0.6924	1.3450	1.7613	2.1448	2.6245	2.9768
15	0.6912	1.3406	1.7531	2.1315	2.6025	2.9467
16	0.6901	1.3368	1.7459	2.1199	2.5835	2.9208
17	0.6892	1.3334	1.7396	2.1098	2.5669	2.8982
18	0.6884	1.3304	1.7341	2.1009	2.5524	2.8784
19	0.6876	1.3277	1.7291	2.0930	2.5395	2.8609
20	0.6870	1.3253	1.7247	2.0860	2.5280	2.8453
21	0.6864	1.3232	1.7207	2.0796	2.5176	2.8314
22	0.6858	1.3212	1.7171	2.0739	2.5083	2.8188
23	0.6853	1.3195	1.7139	2.0687	2.4999	2.8073
24	0.6848	1.3178	1.7109	2.0639	2.4922	2.7970
25	0.6844	1.3163	1.7081	2.0595	2.4851	2.7874

（续表）

n \ α	0.25	0.10	0.05	0.025	0.01	0.005
26	0.6840	1.3150	1.7056	2.0555	2.4786	2.7787
27	0.6837	1.3137	1.7033	2.0518	2.4727	2.7707
28	0.6834	1.3125	1.7011	2.0484	2.4671	2.7633
29	0.6830	1.3114	1.6991	2.0452	2.4620	2.7564
30	0.6828	1.3104	1.6973	2.0423	2.4573	2.7500
31	0.6825	1.3095	1.6955	2.0395	2.4528	2.7440
32	0.6822	1.3086	1.6939	2.0369	2.4487	2.7385
33	0.6820	1.3077	1.6924	2.0345	2.4448	2.7333
34	0.6818	1.3070	1.6909	2.0322	2.4411	2.7284
35	0.6816	1.3062	1.6896	2.0301	2.4377	2.7238
36	0.6814	1.3055	1.6883	2.0281	2.4345	2.7195
37	0.6812	1.3049	1.6871	2.0262	2.4314	2.7154
38	0.6810	1.3042	1.6860	2.0244	2.4286	2.7116
39	0.6808	1.3036	1.6849	2.0227	2.4258	2.7079
40	0.6807	1.3031	1.6839	2.0211	2.4233	2.7045
41	0.6805	1.3025	1.6829	2.0195	2.4208	2.7012
42	0.6804	1.3020	1.6820	2.0181	2.4185	2.6981
43	0.6802	1.3016	1.6811	2.0167	2.4163	2.6951
44	0.6801	1.3011	1.6802	2.0154	2.4141	2.6953
45	0.6800	1.3006	1.6794	2.0141	2.4121	2.6896

附表E　F分布表

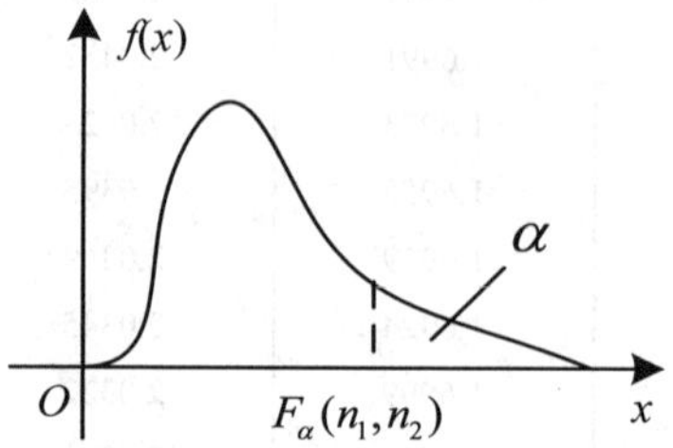

$$P\{F(n_1,n_2) > F_\alpha(n_1,n_2)\} = \alpha$$

α =0.10

n_2 \ n_1	1	2	3	4	5	6	7	8	9	10	12	15	20	24	30	40	60	120	∞
1	39.86	49.50	53.59	55.83	57.24	58.20	58.91	59.44	59.86	60.19	60.71	61.22	61.74	62.00	62.26	62.53	62.79	63.06	63.33
2	8.53	9.00	9.16	9.24	9.29	9.33	9.35	9.37	9.38	9.39	9.41	9.42	9.44	9.45	9.46	9.47	9.47	9.48	9.49
3	5.54	5.46	5.39	5.34	5.31	5.28	5.27	5.25	5.24	5.23	5.22	5.20	5.18	5.18	5.17	5.16	5.15	5.14	5.13
4	4.54	4.32	4.19	4.11	4.05	4.01	3.98	3.95	3.94	3.92	3.90	3.87	3.84	3.83	3.82	3.80	3.79	3.78	3.76
5	4.06	3.78	3.62	3.52	3.45	3.40	3.37	3.34	3.32	3.30	3.27	3.24	3.21	3.19	3.17	3.16	3.14	3.12	3.10
6	3.78	3.46	3.29	3.18	3.11	3.05	3.01	2.98	2.96	2.94	2.90	2.87	2.84	2.82	2.80	2.78	2.76	2.74	2.72
7	3.59	3.26	3.07	2.96	2.88	2.83	2.78	2.75	2.72	2.70	2.67	2.63	2.59	2.58	2.56	2.54	2.51	2.49	2.47
8	3.46	3.11	2.92	2.81	2.73	2.67	2.62	2.59	2.56	2.54	2.50	2.46	2.42	2.40	2.38	2.36	2.34	2.32	2.29
9	3.36	3.01	2.81	2.69	2.61	2.55	2.51	2.47	2.44	2.42	2.38	2.34	2.30	2.28	2.25	2.23	2.21	2.18	2.16
10	3.29	2.92	2.73	2.61	2.52	2.46	2.41	2.38	2.35	2.32	2.28	2.24	2.20	2.18	2.16	2.13	2.11	2.08	2.06
11	3.23	2.86	2.66	2.54	2.45	2.39	2.34	2.30	2.27	2.25	2.21	2.17	2.12	2.10	2.08	2.05	2.03	2.00	1.97
12	3.18	2.81	2.61	2.48	2.39	2.33	2.28	2.24	2.21	2.19	2.15	2.10	2.06	2.04	2.01	1.99	1.96	1.93	1.90
13	3.14	2.76	2.56	2.43	2.35	2.28	2.23	2.20	2.16	2.14	2.10	2.05	2.01	1.98	1.96	1.93	1.90	1.88	1.85
14	3.10	2.73	2.52	2.39	2.31	2.24	2.19	2.15	2.12	2.10	2.05	2.01	1.96	1.94	1.91	1.89	1.86	1.83	1.80
15	3.07	2.70	2.49	2.36	2.27	2.21	2.16	2.12	2.09	2.06	2.02	1.97	1.92	1.90	1.87	1.85	1.82	1.79	1.76
16	3.05	2.67	2.46	2.33	2.24	2.18	2.13	2.09	2.06	2.03	1.99	1.94	1.89	1.87	1.84	1.81	1.78	1.75	1.72
17	3.03	2.64	2.44	2.31	2.22	2.15	2.10	2.06	2.03	2.00	1.96	1.91	1.86	1.84	1.81	1.78	1.75	1.72	1.69
18	3.01	2.62	2.42	2.29	2.20	2.13	2.08	2.04	2.00	1.98	1.93	1.89	1.84	1.81	1.78	1.75	1.72	1.69	1.66
19	2.99	2.61	2.40	2.27	2.18	2.11	2.06	2.02	1.98	1.96	1.91	1.86	1.81	1.79	1.76	1.73	1.70	1.67	1.63
20	2.97	2.59	2.38	2.25	2.16	2.09	2.04	2.00	1.96	1.94	1.89	1.84	1.79	1.77	1.74	1.71	1.68	1.64	1.61
21	2.96	2.57	2.36	2.23	2.14	2.08	2.02	1.98	1.95	1.92	1.87	1.83	1.78	1.75	1.72	1.69	1.66	1.62	1.59
22	2.95	2.56	2.35	2.22	2.13	2.06	2.01	1.97	1.93	1.90	1.86	1.81	1.76	1.73	1.70	1.67	1.64	1.60	1.57
23	2.94	2.55	2.34	2.21	2.11	1.05	1.99	1.95	1.92	1.89	1.84	1.80	1.74	1.72	1.69	1.66	1.62	1.59	1.55
24	2.93	2.54	2.33	2.19	2.10	2.04	1.98	1.94	1.91	1.88	1.83	1.78	1.73	1.70	1.67	1.64	1.61	1.57	1.53

（续表）

$\alpha=0.10$

n_1 \ n_2	1	2	3	4	5	6	7	8	9	10	12	15	20	24	30	40	60	120	∞
25	2.92	2.53	2.32	2.18	2.09	2.02	1.97	1.93	1.89	1.87	1.82	1.77	1.72	1.69	1.66	1.63	1.59	1.56	1.52
26	2.91	2.52	2.31	2.17	2.08	2.01	1.96	1.92	1.88	1.86	1.81	1.76	1.71	1.68	1.65	1.61	1.58	1.54	1.50
27	2.90	2.51	2.30	2.17	2.07	2.00	1.95	1.91	1.87	1.85	1.80	1.75	1.70	1.67	1.64	1.60	1.57	1.53	1.49
28	2.89	2.50	2.29	2.16	2.06	2.00	1.94	1.90	1.87	1.84	1.79	1.74	1.69	1.66	1.63	1.59	1.56	1.52	1.48
29	2.89	2.50	2.28	2.15	2.06	1.99	1.93	1.89	1.86	1.83	1.78	1.73	1.68	1.65	1.62	1.58	1.55	1.51	1.47
30	2.88	2.49	2.28	2.14	2.05	1.98	1.93	1.88	1.85	1.82	1.77	1.72	1.67	1.64	1.61	1.57	1.54	1.50	1.46
40	2.84	2.44	2.23	2.09	2.00	1.93	1.87	1.83	1.79	1.76	1.71	1.66	1.61	1.57	1.54	1.51	1.47	1.42	1.38
60	2.79	2.39	2.18	2.04	1.95	1.87	1.82	1.77	1.74	1.71	1.66	1.60	1.54	1.51	1.48	1.44	1.40	1.35	1.29
120	2.75	2.35	2.13	1.99	1.90	1.82	1.77	1.72	1.68	1.65	1.60	1.55	1.48	1.45	1.41	1.37	1.32	1.26	1.19
∞	2.71	2.30	2.08	1.94	1.85	1.77	1.72	1.67	1.63	1.60	1.55	1.49	1.42	1.38	1.34	1.30	1.24	1.17	1.00

$\alpha=0.05$

n_1 \ n_2	1	2	3	4	5	6	7	8	9	10	12	15	20	24	30	40	60	120	∞
1	161.4	199.5	215.7	224.6	230.2	234.0	236.8	238.9	240.5	241.9	243.9	245.9	248.0	249.1	250.1	251.1	252.2	253.3	254.3
2	18.51	19.00	19.16	19.25	19.30	19.33	19.35	19.37	19.38	19.40	19.41	19.43	19.45	19.45	19.46	19.47	19.48	19.49	19.50
3	10.13	9.55	9.28	9.12	9.01	8.94	8.89	8.85	8.81	8.79	8.74	8.70	8.66	8.64	8.62	8.59	8.57	8.55	8.53
4	7.71	6.94	6.59	6.39	6.26	6.16	6.09	6.04	6.00	5.96	5.91	5.86	5.80	5.77	5.75	5.72	5.69	5.66	5.63
5	6.61	5.79	5.41	5.19	5.05	4.95	4.88	4.82	4.77	4.74	4.68	4.62	4.56	4.53	4.50	4.46	4.43	4.40	4.36
6	5.99	5.14	4.76	4.53	4.39	4.28	4.21	4.15	4.10	4.06	4.00	3.94	3.87	3.84	3.81	3.77	3.74	3.70	3.67
7	5.59	4.74	4.35	4.12	3.97	3.87	3.79	3.73	3.68	3.64	3.57	3.51	3.44	3.41	3.38	3.34	3.30	3.27	3.23
8	5.32	4.46	4.07	3.84	3.69	3.58	3.50	3.44	3.39	3.35	3.28	3.22	3.15	3.12	3.08	3.04	3.01	2.97	2.93
9	5.12	4.26	3.86	3.63	3.48	3.37	3.29	3.23	3.18	3.14	3.07	3.01	2.94	2.90	2.86	2.83	2.79	2.75	2.71
10	4.96	4.10	3.71	3.48	3.33	3.22	3.14	3.07	3.02	2.98	2.91	2.85	2.77	2.74	2.70	2.66	2.62	2.58	2.54
11	4.84	3.98	3.59	3.36	3.20	3.09	3.01	2.95	2.90	2.85	2.79	2.72	2.65	2.61	2.57	2.53	2.49	2.45	2.40
12	4.75	3.89	3.49	3.26	3.11	3.00	2.91	2.85	2.80	2.75	2.69	2.62	2.54	2.51	2.47	2.43	2.38	2.34	2.30
13	4.67	3.81	3.41	3.18	3.03	2.92	2.83	2.77	2.71	2.67	2.60	2.53	2.46	2.42	2.38	2.34	2.30	2.25	2.21
14	4.60	3.74	3.34	3.11	2.96	2.85	2.76	2.70	2.65	2.60	2.53	2.46	2.39	2.35	2.31	2.27	2.22	2.18	2.13
15	4.54	3.68	3.29	3.06	2.90	2.79	2.71	2.64	2.59	2.54	2.48	2.40	2.33	2.29	2.25	2.20	2.16	2.11	2.07
16	4.49	3.63	3.24	3.01	2.85	2.74	2.66	2.59	2.54	2.49	2.42	2.35	2.28	2.24	2.19	2.15	2.11	2.06	2.01
17	4.45	3.59	3.20	2.96	2.81	2.70	2.61	2.55	2.49	2.45	2.38	2.31	2.23	2.19	2.15	2.10	2.06	2.01	1.96
18	4.41	3.55	3.16	2.93	2.77	2.66	2.58	2.51	2.46	2.41	2.34	2.27	2.19	2.15	2.11	2.06	2.02	1.97	1.92
19	4.38	3.52	3.13	2.90	2.74	2.63	2.54	2.48	2.42	2.38	2.31	2.23	2.16	2.11	2.07	2.03	1.98	1.93	1.88
20	4.35	3.49	3.10	2.87	2.71	2.60	2.51	2.45	2.39	2.35	2.28	2.20	2.12	2.08	2.04	1.99	1.95	1.90	1.84
21	4.32	3.47	3.07	2.84	2.68	2.57	2.49	2.42	2.37	2.32	2.25	2.18	2.10	2.05	2.01	1.96	1.92	1.87	1.81
22	4.30	3.44	3.05	2.82	2.66	2.55	2.46	2.40	2.34	2.30	2.23	2.15	2.07	2.03	1.98	1.94	1.89	1.84	1.78
23	4.28	3.42	3.03	2.80	2.64	2.53	2.44	2.37	2.32	2.27	2.20	2.13	2.05	2.01	1.96	1.91	1.86	1.81	1.76
24	4.26	3.40	3.01	2.78	2.62	2.51	2.42	2.36	2.30	2.25	2.18	2.11	2.03	1.98	1.94	1.89	1.84	1.79	1.73

（续表）

α =0.05

n_2 \ n_1	1	2	3	4	5	6	7	8	9	10	12	15	20	24	30	40	60	120	∞
25	4.24	3.39	2.99	2.76	2.60	2.49	2.40	2.34	2.28	2.24	2.16	2.09	2.01	1.96	1.92	1.87	1.82	1.77	1.71
26	4.23	3.37	2.98	2.74	2.59	2.47	2.39	2.32	2.27	2.22	2.15	2.07	1.99	1.95	1.90	1.85	1.80	1.75	1.69
27	4.21	3.35	2.96	2.73	2.57	2.46	2.37	2.31	2.25	2.20	2.13	2.06	1.97	1.93	1.88	1.84	1.79	1.73	1.67
28	4.20	3.34	2.95	2.71	2.56	2.45	2.36	2.29	2.24	2.19	2.12	2.04	1.96	1.91	1.87	1.82	1.77	1.71	1.65
29	4.18	3.33	2.93	2.70	2.55	2.43	2.35	2.28	2.22	2.18	2.10	2.03	1.94	1.90	1.85	1.81	1.75	1.70	1.64
30	4.17	3.32	2.92	2.69	2.53	2.42	2.33	2.27	2.21	2.16	2.09	2.01	1.93	1.89	1.84	1.79	1.74	1.68	1.62
40	4.08	3.23	2.84	2.61	2.45	2.34	2.25	2.18	2.12	2.08	2.00	1.92	1.84	1.79	1.74	1.69	1.64	1.58	1.51
60	4.00	3.15	2.76	2.53	2.37	2.25	2.17	2.10	2.04	1.99	1.92	1.84	1.75	1.70	1.65	1.59	1.53	1.47	1.39
120	3.92	3.07	2.68	2.45	2.29	2.17	2.09	2.02	1.96	1.91	1.83	1.75	1.66	1.61	1.55	1.50	1.43	1.35	1.25
∞	3.84	3.00	2.60	2.37	2.21	2.10	2.01	1.94	1.88	1.83	1.75	1.67	1.57	1.52	1.46	1.39	1.32	1.22	1.00

α =0.025

n_2 \ n_1	1	2	3	4	5	6	7	8	9	10	12	15	20	24	30	40	60	120	∞
1	647.8	799.5	864.2	899.6	921.8	937.1	948.2	956.7	963.3	968.6	976.7	984.9	993.1	997.2	1001	1006	1010	1014	1018
2	38.51	39.00	39.17	39.25	39.30	39.33	39.36	39.37	39.39	39.40	39.41	39.43	39.45	39.46	39.46	39.47	39.48	39.40	39.50
3	17.44	16.04	15.44	15.10	14.88	14.73	14.62	14.54	14.47	14.42	14.34	14.25	14.17	14.12	14.08	14.04	13.99	13.95	13.90
4	12.22	10.65	9.98	9.60	9.36	9.20	9.07	8.98	8.90	8.84	8.75	8.66	8.56	8.51	8.46	8.41	8.36	8.31	8.26
5	10.01	8.43	7.76	7.39	7.15	6.98	6.85	6.76	6.68	6.62	6.52	6.43	6.33	6.28	6.23	6.18	6.12	6.07	6.02
6	8.81	7.26	6.60	6.23	5.99	5.82	5.70	5.60	5.52	5.46	5.37	5.27	5.17	5.12	5.07	5.01	4.96	4.90	4.85
7	8.07	6.54	5.89	5.52	5.29	5.12	4.99	4.90	4.82	4.76	4.67	4.57	4.47	4.42	4.36	4.31	4.25	4.20	4.14
8	7.57	6.06	5.42	5.05	4.82	4.65	4.53	4.43	4.36	4.30	4.20	4.10	4.00	3.95	3.89	3.84	3.78	3.73	3.67
9	7.21	5.71	5.08	4.72	4.48	4.23	4.20	4.10	4.03	3.96	3.87	3.77	3.67	3.61	3.56	3.51	3.45	3.39	3.33
10	6.94	5.46	4.83	4.47	4.24	4.07	3.95	3.85	3.78	3.72	3.62	3.52	3.42	3.37	3.31	3.26	3.20	3.14	3.08
11	6.72	5.26	4.63	4.28	4.04	3.88	3.76	3.66	3.59	3.53	3.43	3.33	3.23	3.17	3.12	3.06	3.00	2.94	2.88
12	6.55	5.10	4.47	4.12	3.89	3.73	3.61	3.51	3.44	3.37	3.28	3.18	3.07	3.02	2.96	2.91	2.85	2.79	2.72
13	6.41	4.97	4.35	4.00	3.77	3.60	3.48	3.39	3.31	3.25	3.15	3.05	2.95	2.89	2.84	2.78	2.72	2.66	2.60
14	6.30	4.86	4.24	3.89	3.66	3.50	3.38	3.29	3.21	3.15	3.05	2.95	2.84	2.79	2.73	2.67	2.61	2.55	2.49
15	6.20	4.77	4.15	3.80	3.58	3.41	3.29	3.20	3.12	3.06	2.96	2.86	2.76	2.70	2.64	2.59	2.52	2.46	2.40
16	6.12	4.69	4.08	3.73	3.50	3.34	3.22	3.12	3.05	2.99	2.89	2.79	2.68	2.63	2.57	2.51	2.45	2.38	2.32
17	6.04	4.62	4.01	3.66	3.44	3.28	3.26	3.06	2.98	2.92	2.82	2.72	2.62	2.56	2.50	2.44	2.38	2.32	2.25
18	5.98	4.56	3.95	3.61	3.38	3.22	3.10	3.01	2.93	2.87	2.77	2.67	2.56	2.50	2.44	2.38	2.32	2.26	2.19
19	5.92	4.51	3.90	3.56	3.33	3.17	3.05	2.96	2.88	2.82	2.72	2.62	2.51	2.45	2.39	2.33	2.27	2.20	2.13
20	5.87	4.46	3.86	3.51	3.29	3.13	3.01	2.91	2.84	2.77	2.68	2.57	2.46	2.41	2.35	2.29	2.22	2.16	2.09
21	5.83	4.42	3.82	3.48	3.25	3.09	2.97	2.87	2.80	2.73	2.64	2.53	2.42	2.37	2.31	2.25	2.18	2.11	2.04
22	5.79	4.38	3.78	3.44	3.22	3.05	2.73	2.84	2.76	2.70	2.60	2.50	2.39	2.33	2.27	2.21	2.14	2.08	2.00
23	5.75	4.35	3.75	3.41	3.18	3.02	2.90	2.81	2.73	2.67	2.57	2.47	2.36	2.30	2.24	2.18	2.11	2.04	1.97
24	5.72	4.32	3.72	3.38	3.15	2.99	2.87	2.78	2.70	2.64	2.54	2.44	2.33	2.27	2.21	2.15	2.08	2.01	1.94

（续表）

α =0.025

25	5.69	4.29	3.69	3.35	3.13	2.97	2.85	2.75	2.68	2.61	2.51	2.41	2.30	2.24	2.18	2.12	2.05	1.98	1.91
26	5.66	4.27	3.67	3.33	3.10	2.94	2.82	2.73	2.65	2.59	2.49	2.39	2.28	2.22	2.16	2.09	2.03	1.95	1.88
27	5.63	4.24	3.65	3.31	3.08	2.92	2.80	2.71	2.63	2.57	2.47	2.36	2.25	2.19	2.13	2.07	2.00	1.93	1.85
28	5.61	4.22	3.63	3.29	3.06	2.90	2.78	2.69	2.61	2.55	2.45	2.34	2.23	2.17	2.11	2.05	1.98	1.91	1.83
29	5.59	4.20	3.61	3.27	3.04	2.88	2.76	2.67	2.59	2.53	2.43	2.32	2.21	2.15	2.09	2.03	1.96	1.89	1.81
30	5.57	4.18	3.59	3.25	3.03	2.87	2.75	2.65	2.57	2.51	2.41	2.31	2.20	2.14	2.07	2.01	1.94	1.87	1.79
40	5.42	4.05	3.46	3.13	3.90	2.74	2.62	2.53	2.45	2.39	2.29	2.18	2.07	2.01	1.94	1.88	1.80	1.72	1.64
60	5.29	3.93	3.34	3.01	2.79	2.63	2.51	2.41	2.33	2.27	3.17	2.06	1.94	1.88	1.82	1.74	1.67	1.58	1.48
120	5.15	3.80	3.23	2.89	2.67	2.52	2.39	2.30	2.22	2.16	2.05	1.94	1.82	1.76	1.69	1.61	1.53	1.43	1.31
∞	5.02	3.69	3.12	2.79	2.57	2.41	2.29	2.19	2.11	2.05	1.94	1.83	1.71	1.64	1.57	1.48	1.39	1.27	1.00

α =0.01

n_2 \ n_1	1	2	3	4	5	6	7	8	9	10	12	15	20	24	30	40	60	120	∞
1	4052	4999.5	5403	5625	5764	5859	5928	5982	6022	6056	6106	6157	6209	6235	6261	6287	6313	6339	6366
2	98.50	99.00	99.17	99.25	99.30	99.33	99.36	99.37	99.39	99.40	99.42	99.43	99.45	99.46	99.47	99.47	99.48	99.49	99.50
3	34.12	30.82	29.46	28.71	28.24	27.91	27.67	27.49	27.35	27.23	27.05	26.87	26.69	26.60	26.50	26.41	26.32	26.22	26.13
4	21.20	18.00	16.69	15.98	15.52	15.21	14.98	14.80	14.66	14.55	14.37	24.20	14.02	13.93	13.84	13.75	13.65	13.56	13.46
5	16.26	13.27	12.06	11.39	10.97	10.67	10.46	10.29	10.16	10.05	9.89	9.72	9.55	9.47	9.38	9.29	9.20	9.11	9.02
6	13.75	10.93	9.78	9.15	8.75	8.47	8.26	8.10	7.98	7.87	7.72	7.56	7.40	7.31	7.23	7.14	7.06	6.97	6.88
7	12.25	9.55	8.45	7.85	7.46	7.19	6.99	6.84	6.72	6.62	6.47	6.31	6.16	6.07	5.99	5.91	5.82	5.74	5.65
8	11.26	8.65	7.59	7.01	6.63	6.37	6.18	6.03	5.91	5.81	5.67	5.52	5.36	5.28	5.20	5.12	5.03	4.95	4.86
9	10.56	8.02	6.99	6.42	6.06	5.80	5.61	5.47	5.35	5.26	5.11	4.96	4.81	4.73	4.65	4.57	4.48	4.40	4.31
10	10.04	7.56	6.55	5.99	5.64	5.39	5.20	5.06	4.94	4.85	4.71	4.56	4.41	4.33	4.25	4.17	4.08	4.00	3.91
11	9.65	7.21	6.22	5.67	5.32	5.07	4.89	4.74	4.63	4.54	4.40	4.25	4.10	4.02	3.94	3.86	3.78	3.69	3.60
12	9.33	6.93	5.95	5.41	5.06	4.82	4.64	4.50	4.39	4.30	4.16	4.01	3.86	3.78	3.70	3.62	3.54	3.45	3.36
13	9.07	6.70	5.74	5.21	4.86	4.62	4.44	4.30	4.19	4.10	3.96	3.82	3.66	3.59	3.51	3.43	3.34	3.25	3.17
14	8.86	6.51	5.56	5.04	4.69	4.46	4.28	4.14	4.03	3.94	3.80	3.66	3.51	3.43	3.35	3.27	3.18	3.09	3.00
15	8.68	6.36	5.42	4.89	4.56	4.32	4.14	4.00	3.89	3.80	3.67	3.52	3.37	3.29	3.21	3.13	3.05	2.96	2.87
16	8.53	6.23	5.29	4.77	4.44	4.20	4.03	3.89	3.78	3.69	3.55	3.41	3.26	3.18	3.10	3.02	2.93	2.84	2.75
17	8.40	6.11	5.18	4.67	4.34	4.10	3.93	3.79	3.68	3.59	3.46	3.31	3.16	3.08	3.00	2.92	2.83	2.75	2.65
18	8.29	6.01	5.09	4.58	4.25	4.01	3.94	3.71	3.60	3.51	3.37	3.23	3.08	3.00	2.92	2.84	2.75	2.66	2.57
19	8.18	5.93	5.01	4.50	4.17	3.94	3.77	3.63	3.52	3.43	3.30	3.15	3.00	2.92	2.84	2.76	2.67	2.58	2.49
20	8.10	5.85	4.94	4.43	4.10	3.87	3.70	3.56	3.46	3.37	3.23	3.09	2.94	2.86	2.78	2.69	2.61	2.52	2.42
21	8.02	5.78	4.87	4.37	4.04	3.81	3.64	3.51	3.40	3.31	3.17	3.03	2.88	2.80	2.72	2.64	2.55	2.46	2.36
22	7.95	5.72	4.82	4.31	3.99	3.76	3.59	3.45	3.35	3.26	3.12	2.98	2.83	2.75	2.67	2.58	2.50	2.40	2.31
23	7.88	5.66	4.76	4.26	3.94	3.71	3.54	3.41	3.30	3.21	3.07	2.93	2.78	2.70	2.62	2.54	2.45	2.35	2.26
24	7.82	5.61	4.72	4.22	3.90	3.67	3.50	3.36	3.26	3.17	3.03	2.89	2.74	2.66	2.58	2.49	2.40	2.31	2.21
25	7.77	5.57	4.68	4.18	3.85	3.63	3.46	3.32	3.22	3.13	2.99	2.85	2.70	2.62	2.54	2.45	2.36	2.27	2.17
26	7.72	5.53	4.64	4.14	3.82	3.59	3.42	3.29	3.18	3.09	2.96	2.81	2.66	2.58	2.50	2.42	2.33	2.23	2.13
27	7.68	5.49	4.60	4.11	3.78	3.56	3.39	3.26	3.15	3.06	2.93	2.78	2.63	2.55	2.47	2.38	2.29	2.20	2.10
28	7.64	5.45	4.57	4.07	3.75	3.53	3.36	3.23	3.12	3.03	2.90	2.75	2.60	2.52	2.44	2.35	2.26	2.17	2.06
29	7.60	5.42	4.54	4.04	3.73	3.50	3.33	3.20	3.09	3.00	2.87	2.73	2.57	2.49	2.41	2.33	2.23	2.14	2.03

（续表）

α =0.01

30	7.56	5.39	4.51	4.02	3.70	3.47	3.30	3.17	3.07	2.98	2.84	2.70	2.55	2.47	2.39	2.30	2.21	2.11	2.01
40	7.31	5.18	4.31	3.83	3.51	3.29	3.12	2.99	2.89	2.80	2.66	2.52	2.37	2.29	2.20	2.11	2.02	1.92	1.80
60	7.08	4.98	4.13	3.65	3.34	3.12	2.95	2.82	2.72	2.63	2.50	2.35	2.20	2.12	2.03	1.94	1.84	1.73	1.60
120	6.85	4.79	3.95	3.48	3.17	2.96	2.79	2.66	2.56	2.47	2.34	2.19	2.03	1.95	1.86	1.76	1.66	1.53	1.38
∞	6.63	4.61	3.78	3.32	3.02	2.80	2.64	2.51	2.41	2.32	2.18	2.04	1.88	1.79	1.70	1.59	1.47	1.32	1.00

α =0.005

n_2 \ n_1	1	2	3	4	5	6	7	8	9	10	12	15	20	24	30	40	60	120	∞
1	16211	20000	21615	22500	23056	23437	23715	23925	24091	24224	24426	24630	24836	24940	25044	25148	35253	25359	25465
2	198.5	199.0	199.2	199.2	199.3	199.3	199.4	199.4	199.4	199.4	199.4	199.4	199.4	199.5	199.5	199.5	199.5	199.5	199.5
3	55.55	49.80	47.47	46.19	45.39	44.84	44.43	44.13	43.88	43.69	43.39	43.08	42.78	42.62	42.47	42.31	42.15	41.99	41.83
4	31.33	26.28	24.26	23.15	22.46	21.97	21.62	21.35	21.14	20.97	20.70	20.44	20.17	20.03	19.89	19.75	19.61	19.47	19.32
5	22.78	18.31	16.53	15.56	14.94	14.51	14.20	13.96	13.77	13.62	13.38	13.15	12.90	12.78	12.66	12.53	12.40	12.27	12.14
6	18.63	14.54	12.92	12.03	11.46	11.07	10.79	10.57	10.39	10.25	10.03	9.81	9.59	9.47	9.36	9.24	9.12	9.00	8.88
7	16.24	12.40	10.88	10.05	9.52	9.16	8.89	8.68	8.51	8.38	8.18	7.97	7.75	7.65	7.53	7.42	7.31	7.19	7.08
8	14.69	11.04	9.60	8.81	8.30	7.95	7.69	7.50	7.34	7.21	7.01	6.81	6.61	6.50	6.40	6.29	6.18	6.06	5.95
9	13.61	10.11	8.72	7.96	7.47	7.13	6.88	6.69	6.54	6.42	6.23	6.03	5.83	5.73	5.62	5.52	5.41	5.30	5.19
10	12.83	9.43	8.08	7.34	6.87	6.54	6.30	6.12	5.97	5.85	5.66	5.47	5.27	5.17	5.07	4.97	4.86	4.75	4.64
11	12.23	8.91	7.60	6.88	6.42	6.10	5.86	5.68	5.54	5.42	5.24	5.05	4.86	4.76	4.65	4.55	4.44	4.34	4.23
12	11.75	8.51	7.23	6.52	6.07	5.76	5.52	5.35	5.20	5.09	4.91	4.72	4.53	4.43	4.33	4.23	4.12	4.01	3.90
13	11.37	8.19	6.93	6.23	5.79	5.48	5.25	5.08	4.94	4.82	4.64	4.46	4.27	4.17	4.07	3.97	3.87	3.76	3.65
14	11.06	7.92	6.68	6.00	5.56	5.26	5.03	4.86	4.72	4.60	4.43	4.25	4.06	3.96	3.86	3.76	3.66	3.55	3.44
15	10.80	7.70	6.48	5.80	5.37	5.07	4.85	4.67	4.54	4.42	4.25	4.07	3.88	3.79	3.69	3.58	3.48	3.37	3.26
16	10.58	7.51	6.30	5.64	5.21	4.91	4.69	4.52	4.38	4.27	4.10	3.92	3.73	3.64	3.54	3.44	3.33	3.22	3.11
17	10.38	7.35	6.16	5.50	5.07	4.78	4.56	4.39	4.25	4.14	3.97	3.79	3.61	3.51	3.41	3.31	3.21	3.10	2.98
18	10.22	7.21	6.03	5.37	4.96	4.66	4.44	4.28	4.14	4.03	3.86	3.68	3.50	3.40	3.30	3.20	3.10	2.99	2.87
19	10.07	7.09	5.92	5.27	7.85	4.56	4.34	4.18	4.04	3.93	3.76	3.59	3.40	3.31	3.21	3.11	3.00	2.89	2.78
20	9.94	6.99	5.82	5.17	4.76	4.47	4.26	4.09	3.96	3.85	3.68	3.50	3.32	3.22	3.12	3.02	2.92	2.81	2.69
21	9.83	6.89	5.73	5.09	4.68	4.39	4.18	4.01	3.88	3.77	3.60	3.43	3.24	3.15	3.05	2.95	2.84	2.73	2.61
22	9.73	6.81	5.65	5.02	4.61	4.32	4.11	3.94	3.81	3.70	3.54	3.36	3.18	3.08	2.98	2.88	2.77	2.66	2.55
23	9.63	6.73	5.58	4.95	4.54	4.26	4.05	3.88	3.75	3.64	3.47	3.30	3.12	3.02	2.92	2.82	2.71	2.60	2.48
24	9.55	6.66	5.52	4.89	4.49	4.20	3.99	3.83	3.69	3.59	3.42	3.25	3.06	2.97	2.87	2.77	2.66	2.55	2.43
25	9.48	6.60	5.46	4.84	4.43	4.15	3.94	3.78	3.64	3.54	3.37	3.20	3.01	2.92	2.82	2.72	2.61	2.50	2.38
26	9.41	6.54	5.41	4.79	4.38	4.10	3.89	3.73	3.60	3.49	3.33	3.15	2.97	2.87	2.77	2.67	2.56	2.45	2.33
27	9.34	6.49	5.36	4.74	4.34	4.06	3.85	3.69	3.56	3.45	3.28	3.11	2.93	2.83	2.73	2.63	2.52	2.41	2.29
28	9.28	6.44	5.32	4.70	4.30	4.02	3.81	3.65	3.52	3.41	3.25	3.07	2.89	2.79	2.69	2.59	2.48	2.37	2.25
29	9.23	6.40	5.28	4.66	4.26	3.98	3.77	3.61	3.48	3.38	3.21	3.04	2.86	2.76	2.66	2.56	2.45	2.33	2.21
30	9.18	6.35	5.24	4.62	4.23	3.95	3.74	3.58	3.45	3.34	3.18	3.01	2.82	2.73	2.63	2.52	2.42	2.30	2.18
40	8.83	6.07	4.98	4.37	3.99	3.71	3.51	3.35	3.22	3.12	2.95	2.78	2.60	2.50	2.40	2.30	2.18	2.06	1.93
60	8.49	5.79	4.73	4.14	3.76	3.49	3.29	3.13	3.01	2.90	2.74	2.57	2.39	2.29	2.19	2.08	1.96	1.83	1.69
120	8.18	5.54	4.50	3.92	3.55	3.28	3.09	2.93	2.81	2.71	2.54	2.37	2.19	2.09	1.98	1.87	1.75	1.61	1.43
∞	7.88	5.30	4.28	3.72	3.35	3.09	2.90	2.74	2.62	2.52	2.36	2.19	2.00	1.90	1.79	1.67	1.53	1.36	1.00

（续表）

n_2 \ n_1	1	2	3	4	5	6	7	8	9	10	12	15	20	24	30	40	60	120	∞
1	4053+	5000+	5404+	5625+	5764+	5859+	5929+	5981+	6023+	6056+	6107+	6158+	6209+	6235+	6261+	6287+	6313+	6340+	6366+
2	998.5	999.0	999.2	999.2	999.3	999.3	999.4	999.4	999.4	999.4	999.4	999.4	999.4	999.5	999.5	999.5	999.5	999.5	999.5
3	167.0	148.5	141.1	137.1	134.6	132.8	131.6	130.6	129.9	129.2	128.3	127.4	126.4	125.9	125.4	125.0	124.5	124.0	123.5
4	74.14	61.25	56.18	53.44	51.71	50.53	49.66	49.00	48.47	48.05	47.41	46.76	46.10	45.77	45.43	45.09	44.75	44.40	44.05
5	47.18	37.12	33.20	31.09	27.75	28.84	28.16	27.64	27.24	26.92	26.42	25.91	25.39	25.14	24.87	24.60	24.33	24.06	23.79
6	35.51	27.00	23.70	21.92	20.81	20.03	19.46	19.03	18.69	18.41	17.99	17.56	17.12	16.89	16.67	16.44	16.21	15.99	15.75
7	29.25	21.69	18.77	17.19	16.21	15.52	15.02	14.63	14.33	14.08	13.71	13.32	12.93	12.73	12.53	12.33	12.12	11.91	11.70
8	25.42	18.49	15.83	14.39	13.49	12.86	12.40	12.04	11.77	11.54	11.19	10.84	10.48	10.30	10.11	9.92	9.73	9.53	9.33
9	22.86	16.39	13.90	12.56	11.71	11.13	10.70	10.37	10.11	9.89	9.57	9.24	8.90	8.72	8.55	8.37	8.19	8.00	7.80
10	21.04	14.91	12.55	11.28	10.48	9.92	9.52	9.20	8.96	8.75	8.45	8.13	7.80	7.64	7.47	7.30	7.12	6.94	6.76
11	19.69	13.81	11.56	10.35	9.58	9.05	8.66	8.35	8.12	7.92	7.63	7.32	7.01	6.85	6.68	6.52	6.35	6.17	6.00
12	18.64	12.97	10.80	9.63	8.89	8.38	8.00	7.71	7.48	7.29	7.00	6.71	6.40	6.25	6.09	5.93	5.76	5.59	5.42
13	17.81	12.31	10.21	9.07	8.35	7.86	7.49	7.21	6.98	6.80	6.52	6.23	5.93	6.78	5.63	5.47	5.30	5.14	4.97
14	17.14	11.78	9.73	8.62	7.92	7.43	7.08	6.80	6.58	6.40	6.13	5.85	5.56	5.41	5.25	5.10	4.94	4.77	4.60
15	16.59	11.34	9.34	8.25	7.57	7.09	6.74	6.47	6.26	6.08	5.81	5.54	5.25	5.10	4.95	4.80	4.64	4.47	4.31
16	16.12	10.97	9.00	7.94	7.27	6.81	6.46	6.19	5.98	5.81	5.55	5.27	4.99	4.85	4.70	4.54	4.39	4.23	4.06
17	15.72	10.36	8.73	7.68	7.02	6.56	6.22	5.96	5.75	5.58	5.32	5.05	4.78	4.63	4.48	4.33	4.18	4.02	3.85
18	15.38	10.39	8.49	7.46	6.81	6.35	6.02	5.76	5.56	5.39	5.13	4.87	4.59	4.45	4.30	4.15	4.00	3.84	3.67
19	15.08	10.16	8.28	7.26	6.62	6.18	5.85	5.59	5.39	5.22	4.97	4.70	4.43	4.29	4.14	3.99	3.84	3.68	3.51
20	14.82	9.95	8.10	7.10	6.46	6.02	5.69	5.44	5.24	5.08	4.82	4.56	4.29	4.15	4.00	3.86	3.70	3.54	3.38
21	14.59	9.77	7.94	6.95	6.32	5.88	5.56	5.31	5.11	4.95	4.70	4.44	4.17	4.03	3.88	3.74	3.58	3.42	3.26
22	14.38	9.61	7.80	6.81	6.19	5.76	5.44	5.19	4.98	4.83	4.58	4.33	4.06	3.92	3.78	3.63	3.48	3.32	3.15
23	14.19	9.47	7.67	6.69	6.08	5.65	5.33	5.09	4.89	4.73	4.48	4.23	3.96	3.82	3.68	3.53	3.38	3.22	3.05
24	14.03	9.34	7.55	6.59	5.98	5.55	5.23	4.99	4.80	4.64	4.39	4.14	3.87	3.74	3.59	3.45	3.29	3.14	2.97
25	13.88	9.22	7.45	6.49	5.88	5.46	5.15	4.91	4.71	4.56	4.31	4.06	3.79	3.66	3.52	3.37	3.22	3.06	2.89
26	13.74	9.12	7.36	6.41	5.80	5.38	5.07	4.83	4.64	4.48	4.24	3.99	3.72	3.59	3.44	3.30	3.15	2.99	2.82
27	13.61	9.02	7.27	6.33	5.73	5.31	5.00	4.76	4.57	4.41	4.17	3.92	3.66	3.52	3.38	3.23	3.08	2.92	2.75
28	13.50	8.93	7.19	6.25	5.66	5.24	4.93	4.69	4.50	4.35	4.11	3.86	3.60	3.46	3.32	3.18	3.02	2.86	2.69
29	13.39	8.85	7.12	6.19	5.59	5.18	4.87	4.64	4.45	4.29	4.05	3.80	3.54	3.41	3.27	3.12	2.97	2.81	2.64
0	13.29	8.77	7.05	6.12	5.53	5.12	4.82	4.58	4.39	14.24	4.00	3.75	3.49	3.36	3.22	3.07	2.92	2.76	2.59
40	12.61	8.25	6.60	5.70	5.13	4.73	4.44	4.21	4.02	3.87	3.64	3.40	3.15	3.01	2.87	2.73	2.57	2.41	2.23
60	11.97	7.76	6.17	5.31	4.76	4.37	4.09	3.87	3.69	3.54	3.31	3.08	2.83	2.69	2.55	2.41	2.25	2.08	1.89
120	11.38	7.32	5.79	4.95	4.42	4.04	3.77	3.55	3.38	3.24	3.02	2.78	2.53	2.40	2.26	2.11	1.95	1.76	1.54
∞	10.83	6.91	5.42	4.62	4.10	3.74	3.47	3.27	3.10	2.96	2.74	2.51	2.27	2.13	1.99	1.84	1.66	1.45	1.00

+：表示要将所列数乘以100。

参考文献

[1] 李亚琼，黄立宏. 概率论与数理统计[M]. 上海：复旦大学出版社，2017

[2] 吴传生. 经济数学—概率论与数理统计[M]. 北京：高等教育出版社，2006

[3] 盛骤等. 概率论与数理统计[M]. 北京：高等教育出版社，2015

[4] 马洪宽，张华隆. 概率论与数理统计[M]. 上海：上海交通大学出版社，2007

[5] 周概容. 概率论与数理统计[M]. 北京：中国商业出版社，2006

[6] 崔文善等. 概率论与数理统计[M]. 辽宁：东北大学出版社，2006

[7] 梅国平等. 概率论与数理统计[M]. 北京：科学出版社，2007

[8] 谢旭里，谢永钦. 概率论与数理统计[M]. 上海：复旦大学出版社，2012

[9] 任小红. 概率论与数理统计—题型、方法[M]. 西安：西安电子科技大学出版社，2003

[10] 李彩荣，王志平. 概率论与数理统计同步辅导[M]. 大连：大连理工大学出版社，2007

[11] 万建平，刘次华. 概率论与数理统计学习辅导与习题全解[M]. 北京：高等教育出版社，2008

[12] 陈文灯，黄先开. 数学复习指南（经济类）[M]. 北京：世界图书出版社，2002

[13] 苏德矿等. 全国硕士研究生统一考试—数学辅导讲义（理工类）[M]. 浙江：浙江大学出版社，2009

[14] 李正元，李永乐. 考研数学—数学复习全书[M]. 北京：中国政法大学出版社，2013

[15]天津大学考研数学应试研究会编. 硕士研究生入学考试—数学复习指导[M]. 天津：天津大学出版社，2006

[16] 王寿生. 考研数学常见题型解析及模拟试题[M]. 西安：西北工业大学出版社，2004